“十三五”国家重点图书出版规划项目
中国河口海湾水生生物资源与环境出版工程
庄 平 主编

长江口甲壳动物

陈立侨 禹 娜 等 编著

中国农业出版社
北 京

图书在版编目（CIP）数据

长江口甲壳动物 / 陈立侨等编著．—北京：中国农业出版社，2018.12

中国河口海湾水生生物资源与环境出版工程 / 庄平主编

ISBN 978-7-109-24792-5

Ⅰ.①长… Ⅱ.①陈… Ⅲ.①长江—河口—甲壳类—研究 Ⅳ.①Q959.223

中国版本图书馆 CIP 数据核字（2018）第 243974 号

中国农业出版社出版

（北京市朝阳区麦子店街 18 号楼）

（邮政编码 100125）

策划编辑 郑 珂 黄向阳

责任编辑 陈睿赜 蔡雪青 王金环

文字编辑 王玉水 徐志平

中国农业出版社印刷厂印刷 新华书店北京发行所发行

2018 年 12 月第 1 版 2018 年 12 月北京第 1 次印刷

开本：787mm×1092mm 1/16 印张：15.5

字数：320 千字

定价：120.00 元

内容简介

本书对长江口甲壳动物的调查研究结果进行了较为全面的总结。全书共分五章，除对甲壳动物的物种组成、时空分布有较详细的叙述外，还专门对甲壳动物的形态结构特征进行了描述，同时特设章节对长江口水域分布的重要经济甲壳动物进行了系统描述。本书可供甲壳动物研究者、河口水环境工作者、水产养殖工作者以及水质环境评价、环境保护、水产资源调查等相关领域的工作人员参考。

丛书编委会

本书编写人员

陈立侨　禹　娜　周　进　乔　芳　李东亮
王晓丹　吕巍巍

丛书序

中国大陆海岸线长度居世界前列，约 18 000 km，其间分布着众多具全球代表性的河口和海湾。河口和海湾蕴藏丰富的资源，地理位置优越，自然环境独特，是联系陆地和海洋的纽带，是地球生态系统的重要组成部分，在维系全球生态平衡和调节气候变化中有不可替代的作用。河口海湾也是人们认识海洋、利用海洋、保护海洋和管理海洋的前沿，是当今关注和研究的热点。

以河口海湾为核心构成的海岸带是我国重要的生态屏障，广袤的滩涂湿地生态系统既承担了“地球之肾”的角色，分解和转化了由陆地转移来的巨量污染物质，也起到了“缓冲器”的作用，抵御和消减了台风等自然灾害对内陆的影响。河口海湾还是我们建设海洋强国的前哨和起点，古代海上丝绸之路的重要节点均位于河口海湾，这里同样也是当今建设“21 世纪海上丝绸之路”的战略要地。加强对河口海湾区域的研究是落实党中央提出的生态文明建设、海洋强国战略和实现中华民族伟大复兴的重要行动。

最近 20 多年是我国社会经济空前高速发展的时期，河口海湾的生物资源和生态环境发生了巨大的变化，亟待深入研究河口海湾生物资源与生态环境的现状，摸清家底，制定可持续发展对策。庄平研究员任主编的“中国河口海湾水生生物资源与环境出版工程”经过多年酝酿和专家论证，被遴选列入国家新闻出版广电总局“十三五”国家重点图书出版规划，并且获得国家出版基金资助，是我国河口海湾生物资源和生态环境研究进展的最新展示。

该出版工程组织了全国20余家大专院校和科研机构的一批长期从事河口海湾生物资源和生态环境研究的专家学者，编撰专著28部，系统总结了我国最近20多年来在河口海湾生物资源和生态环境领域的最新研究成果。北起辽河口，南至珠江口，选取了代表性强、生态价值高、对社会经济发展意义重大的10余个典型河口和海湾，论述了这些水域水生生物资源和生态环境的现状和面临的问题，总结了资源养护和环境修复的技术进展，提出了今后的发展方向。这些著作填补了河口海湾研究基础数据资料的一些空白，丰富了科学知识，促进了文化传承，将为科技工作者提供参考资料，为政府部门提供决策依据，为广大读者提供科普知识，具有学术和实用双重价值。

中国工程院院士 唐启升

2018年12月

前 言

甲壳动物不仅是节肢动物门内形态结构和栖息环境多样性最高的动物类群，而且与人类关系密切，有的是鱼类的优良饵料，有的可以供人类食用，但也有一些是人体寄生虫的中间宿主。堵南山教授是本书作者所在实验室甲壳动物研究领域的著名前辈，其出版的专著《甲壳动物》，对甲壳动物各主要类群的基础生物学进行了十分详尽的描述，为我国甲壳动物研究工作的发展奠定了基础。几十年来，国内甲壳动物研究得到较为系统的发展，在理论研究和经济甲壳动物的养殖等生产实践中都取得了不俗的成绩。

河口是陆、海两大类生态系统之间的交汇区域，淡水与海水在这里交汇，形成有别于淡水和海洋的独特河口生态环境。河口在地球上具有特殊的意义，它是一个复杂的自然综合体。河口对流域的自然变化和人类的活动响应最为敏感，不仅是海岸的组成部分，而且是河流的尾闾，是河流的“汇”，又是海洋的“源”。受潮汐影响，河口盐度呈现周期性和季节性变化，且盐度波动剧烈；同时由上游径流向河口输送的大量营养物质，为栖息于河口的水生生物提供了丰富的生源要素。因此，尽管终生栖息于河口区域的水生动物类群并不多，但河口却是地球上生产力最高的生态系统之一。近年来，河口生态系统受到越来越多的关注，但针对河口甲壳动物组成及其时空变动规律等内容的系统性研究成果尚未见出版。

长江口是我国最大的河流入海口，其地理位置十分重要，也是重要的河口渔业水域，是多种鱼类、虾蟹类的繁殖、索饵场所，是许多洄游性鱼类和蟹类的必经之路，也是上海市的重要水源地，兼具工农业取水、通航、围垦、生态屏障等多种功能，因此长江口的水资源状况、开发利用和保护历来是关注的焦点，其生态系统健康状况牵动着河口周边各级政府和民众的神经。长江巨大的径流给长江口带来了大量的泥沙，形成了独特的景观生态系统，成为许多生物的栖息地，其中一个很大的类群即为甲壳动物。近年来，随着长江流域人口的持续增长、经济的快速发展和流域一系列工程的建设，长江口也面临着水生生物资源开发利用过度、水域生态环境恶化、环境污染难以有效控制等困境，使长江口水生生物资源受到一定威胁，一些甲壳动物种类逐渐消失。因此，对长江口水生生物（包括甲壳动物）资源进行全面梳理，建立生态资源档案，迫在眉睫，这项工作对长江口生态系统健康状况评价、保护、恢复和利用都具有重要意义。

本书简要介绍了长江口的生态环境概况及甲壳动物的形态结构特征，详细记录了长江口甲壳动物的组成，着重描述了该类群在长江口的时空变动规律，同时对长江口主要经济甲壳动物类群及其资源量的变化情况也进行了系统阐述。作为国内第一部介绍河口甲壳动物的专著，其意义非凡。

在编写过程中，作者虽做了艰苦的努力，但由于水平有限，时间紧、任务重，难免出现一些错误和遗漏的地方，敬请读者不吝指正。

参与本书资料收集和整理的人员还有戚常乐、韩凤禄、骆源、姚建刚、丁晴晴、刘爽、李梦晓、黄志鹏等，在此特予致谢。

编著者

2018 年 8 月

目　录

丛书序
前言

第一章　长江口生态环境概况 ……………………………… 1

第一节　长江口地理位置及演化历程 …………………… 3

一、长江口地理位置 …………………………………… 3
二、长江口及诸岛屿的演化历程 ……………………… 4

第二节　长江口气候及水文条件 ………………………… 9

一、长江口气候 ………………………………………… 9
二、长江口水文 ………………………………………… 10

第三节　长江口生态环境 ………………………………… 13

一、长江口主要环境污染物 …………………………… 14
二、长江口水域生态环境现状 ………………………… 19
三、长江口生态环境问题主要原因 …………………… 20

第二章　甲壳动物基础生物学 ……………………………… 25

第一节　外部形态 ………………………………………… 27

一、体形和分节 ………………………………………… 27
二、附肢 ………………………………………………… 28

第二节　内部结构 ………………………………………… 30

一、消化系统 …………………………………………… 30

二、排泄系统 …… 32
三、呼吸系统 …… 37
四、循环系统 …… 38
五、神经系统 …… 40
六、感觉器官 …… 46
七、生殖系统 …… 49
八、内分泌系统 …… 52

第三节　发育和生长 …… 56

一、生殖细胞形成及性腺发育 …… 56
二、胚胎发育 …… 64
三、生长发育 …… 65
四、繁殖习性 …… 70

第四节　甲壳动物分类 …… 76

第三章　长江口甲壳动物组成 …… 81

第一节　长江口甲壳动物类群组成特点 …… 83

第二节　长江口软甲类 …… 83

一、口足目（Stomatopada） …… 84
二、糠虾目（Mysidacea） …… 84
三、端足目（Amphipoda） …… 86
四、等足目（Isopoda） …… 88
五、涟虫目（Cumacea） …… 90
六、十足目（Decapoda） …… 90
七、磷虾目（Euphausiacea） …… 102

第三节　长江口鳃足类 …… 103

一、仙达溞科（Sididae） …… 103
二、尖头溞科（Alininae） …… 104
三、盘肠溞科（Chydorinae） …… 105
四、象鼻溞科（Bosmina） …… 106

五、溞科（Daphniidae） …… 107
六、裸腹溞科（Moinidae） …… 109
七、粗毛溞科（Macrothricidae） …… 110

第四节　长江口桡足类 …… 111

一、哲水蚤目（Calanoida Sars，1903） …… 111
二、猛水蚤目（Harpacticoida） …… 116
三、剑水蚤目（Cyclopoida） …… 119

第五节　其他类群组成 …… 123

一、介形类 …… 123
二、蔓足类 …… 131

第四章　长江口甲壳动物时空分布 …… 133

第一节　长江口甲壳动物时空分布差异成因 …… 135

一、空间分布差异成因 …… 135
二、时间分布差异成因 …… 137

第二节　长江口浮游甲壳动物的时空分布差异 …… 138

一、长江口浮游甲壳动物的空间分布差异 …… 138
二、长江口浮游甲壳动物的时间分布差异 …… 143
三、长江口主要浮游甲壳动物的时空分布特征 …… 146

第三节　长江口底栖甲壳动物的时空分布差异 …… 152

一、长江口底栖甲壳动物的空间分布差异 …… 152
二、长江口底栖甲壳动物的时间分布差异 …… 158
三、长江口典型湿地主要底栖甲壳动物的时空分布差异 …… 164

第四节　长江口浮游甲壳动物的数量变化与环境因子的关系 …… 169

一、浮游甲壳动物的数量变化与温度的关系 …… 169
二、浮游甲壳动物的数量变化与盐度的关系 …… 170
三、浮游甲壳动物的数量变化与海流的关系 …… 172

第五节　长江口底栖甲壳动物的数量变化与环境因子的关系 …………… 174
一、底栖甲壳动物的数量变化与非生物因子的关系 ………………………… 174
二、底栖甲壳动物的数量变化与生物因子的关系 …………………………… 177
三、底栖甲壳动物数量与区域内典型人类活动的关系 ……………………… 178

第五章　长江口经济甲壳动物 ………………………………………………… 181

第一节　长江口主要经济甲壳动物类群及其资源量 ………………………… 183
一、长江口主要经济甲壳动物资源量变化 …………………………………… 183
二、长江口主要经济甲壳动物种类组成变化 ………………………………… 186
三、长江口渔业资源养护措施 ………………………………………………… 187
四、人工养殖情况 ……………………………………………………………… 188

第二节　长江口重要虾类 ……………………………………………………… 189
一、脊尾白虾（*Exopalaemon carinicauda*） ……………………………… 189
二、安氏白虾（*Exopalaemon annandalei*） ……………………………… 193
三、日本沼虾（*Macrobrachium nipponense*） …………………………… 195

第三节　长江口重要蟹类 ……………………………………………………… 199
一、中华绒螯蟹（*Eriocheir sinensis*） …………………………………… 199
二、三疣梭子蟹（*Portunus trituberculatus*） …………………………… 205
三、日本蟳（*Charybdis japonica*） ………………………………………… 208
四、拟穴青蟹（*Scylla paramamosian*） …………………………………… 210

参考文献 ……………………………………………………………………… 214

第一章 长江口生态环境概况

河口是陆、海两大类生态系统的交汇区域，一般来讲，按照潮汐所至的作用范围可以将河口分为三部分：下游部分连接大海，中游部分海水与淡水高度混合，上游部分是潮汐所至界面处的水域，但以淡水为主。长江的河口简称为长江口，位于中国东南海岸带的中部，是太平洋西岸的第一大河口。长江口作为海水与淡水的交汇处，由于外引内连，形成了其独特的水文和水质条件。巨大的径流是长江口泥沙形成的主要原因，同时也提供了大量营养物质，因此，长江口成为许多生物的栖息地。甲壳动物是长江口水域生态系统中一个很大的类群，在该水域食物链组成及河口沉积物搅动等方面发挥着重要作用。长江口的盐度呈现周期性和季节性的变化，且盐度变化范围较广，所以有许多广盐性的生物可以在这里完成部分或全部的生活史，还有很多水生生物在此繁殖和索饵；此外，长江口还是一些洄游性鱼类必经的洄游通道和西太平洋沿岸最大的候鸟“驿站”。

近年来，随着长江流域人口的持续增长、经济的快速发展和流域一系列工程建设，长江口面临着水生生物资源开发利用过度、水域生态环境恶化、环境污染难以有效控制等困境，长江口甲壳动物资源受到一定威胁，一些种类也随之消失。因此，加强长江口甲壳动物资源研究具有十分重要的意义。

第一节　长江口地理位置及演化历程

一、长江口地理位置

长江是世界第三长大河，长度仅次于尼罗河和亚马孙河，在中国大河中排名第一。长江干流流经青海、西藏、四川、云南、重庆、湖北、湖南、江西、安徽、江苏和上海共 11 个省（自治区、直辖市），全长 6 300 余千米，于上海市崇明岛注入东海。此外，长江干流有 700 多条支流，它们延伸至贵州、甘肃、陕西、河南、广西、广东、浙江和福建 8 个省（自治区），使整个长江流域面积达 1 800 000 km^2，约占我国内陆总面积的 20%，但其中仅有 11.3%是平原，4%为河流、湖泊和水库，其他 84.7%为高原、山地和丘陵盆地（俞衍升，2006）。

潮流界与潮区界的位置随洪、枯水季节径流大小及河口潮汐大小呈周期性变化。长江的潮流界位于镇江与江心沙之间，潮区界位于安庆和南京之间（徐汉兴等，2012）。由于长江径流和东海潮汐等的作用，长江口构型独特，平面上呈喇叭形，窄口端江面宽度仅约 1.4 km，宽口江面宽度达 90 km。宽口处从北部的江苏启东市廖家嘴到南部的上海市南汇区的南汇角，即长江的出海口。

长江口的地貌特征变化多端。江阴附近的鹅鼻山突入江中，与对面的孤山对峙，形成狭窄的江面，被称为长江的“咽喉”和“锁航要塞”。过江阴之后，长江江面豁然开朗，接着便被江心洲福姜沙分成南、北两支，福姜沙长约 7 km，面积为 13.4 km^2。福姜沙的右汊是张家港，张家港航道水深、岸线稳定，距离河口 162 km，是苏州、无锡和常州三市入江出海的港口。过了张家港，江面进一步变宽，越往东去越宽阔，到达南通市天生港后，江流转向东南方，很快抵达南通港。在南通东南方向的长江北岸，排列有五山，依次是黄泥山、马鞍山、狼山、剑山和军山，这些山从西北向东南绵延 2.5 km，统称为狼山或者狼五山。长江过了狼山以后，继续向东南延伸，到达江苏的浒浦港时江面有所收缩。从江苏的徐六泾以下，长江河口开始分汊，形成“三级分汊、四口入海”的格局，首先被崇明岛分割为南支和北支，然后南支经长兴岛、横沙岛又被分隔为北港和南港，最后南港在口门附近被九段沙分割为南槽和北槽。河道平面形态呈喇叭形，长江口形态呈一展宽的平面扇形三角洲（图 1-1）。

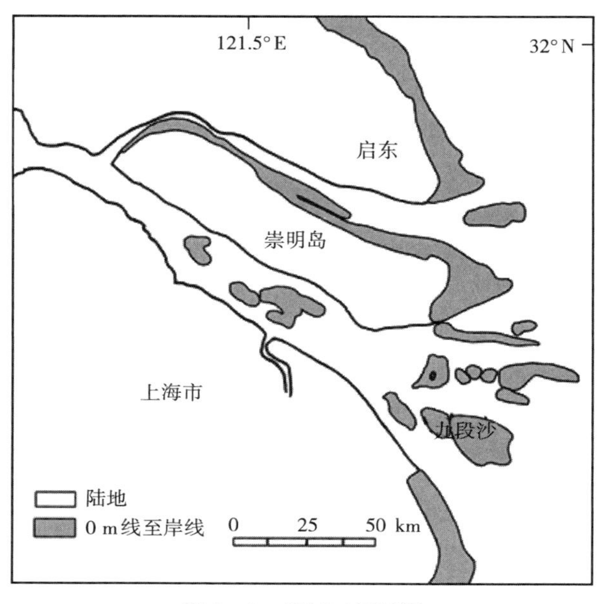

图 1-1　长江口区域图

（依据熊李虎，2005）

二、长江口及诸岛屿的演化历程

（一）长江口的演化历程

长江口的演变较频繁。河道的演变受到了海潮、泥沙、径流和地球自转偏向力等诸多因素的影响，其主干道南北发生过多次往复摆动。长江水流的扩散和东海海潮的作用也导致长江上游来水携带的泥沙发生沉积，于干流中形成沙洲，沙洲又进而使河道分汊。新的沙洲和沙坝的不断形成和变化，使得长江三角洲持续向东推移，不断向东海延伸，最终形成现今长江口“三级分汊、四口入海”的格局（图1-2）（周念清 等，2007）。

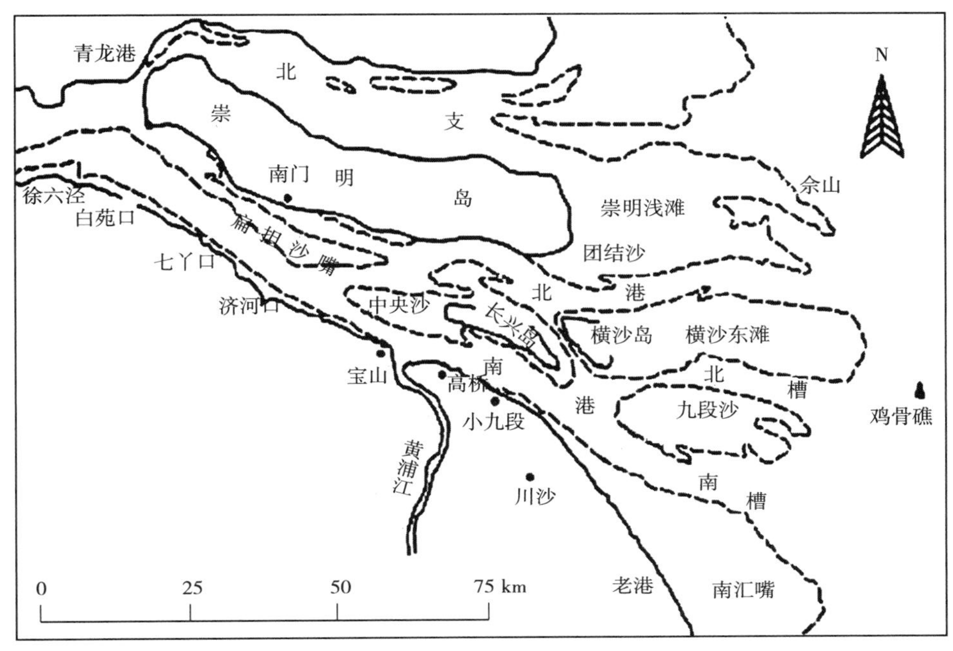

图1-2 长江口现今格局

（周念清 等，2007）

长江口属中潮河口，其中浚站的年平均潮差为2.66 m，最大潮差为4.62 m；潮量较大，洪季大潮达5.30×10^9 m^3，枯季大潮也达3.90×10^9 m^3。长江口属于粉沙淤泥质河口类型，泥沙运动受径流、潮流、波浪和盐水的作用与影响，运动规律极其复杂，主要包括悬沙、底沙及河床的冲淤变化。长江泥沙沿东南方向出长江口，颗粒较粗部分沉积在口外，形成水下三角洲，一部分较细的泥沙随着水流移动到杭州湾，最远到福建北部沿海。

长江口演变属单向演变，河口逐渐向外延伸，向南转移，南岸边滩扩展，北岸沙岛并岸。在距今5 000～6 000年时，长江三角洲大部分地区还没有现在的形状，大部分是浅海、澙湖、沼泽和滨海低地。河口在镇江、扬州一带（吕炳全和孙志国，1996）。由于人类大量开垦土地，导致泥沙流量增加，因而长江三角洲的延伸速度逐渐加快。根据历史资料显示，2 000～3 000年前长江口的起点仍在扬州附近，江阴以下的南岸岸线是由嘉定的黄渡、青浦的盘龙镇、松江的漕泾和杭州湾的王盘山组成；北岸岸线是由泰兴北部石庄以北、南通的北浦和如东的掘港附近河段组成。当时的长江口是一个海湾，呈喇叭形，它的北嘴在小洋口一带，南嘴在今杭州湾的王盘山附近，南北两嘴之间的长度约为180 km（图1-3）。

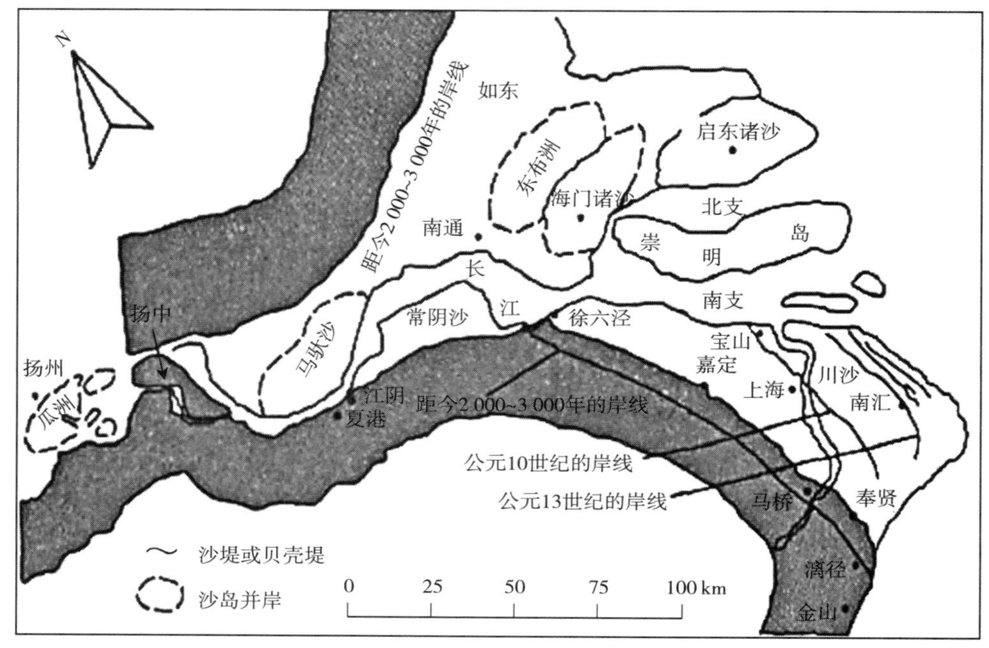

图 1-3　长江口的历史变迁

（周念清 等，2007）

2 000 多年来，受到海潮和径流的影响，泥沙由于径流的原因不断地堆积在河口，沙洲、边滩相继形成，江流开始分汊。长江口南岸边滩慢慢地向外延伸，陆地也慢慢地向外扩展，海堤岸线也不断向前加长，同时，长江口的北岸以沙洲并岸的方式向前延伸。1 000多年来，长江口有 7 次重要的沙岛并岸：东布洲并岸、瓜洲并岸、马驮沙并岸、海门诸沙并岸、启东诸沙并岸、常阴沙并岸和江心沙-通海沙并岸。由于这些重要的沙洲并岸（除常阴沙因人工阻塞夹江而并入南岸外），长江口北岸岸线不断向南延伸，河口不断变得狭窄，并向东南外海方向延伸，镇江、扬州以下的河道随着河口沙岛相继并岸，江面变得狭窄，形成正常河型的河段逐渐向下游推移，马驮沙并岸后，江阴以上河段逐步成形，江心沙并岸后，徐六泾以上河段逐渐向正常河流形态转化（王永忠，2009）。

长江三角洲的地理面积约为 4.00×10^4 km^2，而沉积概念上的长江三角洲面积约为 2.85×10^4 km^2，其中陆上部分约为 1.85×10^4 km^2，水下部分约为 1.00×10^4 km^2。现上海市由长江泥沙堆积而成的土地占 62%（恽才兴，2004a，2004b），并且还在持续增加。

（二）长江口诸岛的演化

目前为止，长江口有四个大的冲积岛屿，分别是崇明岛、长兴岛、横沙岛和九段沙，总面积达 1 411 km^2。这四个岛屿在行政区划上隶属于上海市，约占上海土地面积的 20%。长江每年携带大量的泥沙流入东海，加上长江主干道南北方向不断摆动，使这四个岛屿的面积在不断地扩大和迁移。

1. 崇明岛

崇明岛是我国第三大岛，面积仅次于海南岛和台湾岛，被誉为“长江门户、东海瀛洲”，是世界上最大的河口冲击岛屿之一，呈东西走向，三面环江，东邻东海，西面与江苏常熟、太仓相邻；南面与上海市嘉定、宝山、川沙和南汇等区县一衣带水；东、北方向分别与江苏启东、江苏海门隔江相望。崇明岛形似卧蚕，东西长、南北宽，长约 80 km、宽 13～18 km，全岛总面积约 1 200 km^2。另外，崇明岛东西两端还在延伸，速度大概是每年 143 m。长江水流在崇明岛开始分流，被崇明岛分为南、北两支。

现代崇明岛的轮廓是在经历过由西向东的多次变迁后，在 17 世纪中叶初步形成的。18 世纪中叶以来，崇明岛南岸不断被侵蚀，而北岸、西岸和东岸不断向外扩展，其中北岸和西岸以沙洲并岛的形式扩展，东岸则以边滩淤涨的形式向外扩展。19 世纪以来，合隆沙、东平沙、永隆沙等相继出现，崇明岛逐渐扩大。19 世纪 50 年代初，崇明岛全岛面积为 608 km^2，随后经过多次大围垦，诸沙洲并入了崇明岛，使其面积增加了 433 km^2。近年来，崇明岛东滩和北沿滩地仍在继续扩张，围垦开发也在继续进行，目前，崇明岛的面积已增加到 1 200 km^2。

崇明岛全岛的行政区域分为两部分，一部分是江苏省南通市（下又分属于启东和海门两个县级市），另一部分是上海市崇明区。崇明岛东滩被认为是全球重要生态敏感区之一，被列入《国际重要湿地公约》名录。东滩是国家一级保护动物中华鲟江海洄游过程中的重要栖息地，2002 年上海市长江口中华鲟自然保护区在崇明岛东滩水域建立，面积 276 km^2，这是我国建立的第一个河口型珍稀濒危鱼类自然保护区。另外，上海市崇明东滩鸟类保护区也于 2005 年升级为国家级自然保护区。

2. 长兴岛

长兴岛是我国的第五大岛，面积仅次于台湾岛、海南岛、崇明岛和舟山岛，也是长江口的第二大岛。长兴岛是由许多沙洲并连在一起而形成的，如鸭窝沙、石头沙、瑞丰沙、潘家沙、圆圆沙和金带沙等。长兴岛东西长约 20 km，南北宽约 14 km，呈带状，在崇明岛的东南。该岛将长江口南支第二次分割为南、北两港，由此长江口开始了第二级分汊。在 700 年以前，长兴岛还没有露出水面，是一个水下沙洲。17 世纪中叶，鸭窝沙初露水面，1844 年鸭窝沙面积为 2.20 km^2，经过 100 多年的变迁，鸭窝沙面积扩大到 14 km^2，成为长兴岛主体。崇宝沙位于鸭窝沙以西，到 1860 年面积扩大到 13.70 km^2。圆圆沙位于鸭窝沙东南 5 km 处，1854 年面积为 1.40 km^2，后来受潮流影响，沙体先向鸭窝沙靠近，向西北方向移动；后又远离鸭窝沙，向东南方向移动，到 20 世纪 50 年代，沙洲面积扩大到 14 km^2。金带沙位于鸭窝沙之东，1919 年，面积为 5 km^2，后扩大到 7.50 km^2。潘家沙位于石头沙东、鸭窝沙西北，1924 年面积为 9 km^2，后来由于冲刷作用，1950 年面积缩小至 5～6 km^2。这些沙体于 20 世纪 60—70 年代初经人工堵汊，连成一体，形成今日长兴岛。

长兴岛西北角的青草沙水库，是上海市的水源水库，面积为 70 km^2，蓄水能力达

5.53×10^8 m^3，日原水供应量为 9.50×10^6 m^3。此外，长兴岛周围有大面积的滩涂湿地，南港和北港河道也是许多洄游性水生生物的必经通道，具有重要的生态学价值。

3. 横沙岛

横沙岛也是一个冲积岛，是长江口四大岛屿之一，位于崇明县东南部长江口，四面环江临海，西距长兴岛 1 km，西北邻崇明岛，西南距浦东新区 8 km。其形状就像一个被江海包裹着的大海螺，西北是海螺的尖顶，东南是海螺喇叭状的嘴。700 年前的横沙岛也是一个水下沙洲，在 150 年前开始露出水面，由于横沙位于长江河口，在外强潮流作用下，沙体东南冲坍，西北淤涨，渐渐向长江口内移动，整个沙洲呈椭圆形。120 年前开始了人工围垦，围垦后面积达 20.81 km^2，之后该沙岛一直呈南坍北涨的趋势。现在横沙岛长约 11 km，最大宽度为 8 km，面积近 56 km^2。

4. 九段沙

九段沙是目前长江口最靠近东海的一个小沙洲（图 1－4），属于现代长江口拦门沙系的组成部分，是长江流域来沙在径流和潮流相互作用下淤积而成的，它东接东海，西接长江，西南和西北分别与浦东新区和横沙岛隔水相望，是长江口第三大分流沙洲，使长江口分为南槽和北槽。九段沙由四个沙洲组成，分别是上沙、中沙、下沙和江亚南沙，是处于冲淤变化中的河口沙洲型湿地，东西长约 50 km，南北宽约 26 km，总面积为 423.2 km^2（陈家宽，2003），常年露出水面的面积约 115 km^2。九段沙是长江口四个岛中形成时间最短的一个，仅有 60 年左右的历史，所以人类干扰较少，其湿地生物资源基本保持着天然状态。

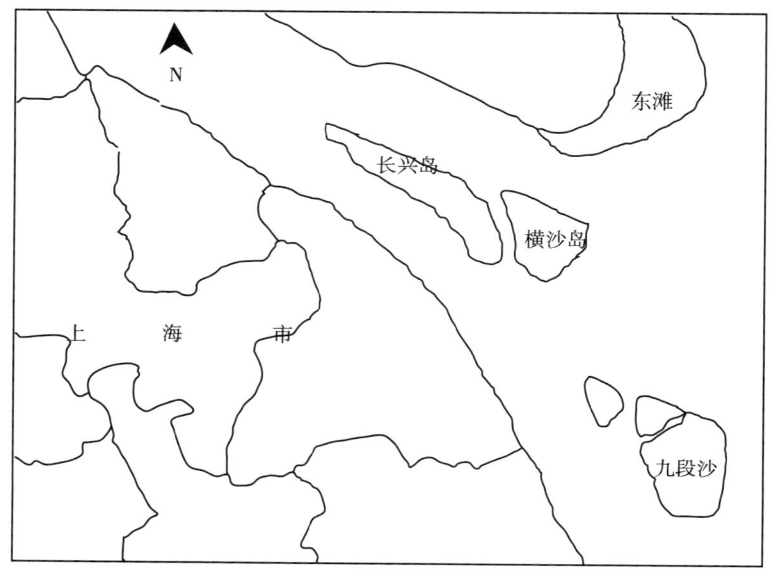

图 1－4　九段沙位置

（施文彧，2007）

九段沙的前身是横沙东滩的组成部分之一。横沙东滩被长江口北槽串沟分开后，到20世纪40年代，被切割出来的部分逐渐淤涨形成3个比较明显的水下阴沙，这就是九段沙的雏形。20世纪50年代的特大洪水使5 m深槽贯穿整个串沟形成北槽，九段沙开始作为一个独立的沙洲存在。1961年，九段沙已较明显地分为三个沙体，分别是上沙、中沙和下沙。进入70年代以后，九段沙形状和位置已经相对稳定，但九段沙中沙、下沙沙体逐渐连成一体。1995年以后，九段沙逐渐稳定，形态上并没有多大的变化。

九段沙目前仍处于原生态湿地状态，国家于2005年批准建立九段沙湿地国家级自然保护区。九段沙周围是主要经济甲壳动物之一——中华绒螯蟹的重要产卵场；此外，中华鲟在降河洄游过程中也栖息于此。

第二节　长江口气候及水文条件

一、长江口气候

长江口位于亚热带地区，属于亚热带季风性气候，雨量充沛、光照充足、冬冷夏热、四季分明。由于地理位置和季风的影响，气候具有海洋性和季风性双重特性，年平均气温15.2～15.7 ℃。最高温度在7月，7月平均气温为28 ℃。最低气温在1月，1月平均气温为2.7～3.6 ℃。长江口水域年平均水温约17 ℃，8月水温最高约28 ℃，2月水温最低，约为6 ℃，整个水域温差很小。年平均日照时数在1 800～2 000 h。年平均相对湿度约为80%，年均蒸发量在1 300～1 500 mm。有雾是长江口的一大气象特征，长江口以东海面每年有雾时间在50 d以上，最常出现在2—5月。

季风季节性变化明显，常伴有台风、热带风暴；冬季常有寒潮来袭，盛行西北季风（杨世伦 等，2001）。年平均风速3.7 m/s，风速以冬春两季较高，最大风力多出现在夏季的台风期。最多的风向为西北—北、东南—南，频率分别为24%和23%，夏季盛行偏南风，冬季盛行偏北风，春季偏北气流逐渐减弱，偏南气流逐渐加强，4月开始盛行东南风，秋季偏南气流逐渐减弱，偏北气流加强，10月已盛行偏北风。一般来说，虽然冬季北风较强，但是对长江口来说属于离岸风，对河口影响较小；而春、夏两季的东南风和秋季台风期的东北风对长江口起较大的作用，台风集中出现在8—9月，平均每年有1～2个台风影响长江口区（《东海海洋》编辑部，1995）。夏季时常还有风暴潮（许世远 等，1997）。

近年来全球气候大部分呈现变暖趋势。有学者研究了 60 多年来长江口崇明岛东滩的气候变化，发现长江口崇明岛东滩湿地的气温在 1951—1980 年变化不显著；但是 20 世纪 80 年代以来的 30 多年升温趋势极其显著，气温变化明显。平均每 10 年温度上升 0.63 ℃，降水量没有明显变化，但是年日照时数呈现显著降低趋势。

二、长江口水文

（一）径流和降水

长江是中国水量最丰沛的河流，年入海总径流量达到了 9 793.53×10^8 m^3，是黄河年总径流量的 20 倍，大约占全国各流域径流总量的 37%，在世界上排名第三，仅次于亚马孙河和刚果河。长江水量保持相对稳定，径流量主要由降水形成，平均年降水量大约是 1 149 mm。根据观测站的数据显示，径流量的年际变化比较稳定，除少数支流的年径流量变差系数较大外，其他流域的都较小。长江每年 4 月、5 月、10 月和 11 月是中水期；6 月、7 月、8 月和 9 月为洪水期；12 月、1 月、2 月和 3 月为枯水期，洪水期时径流量比较大，约占全年径流量的 60%。

在长江口多级分汊入海格局的情况下，长江口径流量在空间上出现了一些分配不均的现象。根据长江水利委员会水文局统计，徐六泾以后进入南支的径流量占比约为 96%，进入北支的径流量占比约为 4%。自 1998 年北支上段主河槽形态因洪水造床作用被调整以来，北支分流量的变化在 1%～4%范围内波动。一般大潮的分流比小于小潮。因此，南支是长江径流的主泄流通道，但它的下段南、北港和南、北槽的径流的分配则比较均匀。

（二）表层水温

长江口表层水温在每年 8 月达到最高值，2 月水温最低，2—8 月表层水温呈上升状态，8 月以后开始下降，具有典型的中纬度表层水温的特征。长江口水域表层温度的年际变化显示，20 世纪 60—80 年代多是负距平，是相对冷期；20 世纪 80 年代以后多是正距平，只有 1989 年、1992 年、1993 年、1996 年出现了负距平，这段时间属于暖期。1969 年长江口水域表层水温平均温度最低，为 15.9 ℃；1998 年表层水温达到最高值，为 18.5 ℃。

影响长江口表层水温的因子，从不同尺度上讲，有所不同。其中影响长江口表层水温年际变化的环境因子主要为长江径流和东亚季风等。有研究显示，长江径流量与长江口表层水温间呈正相关，即径流量大则表层水温偏高，径流量小则表层水温偏低。冬、春两季，长江径流携带大量的冷水，使长江口的表层水温有所降低，因此，长江径流与表层水温在冬、春两季相关性更明显，而在夏、秋两季相关性较小。影响长江口表层水温季节变化的环境因子主要有季风和太阳辐射。而从长江口表层水温的日变化来讲，太阳辐射是导致其日变化的主要影响因子。此外，苏北沿岸流和浙江沿岸流在中小气候尺度上都会对长江口表层水温变化产生影响（周晓英，2005）。

（三）泥沙

长江口是一个沙流量比较大的大型河口。根据大通站的泥沙实测资料统计，1951—2006 年的平均年输沙量为 4.09 亿 t。流量与输沙量基本呈现同步状态，输沙量年内分配不均匀性比径流量的年内分配不均匀性更加明显。5—10 月，6 个月的输沙量占年输沙总量的 87.2%，而其他 6 个月的输沙量仅占全年的 12.8%；其中 7 月输沙量最大，2 月最小（图 1-5）。

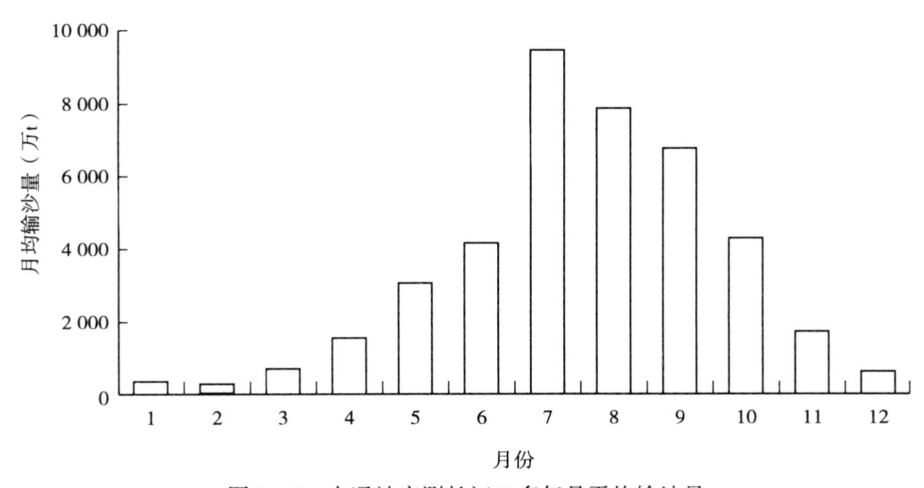

图 1-5　大通站实测长江口多年月平均输沙量

自 1980 年以来，长江上游来沙呈现减少趋势，1990—2000 年期间年平均输沙量约为 3.53 亿 t，2002 年年输沙量减少到不足 3 亿 t。据长江口的调查资料显示，河口段悬沙组成以黏土和粉沙为主，中值粒径为 0.010～0.019 mm，越向口外越细。床沙范围从黏土至细沙，以粉沙为主，总体上呈现上粗下细、口外呈北粗南细的特点。长江口水体固相颗粒质中含有许多矿物成分，主要有石英、伊利石、绿泥石、蒙脱石、钠长石、微斜长石、高岭石和方解石；从吴淞口上游向下游悬浮相中黏土矿物的含量有增加的趋势，而沉积相中的含量略有减少。长江口泥沙中的黏土矿物成分主要有伊利石、绿泥石、蒙脱石、高岭石（陈启明 等，2001）。长江口滨岸沉积物一般是细颗粒沙，粉沙占大多数（粒径为 4～63 μm），占 64.71%，黏土（粒径＜4 μm）和沙质（粒径＞63 μm）次之，分别占 20.67%和 14.62%（图 1-6）。

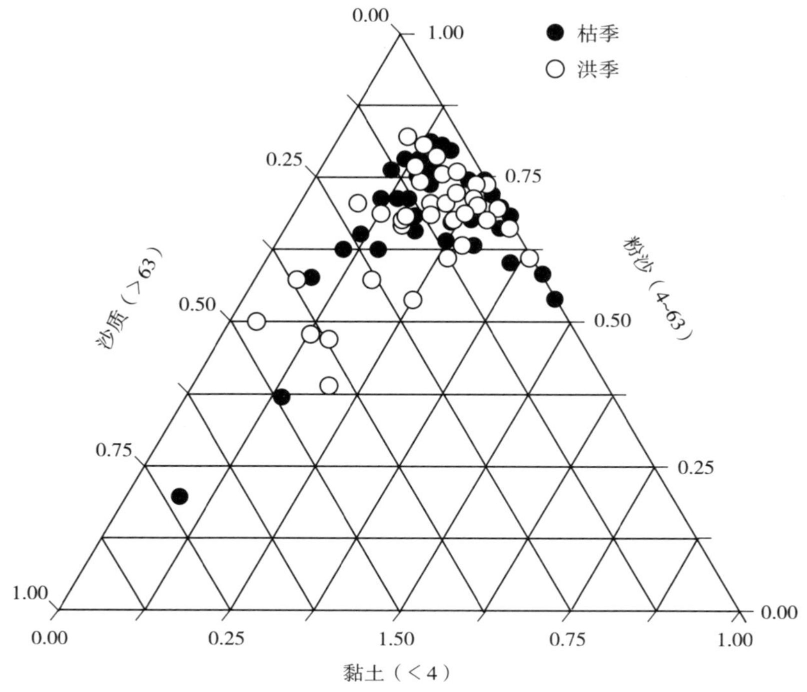

图 1-6　长江口黏土滨岸沉积物粒度组成特征（单位：μm）

（欧冬妮，2007）

（四）盐度

长江口在－20～－15 m 处，大潮、中潮、小潮的平均含盐度为 20～25；导堤下口处盐度为 10～15，导堤上口处大潮盐度约为 1，中潮为 0.5～1，小潮在 0.5 左右。夏季南支各汊道的口内平均盐度在 1 以下，北支稍高；盐度从口内到口外逐渐升高。冬季盐度也是从口内到口外递增，但比夏季高。盐度还随涨落潮和大小潮而变化。长江口海域盐度随着大通流量的变化而变化，丰水年的时候盐度低，枯水年的时候盐度高。

长江口盐水入侵主要有南港、北港和北支 3 条路线，因为长江口外海高盐度海水经由北支、北港、北槽和南槽向上入侵，而入侵南槽和北槽的携盐海水最终汇入南港。长江口盐水入侵在时间上的分布主要受两种因素的影响，分别是长江径流量和外海潮汐，按照时间长短可以分四种，分别是潮周日变化、朔望变化、季节变化和年季变化。

（五）潮汐与波浪

长江口潮汐来自中国东海潮波，周期是 12 h 25 min，东海前进波系统在本区域以月浅海 1/2 日分潮（M2）为主；其次，还受黄海旋转潮波影响，以月、日合成日分潮

(K1)、月球日分潮（O1）较显著。东海潮波传入长江口及杭州湾，并受到地形作用，使长江口成为一个中等强度潮汐河口，口门内外潮汐类型不同，口门外为正规半日潮，口门内为非正规半日浅海潮。潮汐日不等明显，主要表现为高潮不等，从春分到秋分，一般夜潮大于日潮，从秋分到翌年春分，一般是夜潮小于日潮。

长江口口门外的波浪通常有两种，一种为风浪，一种为风浪和涌浪兼有的混合浪。以风浪为主或以涌浪为主所占的比例分别为77%和23%，涌浪单独出现的情况极少，东部涌浪出现的频率增加，口门内波型以纯风浪为主，基本无涌浪出现，波高由东向西逐渐降低。长江口的波高变化与风速变化几乎呈正相关，口门附近引水船站的波高特征值显示，夏季东南方向波浪较大，平均波高为1.2 m，频率为24%，最大的月平均波高为1.9 m；冬季西北方向波浪较大，平均为1.4 m，频率为19%；春季多为东北向，频率为18%。由于长江口口门附近水深较浅，风浪会搅动水底的沙，使得拦门沙区域的含沙量普遍高于口门内河段。

第三节　长江口生态环境

长江口作为我国的三大河口之一，具有特殊的生态系统，主要表现在该生态系统生产力水平高，环境复杂，受人类活动影响比较大。长江径流入海后，不断与海水混合；长江冲淡水与台湾海峡北上的暖流等水系在河口交汇，上下叠置。由于自然和人为的双重影响，长江口作为高浊度大型河口，其水域内的生物组成也有其独特性。近年来，随着长江流域经济的快速发展，沿海地区城市化进程加快，长江口及其滨岸地区面临着前所未有的环境压力和威胁（刘征涛 等，2006）；此外，该地区人口密集，工农业和交通运输业发达，汽车尾气排放以及城市生活污水和工业废水大量排放，给长江口的生态环境带来巨大压力。垃圾填埋场的淋滤污水、船舶码头的污水排放、大气污染物的干湿沉降等也威胁到河口的生态环境。

2017年《中国生态环境状况公报》和《中国海洋生态环境状况公报》均显示，长江口海域水质较差，大部分海水处于劣四类水质。主要污染物包括无机氮、活性磷酸盐、重金属和石油烃等。近年来，长江口邻近海区富营养化状况也逐年加剧（赵卫红和王江涛，2007）；20世纪80年代，仅少量监测出富营养化现象，但在2000年后监测出富营养化的频率较集中，并且有逐渐向河口内发展之势。水体营养盐含量和结构变化往往会带来水生动植物群落组成的响应，以及生物群落演替等一系列生态效应（Li et al.，2007；李亚力 等，2015）。据统计，东海历史上40%以上赤潮发生在长江口及其邻近海域。此外，人类活动还会产生大量重金属、多环芳烃、多溴联苯醚等持久性污染，经过污水排放、大气沉降及地表径流等各种途径进入河口，长江口海域已成为我国近海水域污染较为严重的地区之一（王丽莎 等，2008）。

一、长江口主要环境污染物

（一）传统污染物

1. 重金属

重金属是非生物降解型污染物，在自然环境中也存在一定的潜在生态风险（吉芳英等，2009）。重金属可通过污水排放、大气沉降及地表径流等各种途径进入河口，它们会先被吸附到颗粒物中，然后随着颗粒物进入沉积物（Celia et al.，2000；Altindag & Yigit，2005），沉积物中的重金属也会通过其他方式进入水体和生物体，如絮凝、沉淀、解吸附等，并通过生物富集作用进一步影响人体健康。

已有报道显示，长江口表层沉积物中有 7 种重金属的含量比较高，分别是砷（As）、镉（Cd）、铬（Cr）、铜（Cu）、铅（Pb）、锌（Zn）和汞（Hg），平均含量在 0.19～98.65 mg/kg（许秋寒 等，2015；方明 等，2013）。于丰军（2005）和杨志彪（2005）研究了重金属对长江河口底栖甲壳动物中华绒螯蟹生长发育的影响，结果表明：高浓度重金属暴露下中华绒螯蟹的死亡率会增加，并且还会对它的机体器官造成一定的损伤。潜在生态风险评价结果表明，长江口潮滩沉积物中的镉和汞可能存在极强生态风险，需要引起重视。

2. 富营养化因子

（1）磷　长江口海域中的磷以总溶解态磷（total dissolved phosphorus，TDP）为主，总溶解态磷中又以溶解有机磷（dissolved organic phosphorus，DOP）为主（周俊丽 等，2006；孟伟 等，2004）。从水平分布趋势看，长江口水体中自西向东各形态磷含量总体呈下降趋势（夏荣霜 等，2014），其中以总颗粒态磷酸盐（total particle phosphorus，TPP）的降幅最大，从长江口口门内到长江口外围，总颗粒态磷酸盐在总磷（total phosphorus，TP）中所占的比例逐渐下降，而总溶解态磷的比例却逐渐加大。造成这一现象的主要原因是磷酸盐具有受悬浮颗粒物吸附的非保守性行为。溶解有机磷主要是浮游生物代谢的产物，因此，溶解有机磷含量的高低，可以间接说明长江口某区域的浮游生物是否活动频繁（孟伟 等，2004）。

（2）氮　长江口水域溶解态无机氮以硝酸根氮（NO_3^-－N）为主，平均占到溶解态无机氮的 90%以上。长江口水域无机氮的含量严重超标，超过国家海水水质四类标准（周俊丽 等，2006；孟伟 等，2004）。NO_3^-－N 含量的变化趋势是由口门内向口门外近海逐渐递减（夏荣霜 等，2014；王保栋 等，2002），与之相反，口门外 NH_4^+－N 含量相对较高。这种现象产生的原因可能是 NO_3^- －N 是氮的稳定存在形式，具有不被悬浮颗粒物质吸附或包裹的行为。其保守行为仅限于长江口，所以高值区出现在受陆源排放影响的口门内。营养盐在向外扩散的过程中，不断地被浮游植物所消耗，所以其含量逐渐下降（孟伟 等，2004）。而在长江口口门外，由于海水的稀释作用，其含量逐渐下降（任玲和杨军，2000）。NH_4^+ －N 是氮的还原态形式，它主要来源于沿岸径流输入以及悬浮颗粒物的释放。至于 NH_4^+ －N 含量的变化规律与 NO_3^- －N 相反的原因，可能是 NH_4^+ －N 具有非常保守的行为，长江口口门外水体盐度相对较高，由于颗粒物的解吸而导致 NH_4^+ －N 含量的升高（叶仙森 等，2000）。洪美玲（2007）研究了 NO_2^- －N 和 NH_4^+ －N 对中华绒螯蟹幼体的胁迫作用，研究结果表明中华绒螯蟹对 NH_4^+ －N 的耐受性较高，在血淋巴中对 NO_2^- －N 的累积比较多，且随着水体中 NO_2^- －N 浓度的增加，累积量也直线增加。

（3）*硅*　海水中硅的主要来源是随着径流输入海洋的硅酸盐，它是硅酸盐矿物风化后的产物。它在河口的分布主要受海水的稀释扩散作用控制，同时生物活动和悬浮体吸附也会影响硅的分布（任玲和杨军，2000）。长江径流每年都会向长江口水域输送大量的硅酸盐，这为硅藻的繁殖生长提供了丰富的营养物质。硅酸盐靠近长江口的区域浓度最高，在舟山渔场海域浓度最低。夏荣霜等（2014）研究发现，生物活动对硅酸盐的浓度影响不大，而与长江径流输送的关系较大。

（二）新型污染物

1. 持久性有机污染物（persistent organic pollutants，POPs）

（1）*多环芳烃*（polycyclic aromatic hydrocarbons，PAHs）　这是一类环境中普遍存在的有机污染物，具有致癌、致畸、致突变（“三致”）作用，在环境中难以降解，可通过与溶解态有机物的结合、吸附于悬浮颗粒物上、蓄积在沉积物中等各种形式，普遍存在于河口及滨岸生态环境中。PAHs 进入环境中的途径主要分为三种，一是燃烧生成，包括来自汽车尾气排放、燃煤、森林火灾、生物质燃烧、冶炼厂等；二是来自石油，包括石油泄漏、城镇地面冲刷、正常油轮排放或者其他途径；三是自然途径，譬如植物释放、成岩作用等。其中最主要的来源是通过燃烧途径。

有研究表明，海口湾表层水中，总 PAHs 的检出量范围是 12.3～108 ng/L，组成以 2～4 环的为主（张先勇 等，2012）；然而长江口悬浮颗粒物中 PAHs 的检出量范围是 2 278.79～14 293.98 ng/L，其组成以 4～6 环的为主（欧冬妮 等，2008）。水体中多环芳烃含量的变化受很多因素的影响。欧冬妮（2007）研究认为，盐析效应和温度可能对多环芳烃的溶解性产生了重要的影响。盐度增加，盐析效应增强，溶解度降低，因此长江口的溶解态多环芳烃在低盐度区表现为枯季略低于洪季，而在咸淡水过渡区和高盐度区表现为枯季高于洪季；温度升高时，水中的低环多环芳烃易挥发和光降解，因此，水中多环芳烃含量降低。此外，长江口滨岸水动力条件和污染物的排放也会影响长江口溶解态多环芳烃分布。

与溶解态多环芳烃不同，颗粒态多环芳烃的季节变化明显，主要表现为枯季大于洪季。造成多环芳烃这两种存在状况间差异的主要原因是：洪季温度较高，强烈的阳光照射使多环芳烃发生光降解反应，以及洪季较高的叶绿素 a 和初级生产力使颗粒态有机污染物发生垂直迁移，导致表层多环芳烃浓度减少。

水环境中的多环芳烃可进入食物网，在生物体内产生累积，并可通过食物链不断被富集和放大，进而对河口环境中的生物种群和群落造成严重威胁，导致河口与近岸生态系统最终发生衰变和退化；人食用了受污染的水产品后还会对人体产生危害。蒋闰兰（2015）研究发现，一种三环 PAHs——菲（phenanthrene）对河口底栖动物中华绒螯蟹的安全暴露浓度为 214 μg/L，将此种蟹长期暴露于菲安全浓度范围内后，其肌肉中菲含量维持在一个较高水平，但不影响其存活。这种情况也在长江口优势底栖动物河蚬中发现（肖佰财，2014）。经济动物能在含低剂量 PAHs 的水中存活，但 PAHs 会在机体内累积，这一现象加重了其沿食物链进入人体的风险。为此，各国政府及一些国际生物学组织都着手制订了水生生物暴露于水体 PAHs 中的安全标准。近年来，在长江口的调查发现，部分区域已经出现 PAHs 的浓度超过水生生物暴露于水体中安全标准的现象。工业和生活污水大量排放，是导致长江口水体中 PAHs 超标的主要原因。目前持久性有机污染物对水生生物的毒性效应已成为一个急需解决的问题。

（2）多溴联苯醚（polybrominated diphenyl ethers，PBDEs） 这是一种阻燃剂（De Wit，2002），自 20 世纪 70 年代问世，它因价格低廉和阻燃性能优异，被广泛应用于计算机等电子产品、纺织品、建筑材料、塑料制品及交通设备等领域，使火灾的发生率降低（Hale et al.，2002）。但是，随着经济的发展，近年来对 PBDEs 的消耗量日益增长，PBDEs 在许多环境样品中均被检测出，并被发现广泛存在于各种环境介质中（Renner，2000）。由于 PBDEs 具有环境持久性、远距离传输性、生物可积累性，对生物和人体具有毒害效应，其引起的环境问题和对人类的健康危害问题应该引起我们的重视（Zhang et al.，2009a）。

长江口沉积物中 PBDEs 的含量为未检出至 0.55 ng/g，低于国外一些河口的含量（Chen et al.，2006）。朱云娟等（2015）在崇明岛进行年代采样研究后推测出 40 多年来围填海表层土壤和深层土壤的 Σ_{12}PBDEs 质量比（图 1－7），并发现长江口自有围填海记录以来，表层和深层土壤中 Σ_{12}PBDEs 的质量比均呈现出不断增加的趋势。由此推测，在 1970 年以前，多溴联苯醚的生产和使用可能还不多，因此长江中上游的 PBDEs 排放较少；在 1970 年以后，可能才出现了 PBDEs 的大量使用。而且 PBDEs 没有化学键束缚，很容易从产品中迁移到环境介质中，再通过大气循环重新进入生态系统，这就造成了 PB-

DEs 在长江底泥中的大量沉积（Renner，2000）。

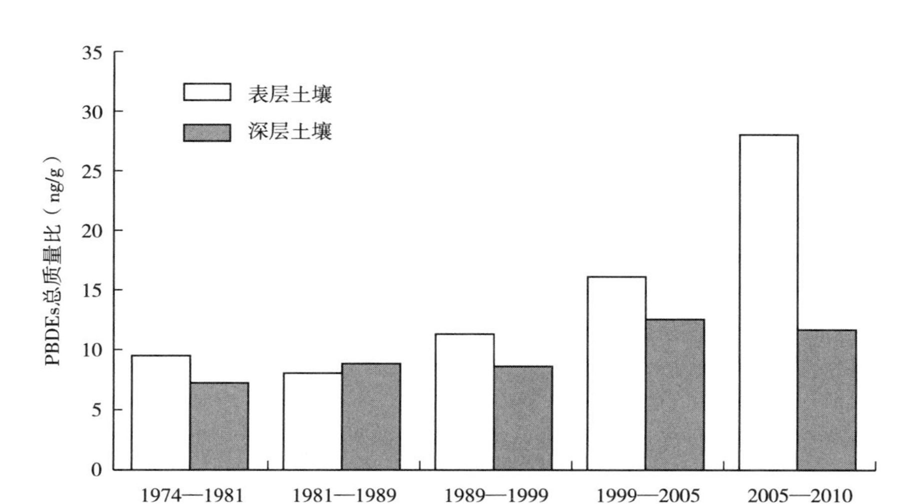

图 1-7　长江口不同年代围填海土壤中 Σ_{12}PBDEs 的质量比

（朱云娟 等，2015）

（3）多氯联苯（polychlorinated biphenyls，PCBs）和有机氯农药（organochlorino pesticides，OCPs）　PCBs 是一类含有两个苯环结构的含氯化合物，它同样具有分布广泛、持久性、蓄积性和毒性等持久性有机污染物的共同特点。在环境中 PCBs 同系物和异构体会发生缓慢的生物转化、非生物转化和迁移，最终 PCBs 主要蓄积在水域沉积物上（李秀丽 等，2013）。PCBs 虽然在水体中含量不高，但可以通过食物链传递和富集，对水生生物产生毒害作用，甚至危害人类健康。研究表明 PCBs 对水生生物的生长、发育和生殖会产生影响，有毒性作用；PCBs 对野生鸟类也会产生毒性，比如孵化率降低、胚胎畸形、免疫抑制和死亡率增加等（Su et al.，2014）。现在 PCBs 已被禁止生产，但由于其难降解性和亲脂性，在环境和生物体内可长期蓄积，难以消除。环境中消除 PCBs 的主要途径是光降解、羟自由基氧化脱氯得到低氯代 PCBs，然后通过好氧、厌氧生物降解（刘静 等，2006）。

OCPs 也具有持久性、迁移性和蓄积性等特征，并且易于通过食物链积累，对健康有不利影响，如致癌、导致生殖缺陷和神经行为异常等，目前毒理机制还不清楚（Mrema et al.，2013）。

OCPs 与 PCBs 是重要的新型污染物。对长江口滨岸水体悬浮颗粒物中 PCBs 含量进行调查发现，其浓度范围 2.5～51.5 ng/g，平均值为 13.2 ng/g（程书波 等，2006），表层沉积物中 PCBs 含量为 0.19～18.95 ng/g，平均值为 2.7 ng/g；OCPs 含量为 1.25～36.01 ng/g，平均值为 8.50 ng/g（杨毅 等，2003）。而黄宏等（2011）检测到长江表层沉积物中 PCBs 的含量比较高，为 18.66～87.31 ng/g，平均值为 41.65 ng/g，与国内外其他水域表层沉积物中PCBs污染状况相比，长江口及东海近岸的污染处于中等水平，但存在一定的潜在生态风险。李康（2005）开展了阿拉特津对中华绒螯蟹毒性效应研究，结果表明阿拉特津显著缩短了中华螯蟹的胚胎孵化时间，同时也会对中华绒螯蟹造成氧化胁迫效应。

（4）全氟类化合物（perfluorinated compounds，PFCs） PFCs是一类新型持久性污染物，包括全氟化碳、全氟辛烷磺酸（perfluorooctane sulfonate，PFOS）、全氟辛酸（perfluorooctanoic acid，PFOA）、全氟癸酸（PFDA）等。目前多聚氟化合物以及PFCs种类繁多，已经有上百种。PFCs被广泛应用在工业生产和日常生活当中，这些化合物中的一部分会降解成更为稳定、毒性更强的化合物，例如PFOS和PFOA，这两类物质可以导致水生动物行为、生殖、生长等方面的异常（冯盘，2011）。调查显示，长江口沉积物中PFOS浓度较高，含量为72.9～536.7 ng/g（Pan & You，2013）。这显著高于广州珠江沉积物中PFOS的浓度3.1 ng/g（Bao et al.，2010）。但长江口沉积物中PFOS的整体浓度与国内其他水域的报道相差不多，说明长江口水环境中（包括水和沉积物）PFCs污染水平有种类差异，但总体来说PFOS和PFOA是主要污染物，应加强长期监测和管理。

2. 纳米材料（nanomaterial）

纳米材料是指在三维尺度上有一维或更多维度在1～100 nm的物质（黄俊 等，2014）。目前人工纳米材料主要有金属及金属氧化物（如纳米银、纳米金、纳米氧化钛、纳米氧化镍等）、碳量子点以及半导体量子点等，这些材料越来越多地被用于涂料、催化剂、半导体、化妆品、微电子和药物载体等生活中（Nel et al.，2006）。目前由于纳米材料对环境影响还不是很清楚，其安全性问题正引起世界范围重点关注（Nel et al.，2006）。

有研究显示，纳米材料可以通过多种途径进入自然环境（水体、大气、土壤）中，其在水环境中有很多复杂的行为，如团聚作用、生物积蓄、吸附作用、与有机质的相互作用、水环境微界面行为等（章军 等，2006），而且每种行为又极其复杂，可能与其他污染物发生耦合作用，造成水环境污染，进而对水生生物产生胁迫，甚至可能通过食物链传递，对人类和野生生物的健康也产生潜在危害（Rico et al.，2011），所以纳米材料的生态影响是不可忽视的。付佳露等（2011）在2009年对长江口水中的纳米级颗粒物（NP）进行了调查发现，长江口水环境中NP粒径的平均值是157.3 nm，最小的粒径是69.5 nm，最大的粒径是263.5 nm；长江口纳米级有机碳（NOC）的浓度范围是0.3～1.5 mg/L，平均值是0.7 mg/L。但目前纳米材料在环境中的检测还有许多不足，有待进一步优化，其在水环境中造成的影响，只能通过复杂的暴露模型加以预测。

3. 内分泌干扰物（endocrine disrupting chemicals，EDCs）

EDCs，别名环境激素（environmental hormone），是一种外源性化学物质，它能干扰内分泌系统，主要包括烷基酚（alkylphenol，AP）、双酚A（bisphenol，BPA）、邻苯二甲酸酯及农药等。它们对生物的生殖和发育、神经系统、免疫系统都会产生影响，可通过呼吸、摄入、皮肤接触等各种途径进入体内，干扰生物体的内分泌活动，甚至引起生物的性别发生改变，如雄鱼雌化。AP 主要包括壬基酚（nonylphenol，NP）和辛基酚（octylphenol，OP）。BPA 主要用来生产环氧树脂和聚碳酸酯，也用于生产增塑剂、阻燃剂、抗氧剂、农药等精细化工产品，因此 BPA 已经成为一种使用最广泛的 EDCs。研究发现 NP、OP、BPA、壬基酚单聚氧乙烯醚（nonylphenol single polyoxyethylene ether，NP1EO）、辛基酚单聚氧乙烯醚（octylphenol single polyoxyethylene ether，OP1EO）都具有毒性和雌激素效应，特别是 NP、OP 危害尤其严重（杨颖 等，2005；邱志群 等，2007）。AP 和 BPA 是环境中最常见的典型 EDCs，通过各种途径进入水环境中成为环境雌激素，威胁着生态平衡和人类及水生生物健康。2006 年，有学者对长江口的 NP 含量进行了调查，发现表层沉积物中 NP 的浓度是 0.73～11.45 ng/g，悬浮物中的浓度是 7.35～72.02 ng/L，表层水中的浓度是 14.09～173.09 ng/L（傅明珠 等，2008）。然而还有学者调查发现长江口的表层沉积物中的 NP 含量更高，达到了 1.56～35.8 ng/g，BPA 的含量是 0.72～13.2 ng/g（边海燕，2010）。长江口的 NP 含量在国内的河口海湾地区中处于中等水平，已经达到了较严重的地步，存在一定的生态风险。

4. 抗生素及抗性基因（antibiotics and resistance genes，ARGs）

ARGs 是一类新型的环境污染物，随着抗生素长期大量使用，微生物产生选择抗性基因，对环境造成潜在基因污染，因此抗生素滥用近年来引起了极大的关注。目前，全球抗生素年产量为 10.2 万 t，我国是最大的抗生素生产国和消费国，并且抗生素滥用的情况十分严重（张学政 等，2008）。抗生素通过各种途径进入环境，给生物体造成了巨大的威胁（Martinez，2008）。

目前，关于长江口等河口近岸水环境中抗生素的报道已很多，在长江流域和个人护理用品污染状况的调查中以抗生素居多，其中磺胺类抗生素磺胺甲噁唑在长江口的检测浓度为 4.2～765 ng/L（陈月 等，2016）；然而在国外的一些水域和中国的维多利亚港中，磺胺甲噁唑被检测出的浓度则很低，甚至没被检测出来。抗性基因残留及生态风险评估的研究对抗生素来说相对不足，然而国外的研究则更为深入。抗性基因在生物体具有持久性，即使携带抗性基因的微生物被消灭，它的 DNA 仍然存在，并最终可能转移给其他细胞（Zhang et al，2009b），因此，抗性基因在环境中的持久性残留，菌群间的迁移、转化和传播，对生态环境的危害比抗生素残留更大（邹世春 等，2009）。目前，ARGs 的环境行为及其生态毒理效应已成为国内外科学工作者的研究热点。

二、长江口水域生态环境现状

随着沿海经济的快速发展和长三角区域工业化进程的加快，人类对长江口及其邻近海域的干扰强度日益增大，长江口水域生态系统状况堪忧。据统计，1950—2010 年长江口已围垦的滩涂达 1 342 km^2，相当于上海市陆域面积的 1/5。围垦后的土地主要用作农业和水产养殖用地，对湿地生物群落和生态系统造成较大破坏，导致生物多样性降低。如 20 世纪 90 年代以来，20 年间浮游植物种类数下降了 47%，浮游动物种类减少了 59%，潮下带底栖动物种类数也急剧下降。同时，群落结构趋向简单。近年来，上海市加强了长江口湿地保护工作，一方面建立了湿地保护区，如崇明岛东滩湿地保护区、九段沙自然保护区等；同时采取了促淤工程，与 20 世纪 90 年代相比生物多样性指数有了一定改善。

近年来，由于无节制的捕捞，加之海岸带环境质量下降，刀鲚、凤鲚、前颌间银鱼等重要渔业资源严重衰退，鲥、中华鲟等珍稀鱼类数量锐减，濒临灭绝，中华绒螯蟹捕捞产量锐减，鳗苗和蟹苗产量大幅度下降。

此外，长江口大型工程对沉积物的搅动也严重影响了长江口生物的组成。青草沙水源地是长江口大型工程之一，其位于长江口南支河段，是上海的重要水源地，承担了上海市约 1/2 的原水供应。但近年来，该水源地盐水入侵较严重，入侵次数多、历时长。2008—2013 年，盐水入侵次数平均为每年 8 次，年平均历时 41.5 d。2014 年 2 月，上海长江口水源地遭遇历史上持续时间最长的盐水入侵，历时 23 d。有学者通过数学模型计算，由于盐水入侵的影响，青草沙水源地上游取水口可能出现最长连续 68 d 的不宜取水天数，直接威胁到上海市的供水安全。

三、长江口生态环境问题主要原因

长江口生态环境问题产生的原因分为自然和人为两类，其中自然因素主要为长江径流，人为因素主要包括人类活动产生的废弃物、副产品及海上运输、大型工程建设。其中人为因素是主要的，对环境产生的影响最为深远。

（一）长江径流

影响长江口水域水质的重要因素是长江来水水质。据研究发现，长江每年携带入海的污染物总量巨大，2013 年长江共携带了化学需氧量（COD_{Cr}）626.5 万 t、NH_4^+-N 1.3 万 t、TDP 17.1 万 t、石油类 1.1 万 t、重金属 1.5 万 t（许秋寒 等，2015）。图 1-8（A）显示，长江口入海化学需氧量在 2010 年达到最高，为 1 078.4 万 t；从图 1-8（B）可以看出，长江每年携带入海的重金属量都在 1 万 t 以上；图 1-8（C）数据显示，2010—2012 年的 3 年时间，长江流域受石油类污染严重，而 2013 年长江携带入海石油类污染物显著减少，这可能与长江流域的船舶污染控制加强有关；图 1-8（D）数据变化显示，2011 年以来长江流域营养盐含量呈上升趋势，直接影响长江口及邻近海域水质。

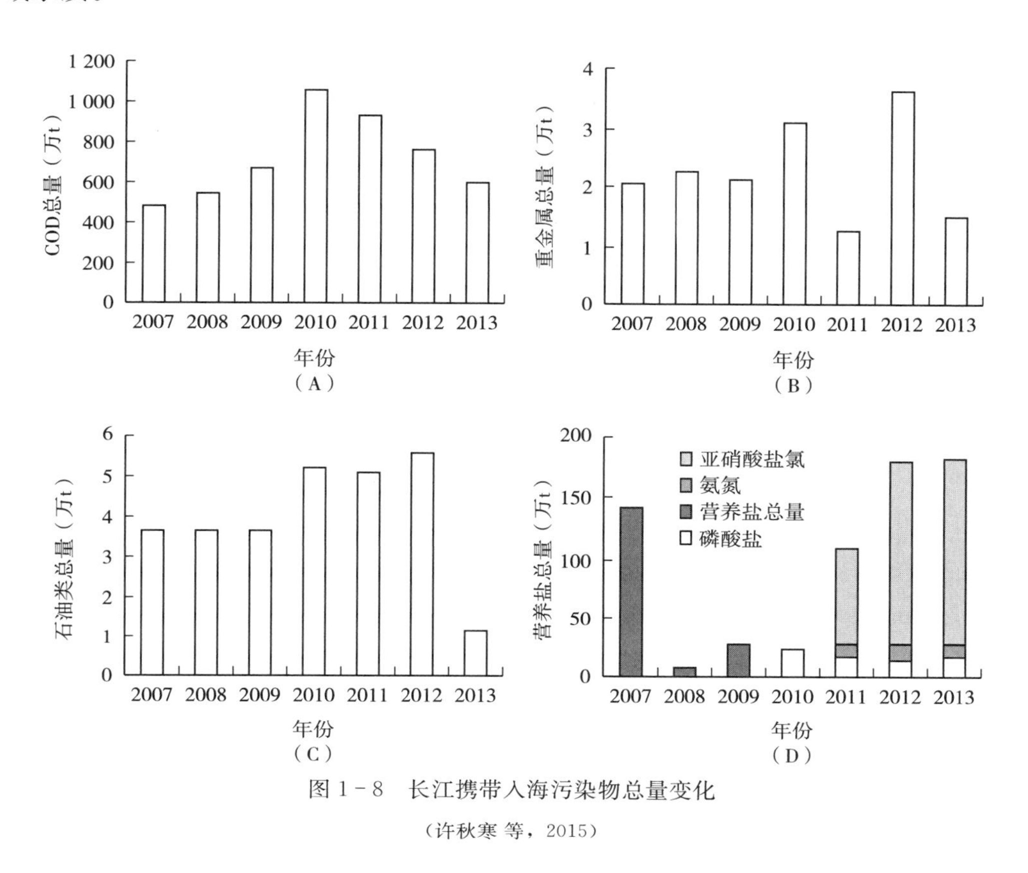

图1-8　长江携带入海污染物总量变化

（许秋寒 等，2015）

（二）陆源输入

长江口地区人口多，经济较发达。城市产生的大量生活污水和工业废水排入长江口及其毗邻海域；同时，畜禽养殖废弃物、农药化肥中也含有大量的有机物、营养盐和重金属污染物。图1-9数据显示，近几年直接排入东海的废水量一直在上升，虽然排放NH_4^+-N总量有下降趋势，但化学需氧量、TDP、石油类污染物仍保持在较高水平。入海排污口邻近海域环境质量状况总体较差。

以上海市为例，2012年上海市沿海12个陆源入海排污口共排放处理后尾水18.6亿t，其中化学需氧量排放量约为4.76万t，总氮为2.45万t，总磷为0.15万t。对上述排污口按照原国家海洋局《陆源入海排污口及邻近海域生态环境评价指南》（HY/T 086—2005）进行评价，结果显示有3个排污口未超标排放。上海市的主要市政排污口石洞口污水处理厂排污口、竹园污水处理厂排污口、白龙港污水处理厂排污口、南汇污水处理厂排污口都是D级排污口，超标排放严重。由此可见，长江口沿岸城市产生的各类污水通过排污口直接或间接输入长江口海域，是污染物排放量增多的关键因素之一。

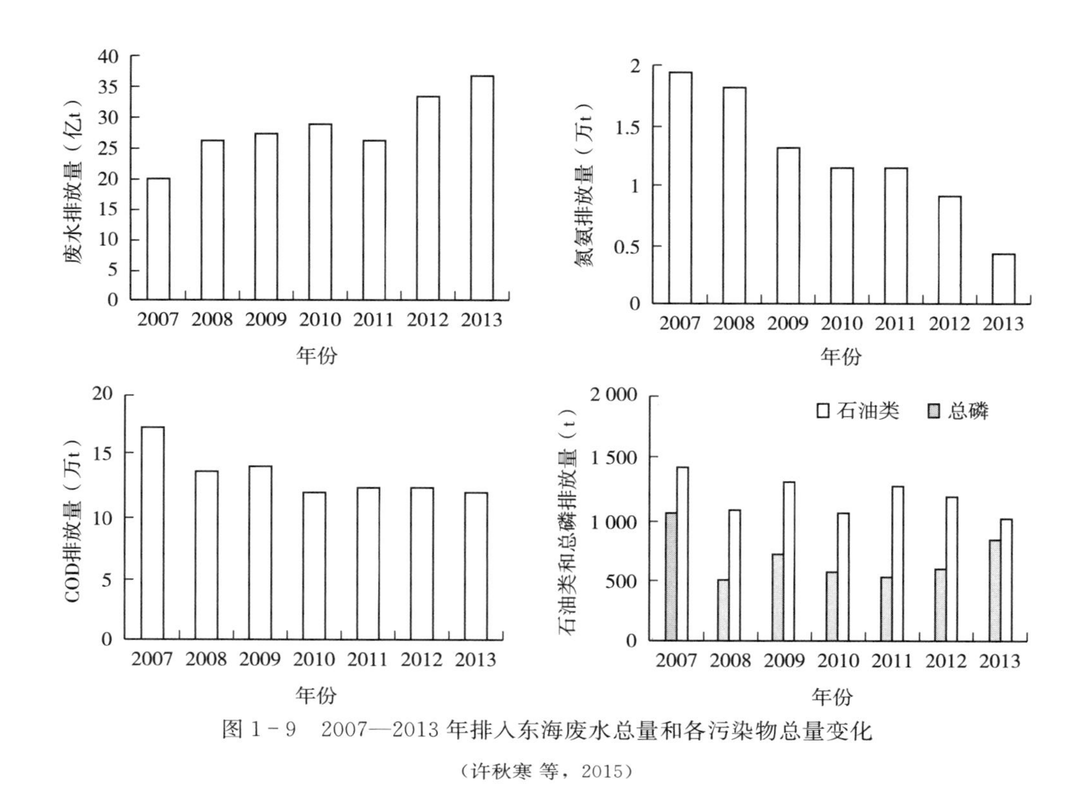

图 1－9　2007—2013 年排入东海废水总量和各污染物总量变化

（许秋寒 等，2015）

（三）海上运输

上海港位于长江三角洲前沿，是我国海上南、北航运的交汇点。据海事部门数据显示，2012 年通过长江口深水航道船舶总量约 5 万艘次，日均 149 艘次。船舶对海洋造成的污染主要包括：航运操作性排油和事故漏油造成的石油类污染；船舶废气释放产生的氮、硫的污染物；船舶生活污水的污染；船舶底漆脱落带来的污染；船舶压舱水的吸取、排放造成的环境污染和生态风险。

由于船舶使用的是硫含量较高的燃料，一艘沿海岸线行驶的集装箱船，每天的排放量就相当于 50 万辆卡车造成的污染。这些排放的污染物质进入海洋环境，极大地降低了长江口的水环境质量。

（四）大型工程

长江口地区人口密度较大，经济发展迅速，近年来，在长江口建设了很多大型工程，如青草沙水库建设、深水航道治理、滩涂围垦、水利工程等，这些工程为人们带来利益的同时也对长江口的生态产生重要影响。

青草沙水库作为长江口的重要水源地，位于长兴岛北侧，面积约 66 km^2，与现有的上海陈行水库和黄浦江水库共同形成了“两江并举、三足鼎立”的原水供应格局。该水库的建成对鱼类产生了很大的影响（王绍祥 等，2014）：水库一方面会保护长江口的鱼类种质资源；另一方面鱼类的多样性也会降低，因为水库的水环境是相对封闭且低盐的。此外，水库的建设会使河槽加深，河宽缩窄，流速加快，因此洄游鱼类的通道就会被阻隔，珍稀或经济鱼类的索饵场和产卵场也会缩小（王利民 等，2005）。青草沙水库建成后，有人对青草沙的浮游藻类进行了调查及控制，调查结果显示库内藻类的种类比库外大幅度增加，说明水库的“避污蓄清”和“避咸蓄淡”功能限制了库内的水体流速，益于藻类的繁殖（蒋增辉，2012）。刘歆璞等（2013）在2011年对青草沙水库的后生浮游动物进行了调查，结果显示小型浮游生物所占的比例较大，这与国内一些湖泊的浮游动物类群组成情况相似（姜作发 等，2006）。水库工程还使得北港的纳潮量和径流量减少，使得北港下段、拦门沙区域、水库以东的流速和泥沙质量浓度下降（郭超硕和朱建荣，2015）。

长江口深水航道治理工程是中华人民共和国成立后最大的一项水运工程，也是一项跨世纪宏伟工程。该工程从1998年1月开始建设，于2000年和2005年分别达到8.5 m和9 m水深，于2007年建设完工，成为水上高速通道。在建设期间，该工程对长江口的底栖环境和局部海域水体产生了不良影响，导致小尺度的海洋水团改变，某些鱼类的产卵场、洄游通道、育肥场受到破坏（叶属峰 等，2004b）。对此，应该加大对长江口生态系统管理和执法力度，为可持续发展提供良好的生态环境基础。

滩涂是海岸带的一个重要组成部分，是不断增长的后备土地资源。围垦开发滩涂资源是我国缓解人多地少困难的一项重大举措。但围垦范围的不断扩大也对滩涂产生了很大的负面影响，主要包括：滩涂湿地损失，生物多样性降低，栖息地减少，滩涂湿地生态系统退化，垃圾污染等。近年来，出现了海水入侵，珍稀濒危野生动植物灭绝，经济水生动物栖息、繁殖场消失，污染加剧，水体富营养化程度增加的现象（冯利华，2004）。

长江干支流水能蕴藏量丰富，因此长江是我国水能开发的重中之重，在长江上已经建立或正在筹建一系列工程。随之而来的是这些工程也对长江口产生了一定的影响：如长江口的径流量减少，淡水冲淡能力降低，盐水入侵时间提前，泥沙携带量减少，长江口滩涂淤积速度减慢，并且也打乱了长江口泥沙运输和水的季节性、年际变化的规律。这些现象也会对水生生物的洄游、生殖繁衍等产生影响。因此，要解决这些工程造成的影响，除了要科学地制定调水方案外，还要坚持在汛期多调水、非汛期少调水的原则，以及及早地对长江口进行综合治理。

第二章

甲壳动物基础生物学

第一节　外部形态

一、体形和分节

甲壳动物的身体多为长形，有的缩短为豆形或蟹形，身体分节，由多个体节构成，节数因种类的不同而异。其中，最前一节称为顶节或触角前节，最末一节称为尾节。甲壳动物的部分体节会出现愈合现象，绝大多数种类的顶节与其相邻的后一节愈合，因此并不明显。虽然体节常相互愈合，但根据外部的附肢和内部的神经节等特征，仍可推断其原来的体节数。有的类群体节数目变化较大，有的类群则较恒定。高等甲壳动物，如十足目中的虾和蟹，身体分为头胸部和腹部两部分，头部 5 节（胚胎期出现 6 节）、胸部 8 节、腹部 6 节，外加 1 个尾节。相对于高等甲壳动物，低等甲壳类一般个体都比较小，但形态变化很大，体节数目不定，它们胸腹之间往往界线不清。

根据形态和机能的不同，甲壳动物的体节一般可分为头节、胸节和腹节三部分（图 2-1）。头节由 1 个顶节、2 个触角节和 3 个口肢节构成，主要司感觉机能；胸节主要司运动机能，具附肢；而腹节主要司生殖机能，除了软甲类外，绝大多数种类的腹节无附肢。甲壳动物头、胸和腹三部分并不是孤立存在的，部分种类出现三部分愈合的现象，其中：大多数为头节与部分胸节愈合形成头胸部，此类甲壳动物的身体分为头胸部、胸部和腹部；也有一些种类，6 个头节完全愈合成头部，此类主要包括鳃足类、地虾类、头虾类、叶虾类、须虾类等。甲壳类的胸部有三种类型，第一类是胸节全部愈合在头胸部，典型的代表是磷虾类和十足类；第二类是胸部游离存在，短且分节不明显，如枝角类和介形类等甲壳动物的胸部都属于这种类

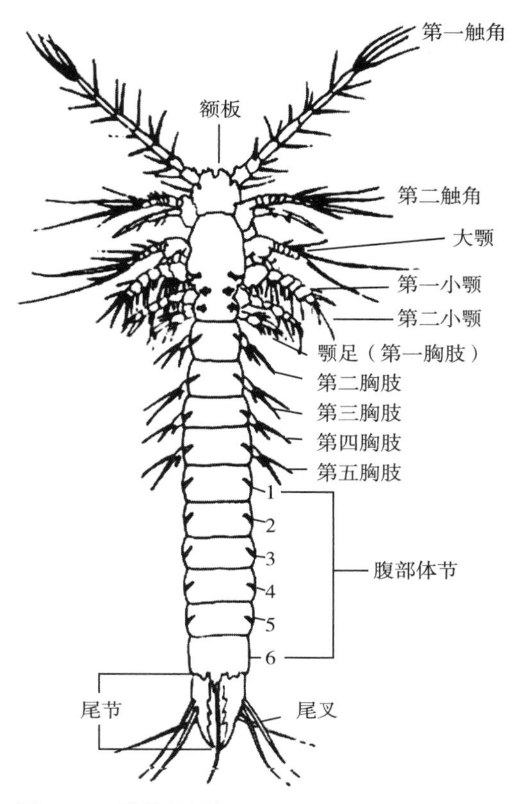

图 2-1　雷曼长唇虾（*Derockeilocaris remani*）形态模式图

型；第三类是头虾类、糠虾类和桡足类等类群，其胸部游离，但发达，并且分节明显。甲壳动物腹部的发达程度也因物种的不同而有所差异。有些种类最末端的一个腹节与相邻尾节愈合，称为腹尾节。有些种类本身的腹节之间则会相互愈合，难以区分。

大多数甲壳动物的体壁坚硬，硬化的体壁称为甲壳。位于体节背面的甲壳称为背甲，位于腹面的称为腹甲，腹甲与背甲之间或直接相连，或在两者间形成一片侧甲。体节与体节之间，甲壳没有相互愈合，而是由薄膜相互连接，这一结构有利于身体的屈伸。除少数种类外，大多数种类均有一片头胸甲。其中，背甲类与鳃尾类的头胸甲是一片水平的甲壳，没有与其所覆盖的身体愈合；贝甲类、枝角类、介形类、蔓足类以及叶虾类的头胸甲向外延伸扩大，并向身体腹侧弯曲，形成一块蚌壳形的甲壳，称为壳瓣；此外，除叶虾类，所有软甲类的头胸甲被覆在头胸部和胸部的背侧以及左右两侧，向后延伸但绝不超过胸部，这种头胸甲并不是完全游离的，而是与愈合在头胸部内的胸节愈合，中央部分形成了头胸部的背盖，而两侧部分成为鳃盖。

二、附肢

由于甲壳动物对不同生活环境的适应，其附肢复杂多样。甲壳动物的头节和胸节一般都有附肢，大多数种类的腹节无附肢，软甲类的腹节有附肢，但比胸节的附肢短一些。附肢一般分节，每一节称为肢节。甲壳动物的附肢有三种基本类型，分别为裂足、棒足和叶足。

裂足又称双肢型附肢。甲壳动物除第一触角是单叉型之外，其余附肢全为双肢型，即使有的附肢在成体上退化成为单肢型，但在个体发育的早期也是双肢型附肢。裂足呈“丫”字形，由原肢及其顶端发出的外肢与内肢三部分构成。原肢与身体连接，原初分为3节，但演化过程中由于第一节或第一与第二节消失，只保存2节或1节。第一节称为亚基节，绝大部分甲壳动物的亚基节与身体完全愈合，很不明显，有些种类甚至亚基节完全退化。第二节称为基节，通常明显，但有些种类的基节也与身体愈合而难以辨认。第三节称为底节，一般完整而明显。原肢的内、外两侧具有由原肢壁的褶皱所形成的附属物，外侧的称为外叶，内侧的称为内叶。从亚基节或基节上发出的外叶表面角质膜很薄，同时又特别发达，往往因分支而具备广阔的表面面积，以利于呼吸，这种外叶特称为上肢。内叶一般出现在口附近的几对附肢上，外被坚厚的角质膜，用以磨碎食物，这种内叶特称为颚基、小颚突起或咀嚼板。内肢由原肢顶端内侧发出，节数因种类的不同而异，软甲类的内肢一般分为5节，分别为坐节、长节、胫节、跗节与趾节。外肢着生在原肢顶端外侧，由一些不等长的肢节构成。棒足又称单枝型附肢，只由原肢与内肢构成，无外肢，如等足类与端足类的胸肢以及十足类的5对步足等。

鳃足类与叶虾类的叶足与裂足和棒足完全不同，它是动物体壁的突起，其横切面不呈圆形，而呈长方形。叶足的外壁为薄膜，内腔与体腔相通，充满血液。借血液的压力，叶足有一定的硬度。叶足没有真正的关节，也分原肢、内肢与外肢三部分，但这三部分间没有清楚的界线。叶足不仅结构与裂足、棒足截然不同，同时在个体发育过程中，裂足与棒足的原基未呈现出叶足的特点，因此不能把叶足视为裂足或棒足的原始类型。

甲壳动物的附肢具有感觉、摄食、咀嚼、游泳、爬行、呼吸、交配以及抱卵等机能。由于机能的不同，各对附肢的形态也就随之特化。根据着生部位以及机能与形态的不同，甲壳动物的附肢分为触角、口肢和躯干附肢三部分，躯干附肢又分为胸肢和腹肢两部分。以沼虾属的日本沼虾为例（图 2-2），其有 19 对附肢，其中第一、第二对分别为小触角和大触角，细长，司感觉功能；第三对称为大颚，司咀嚼功能；第四、第五对称为第一、第二小颚，片状，可抱持食物；第六至第八对称为颚足，两叉型，有触觉、味觉和抱持食物的功能；第九至第十三对是步足；其余 6 对附肢称为游泳肢，最末的 1 对附肢（第 19 对）与尾节合成尾扇。

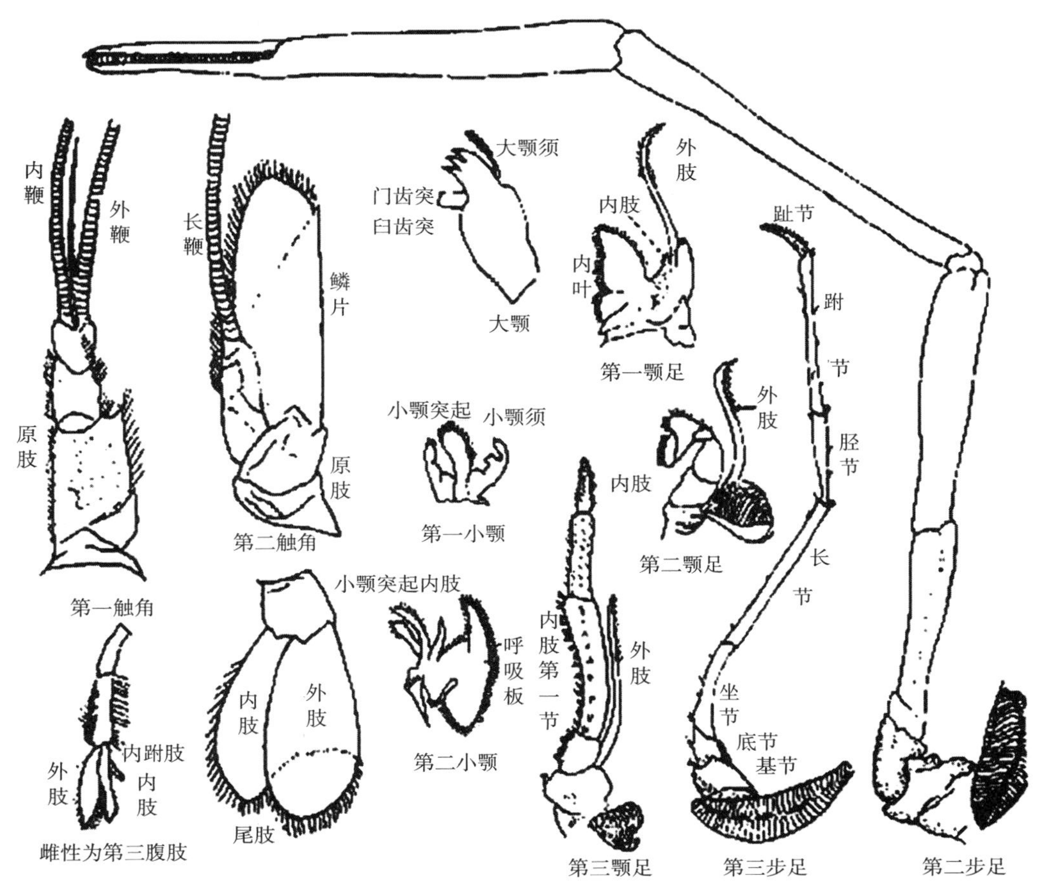

图 2-2　日本沼虾（*Macrobrachium nipponense*）附肢模式图

第二节　内部结构

一、消化系统

（一）消化道

甲壳动物消化系统一般为一狭长的管道，分为前肠、中肠和后肠。前肠的主要功能是摄取、碎化和过滤食物，并将食物转运到中肠。甲壳动物前肠的发达程度因种类而异，桡足类的前肠呈短管状，没有任何独特的结构，只用来吞咽食物；而鳃足类的前肠内有刚毛；介形类的前肠后端常有细齿；蔓足类的前肠较细，已经开始分化为不太明显的食道和胃两部分，大部分为食道，末端膨大形成不明显的胃，胃的纵褶十分发达，可能有过滤食物的功能；软甲类的前肠已经相对较为发达，明显分为食道和胃两部分，胃内有研磨食物的几丁质结构，特称为磨胃，此在甲壳动物中为软甲类所特有，其内形成刚毛状突起，用作筛滤食物，避免大的颗粒进入中肠。软甲类的磨胃还进一步特化为两部分，分别为研磨食物的贲门胃和过滤食物的幽门胃。不同甲壳动物的中肠形态结构也不同，鳃足类的中肠十分发达，几乎占据了肠道的全部，除了前端略膨大，其余部分粗细均匀；而介形类的中肠呈囊状；鳃尾类的中肠长而且宽大，前段左右两侧各发出一条盲管，盲管深入头胸甲内外两层上皮细胞之间，随着身体的不断生长而分支；蔓足类的中肠粗且长，十分发达；甲壳动物中肠的主要功能是消化与吸收，几乎所有甲壳动物的中肠都有突出物，以扩大中肠的表面积，有助于食物的消化和吸收（欧阳珊 等，2002；姜永华 等，2003；徐国成，2007），中肠的长短和形状也因种类的不同而差异很大。甲壳动物后肠结构简单，后肠的主要机能是排出不能消化的食物残渣，也有少数甲壳动物的后肠具有吸收作用（李长玲 等，2008），不同种类之间其长短存在差异。甲壳动物后肠末端的开孔就是肛门，肛门位于尾节或最末一腹节的腹面。

（二）消化腺

消化腺除了前肠的一对唾液腺之外，主要是指甲壳动物中肠的突出物，可分为管状的盲囊和囊状的盲囊两类。其中管状的盲囊很大，并且有很多分支。这些突出物也称为消化腺、中肠腺、肝脏或肝胰腺，其形状与数量因种类而异。例如，无甲类的消化腺为一对球形的盲囊，囊壁有皱褶；背甲类和贝甲类的消化腺为一对分支的盲管，且分支呈瓣状或者管状；枝角类的消化腺为短小、耳状、不分支的盲囊。除了海萤科的大部分种类外，介形类大部分种类的中肠前端有一对盲囊，左、右盲管伸入同侧壳瓣的内腔中；大多数桡足类前肠和中肠之间，有一个向背侧发出的盲囊，盲囊伸向身体前端，并分出侧囊；鳃尾类的中肠前端两侧各发出一条盲管，盲管伸入头胸甲内外两层上皮细胞之间，随着身体的不断生长而分支；蔓足类的消化腺分为唾液腺和肝胰脏两类，唾液腺由许多单细胞腺体集合而成，肝胰脏的形状和结构因种类的不同而异；软甲类的消化腺发达，由中肠背侧发出的肠背盲囊分为前肠背盲囊和后肠背盲囊，从中肠腹侧发出的突出物称为肠腹盲囊和中肠腺，中肠腺为盲管状，十分发达。中肠突出物与肠道在组织学上虽有许多相似之处，但两者的机能不同。前者有三种独特的细胞，分别为肝细胞、分泌细胞和基源细胞。其中肝细胞用来吸收和储藏养料；分泌细胞可以分泌消化糖类、脂肪和蛋白质等营养物质的酶类；基源细胞用来补偿肝细胞和分泌细胞的凋亡败坏。例如，肝胰腺是凡纳滨对虾（*Penaeus vannamei*）重要的消化器官，是消化吸收的主要场所（姜永华 等，2003），肝胰腺由肝小管（图 2－3）组成，肝胰腺中有 R 细胞、B 细胞、E 细胞和 F 细胞（图 2－4），其中 R 细胞的数量最多，并且细胞质中富含脂类，具吸收、储存和运输营养物质的功能，相当于上文描述的肝细胞；B 细胞可以分泌消化酶对食物进行细胞外消化，是分泌细胞；E 细胞具有很强的分裂能力，可分化成其余几种肝胰腺细胞，是基源细胞（王小刚，2015；李长玲 等，2008；姜永华 等，2003）。

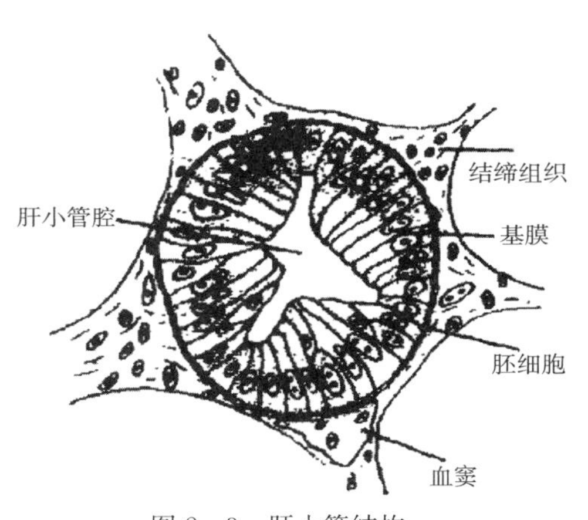

图 2－3　肝小管结构

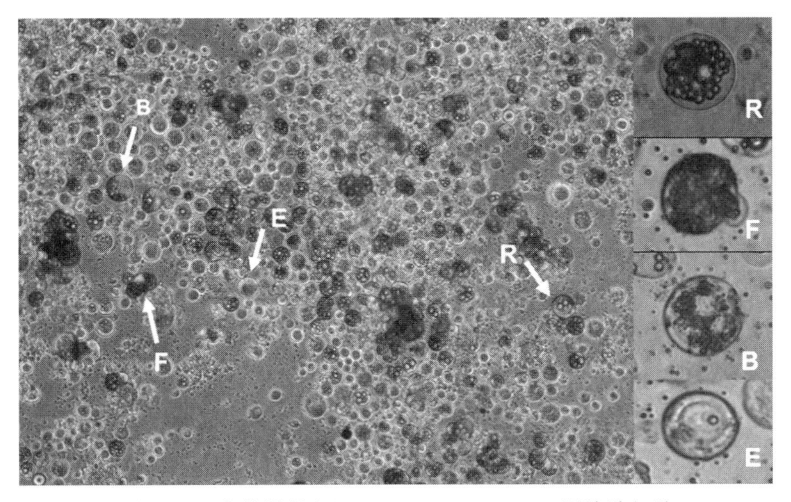

图 2－4　中华绒螯蟹（*Eriocheir sinensis*）肝胰腺细胞

R. resorptive cell，吸收细胞　F. fibrillary cell，纤维细胞　B. blister-like cell，泡状细胞　E. embryonic cell，胚细胞

二、排泄系统

动物摄取食物，以满足其自身物质和能量的需求。甲壳动物摄取的能量物质主要包括糖类、脂肪及蛋白质。糖和脂肪代谢分解后产生二氧化碳和水，而蛋白质分解后除了产生二氧化碳和水外，还产生少量的含氮终产物。陆栖动物对蛋白质的最终代谢终产物主要是尿素和尿酸，而水生动物氮代谢的终产物为氨态氮，因此甲壳动物被称为排氨型动物。然而，水生甲壳动物也并不是只排氨氮，有些甲壳动物还以尿素的形式排放氮代谢物，例如中华绒螯蟹（Weihrauch et al.，1999）。

代谢物排出的系统被称为排泄系统，甲壳类的排泄器官主要包括触角腺、小颚腺和鳃。在幼体发育阶段，既有触角腺，也有小颚腺，当发育到成体阶段，大多数甲壳动物一般只保留一种腺体。切甲类以及软甲类中的等足类、异足类、口足类和山虾类等仅保留了小颚腺，而软甲类中的糠虾类、磷虾类和十足类等较为高等的种类则保留了触角腺。在水生甲壳动物中，氮代谢废物通过触角腺和小颚腺排出体外的比例非常小。例如，三疣梭子蟹通过尿液排出的氨仅占机体排出总氨的1%～2%（Cameron & Batterton，1978）。鳃是一个多功能的器官，不仅是甲壳动物的呼吸器官，还参与渗透压调节和离子转运，同时也是氮代谢产物最主要的排泄器官（Freire et al.，2008；Henry et al.，2012），代谢产生的二氧化碳和氨氮主要从鳃排出体外。因此，鳃也应属于“排泄器官”，但是，鳃还行使呼吸这一重要的生理功能，因此，有学者将其归为呼吸器官。鳃的基本结构将在本节呼吸系统部分进行详细论述，本部分只论述与排泄相关的特殊结构。

（一）排泄器官的结构

1. 基本结构

甲壳动物的触角腺与小颚腺两者的结构基本相同，一般由体腔囊、迷路和原肾管构成，其形态、大小以及组成部分因种类的不同而各异（图2-5）。淡水种类触角腺或小颚腺一般由体腔囊、迷路、原肾管和膀胱等部分组成（图2-6）；而生活在海洋中的某些甲壳动物，如异指虾科（Processoidea）、褐虾科（Crangonidae）和部分鼓虾科（Alpheidae）等类群，则会缺失其中某一部分，或者某一部分不发达。相对高等的十足目甲壳动物一般都有膀胱，位于体腔囊背侧，也有少数种类无膀胱，例如莹虾属（*Lucifer*）、瓷蟹科（Porcellanidae）及一小部分鼬虾总科（Porcellana）的种类（堵南山，1993）。

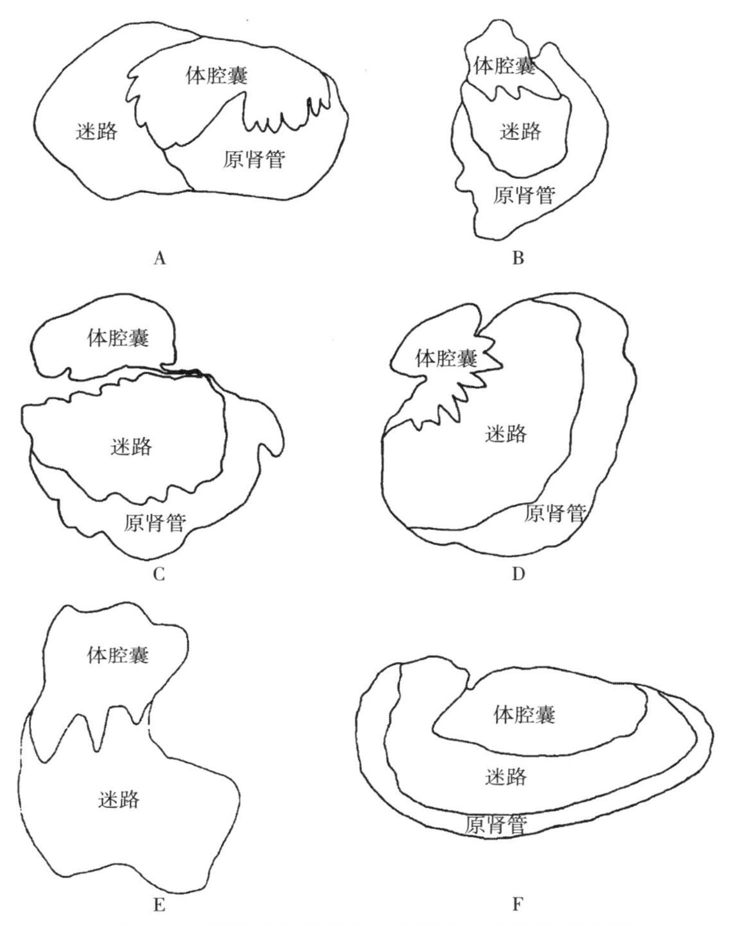

图 2-5 甲壳动物触角腺（小颚腺）纵切面模式图

A. 口虾蛄（*Oratosquilla oratoria*）的小颚腺纵切面 B. 斑节对虾（*Penaeus monodon*）的触角腺纵切面 C. 脊尾白虾（*Exopalaemon carinicauda*）的触角腺纵切面 D. 日本沼虾（*Macrobranchium nipponense*）的触角腺纵切面 E. 波纹龙虾（*Panulirus homarus*）的触角腺纵切面 F. 克氏原螯虾（*Procambarus clarkii*）的触角腺纵切面

（周双林 等，2001）

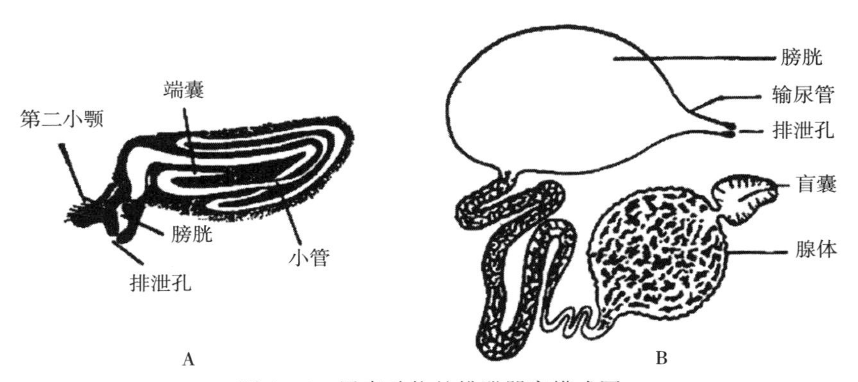

图 2-6 甲壳动物的排泄器官模式图

A. 小颚腺 B. 触角腺

（堵南山，1993）

2. 结构特点

在光学显微镜下，触角腺体腔囊的内腔被分割成多数小室，囊的外缘一般比较平滑，但有许多深而且细小的皱褶，并有许多向腔内突出的小分支。在某些种类中，部分体腔囊的分支深入迷路（姜乃澄和周双林，2001）。体腔囊壁在光学显微镜下显示为一层足细胞，足细胞之间比较松散，并且具有很多足状的分支和突起。在电子显微镜下，足细胞的形状多为长条形和章鱼状（图2-7），头部有分支，一般呈球状或者泡状，头部的细胞质中含有大量形状和大小不同的小泡。另外，头部附近的尿隙中也存在许多较大的球形小泡。足细胞的细胞核较大，形状一般为椭圆形，大多数位于细胞中部或者中部偏下位置。细胞基部和细胞突起中细胞质较为丰富，并且存在大量的形状和大小不同的小泡、液泡和致密小体，其中还存在少量的线粒体，但是细胞中部的细胞质较为稀少。足细胞中那些较长突起可进一步分成二级突起和三级突起，其长短和粗细存在种间特异性。

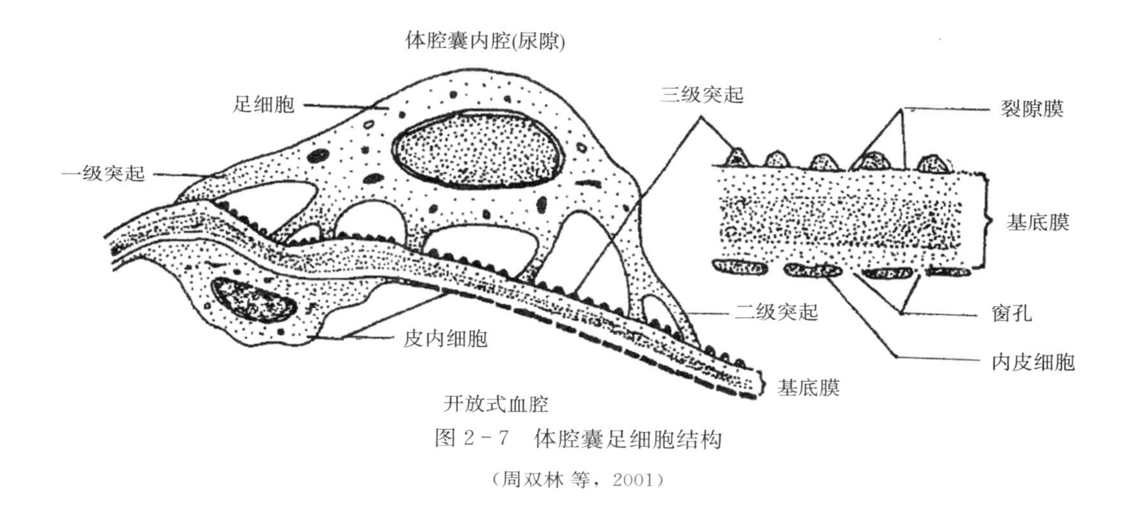

图2-7　体腔囊足细胞结构

（周双林 等，2001）

典型的迷路细胞一般为近立方体形（图2-8），着生在一完整的胶原状基底膜上。顶部为紧密排列的微绒毛。细胞质丰富，微绒毛下方的细胞质中含有大量形状和大小各异的液泡、小泡和致密小体。细胞质中含有丰富的线粒体，尤其是靠近底部的细胞质中，含有大量的线粒体。迷路细胞之间往往相互镶嵌，连接方式一般为中间连接后紧跟有隔膜连接，其后往往还有间隙连接。

原肾管细胞的结构与迷路细胞的结构基本相同（图2-9），明显的不同之处是原肾管细胞的微绒毛的数量较少，且比较粗短。此外，原肾管细胞的细胞核位于细胞中部偏上的位置，细胞质内的小泡和颗粒均比较少。原肾管细胞之间的连接方式也与迷路细胞的相同。

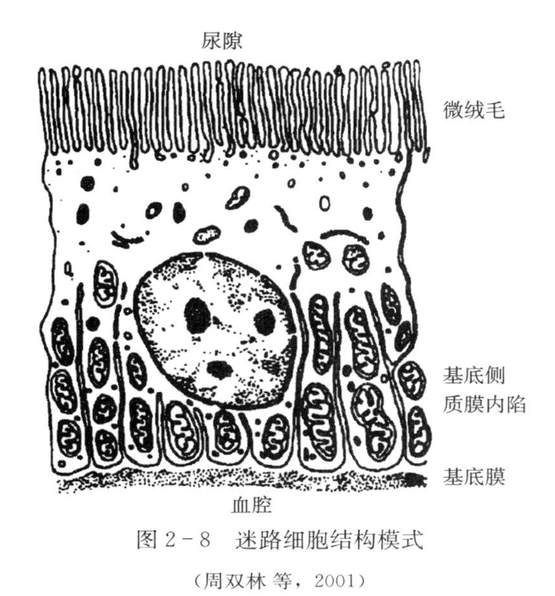

图 2-8　迷路细胞结构模式

（周双林 等，2001）

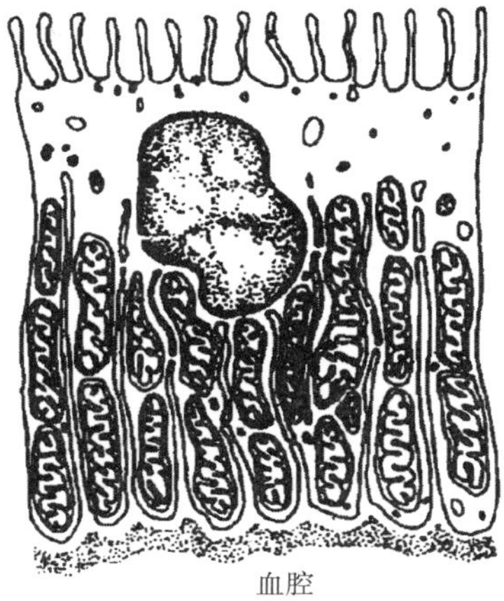

尿隙
微绒毛
基底侧
质膜内陷
基底膜
血腔

图 2-9　原肾管细胞结构

（周双林 等，2001）

鳃有一些特定的结构与排泄功能相关。其中，鳃上皮细胞膜上存在 K^+ 通道蛋白，血淋巴中的 NH_4^+ 能够通过 K^+ 通道进入上皮细胞（Larsen et al.，2014），这是血淋巴中的氮代谢物排出体外的必经途径。有研究报道，氨氮胁迫 6 h 后 K^+ 通道蛋白的 mRNA 表达量上调（Ren et al.，2015）。另外，氰化氢（HCN）也被证实在 NH_4^+ 转运过程中起着重要作用，当 ZD-7288（HCN 特定抑制剂）存在时，氨的排放被抑制了大约 40%（Fehsenfeld & Weihrauch，2016）。因此，鳃上皮细胞上的 K^+ 通道蛋白，是甲壳动物氮排泄的重要结构基础之一。不仅离子氨可以被运送到鳃上皮细胞，分子氨也可以通过特定的蛋白通道进入鳃上皮细胞排出体外。发挥这一特殊功能的结构基础为 Rh 蛋白。研究报道，NH_3 可能和 CO_2 一起通过 Rh 蛋白进入鳃上皮细胞的细胞质中（Weihrauch et al.，2004）。除此之外，最新的研究报道，鳃上皮细胞的氨转运载体（ammonia transporter，AMT）和水通道蛋白（aquaporin，AQP）也可能在甲壳动物氮排泄过程中起着重要的作用，但是，这两种蛋白在鳃上皮的位置及结构基础还未被完全报道。

（二）排泄器官的功能

触角腺的生理功能主要是通过足细胞形成原尿及重吸收部分葡萄糖、氨基酸等有机物质；通过迷路细胞重吸收离子、水分，同时迷路细胞也有分泌功能；通过原肾管细胞进行水分和离子的重吸收及分泌作用。鳃的排泄功能主要是排出机体代谢产生的氮代谢废物和二氧化碳。

1. 葡萄糖、蛋白质等的吸收利用

初级过滤液中的葡萄糖被体腔囊壁上的足细胞和迷路的刷状边缘细胞所吸收；原尿中一部分蛋白质、多肽和氨基酸通过足细胞的胞饮作用被吸收，另一部分被足细胞和迷

路细胞吸收并形成小体，释放到管腔中随尿液流动，在小体中被消化，最后被原肾管细胞吸收利用（周双林和姜乃澄，2004）。

2. 离子吸收及渗透压调节

当甲壳动物生活的环境中渗透压发生变化时，不同的种类有着各自独特的调节和适应方式。大多数生活在淡水中的甲壳动物能够进行高渗调节，产生低渗尿液。由于这类甲壳动物的机体面临失去大量离子的威胁，其触角腺的原肾管大量逆浓度梯度重吸收离子来维持机体渗透压的平衡，其中 Mg^{2+} 和 Ca^{2+} 被迷路细胞重吸收，部分 Na^{+} 和 Cl^{-} 在迷路中被迷路细胞等渗重吸收，而大部分的 Na^{+} 和 Cl^{-} 主要被原肾管细胞和膀胱细胞主动重吸收。因此，这类甲壳动物的原肾管基底及两侧细胞膜上与离子转运相关酶的活性通常很高。和淡水种类不同，大多数海洋种类采取随变调节的方式进行渗透压的调节，因此，这类甲壳动物的机体总是与环境盐度处于等渗状态，产生等渗尿液。因此，原肾管中与离子转运相关的酶系活性很低或无活性，基本上不重吸收离子。对于大多数广盐性种类而言，它们常采取高渗-低渗调节的方式进行渗透压调节，在不同的盐度环境下可以采用不同的调节方式分别产生低渗尿、等渗尿甚至高渗尿液（潘鲁青和刘泓宇，2005；李二超，2008）。

3. 代谢废物的排放

氮代谢废物排放这一生理功能主要由鳃来完成，鳃能够将机体代谢产生的氨和二氧化碳排出体外，以减少代谢废物对机体的伤害。排泄的过程包括代谢废物的转运、跨膜运输及排出体外，是一个极其复杂的生理学过程，国内外学者已进行了大量的研究探索来诠释这一生理学过程。图 2-10 是国内外学者经过大量的研究后，绘制的可能的氮排泄模型图。

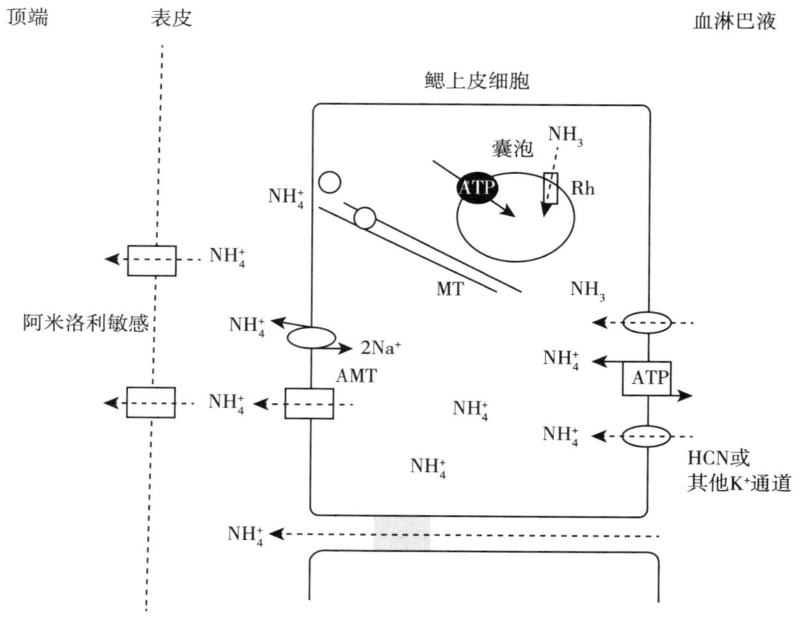

图 2-10 氨氮通过鳃排出体外示意图

三、呼吸系统

（一）气体交换场所

甲壳动物因种类不同，气体交换的场所也不同。水生种类主要气体交换场所包括鳃、头胸甲内层上皮及体表等，而少数陆生种类则特化出了空气呼吸器——气管肺；也有一些种类可进行肠呼吸；此外，有研究认为，寄生类不是从水中获取氧气，可能是从寄主的血液或体液中吸取氧气的（堵南山，1993）。

甲壳动物鳃的形成与附肢发生有关。口足目绝大多数具有胸鳃与腹鳃，前者由胸肢的上肢演变而成，后者由腹肢的上肢演变而来。胸鳃在幼体的呼吸中起重要作用，而腹鳃则是成体的主要呼吸器官。

头胸甲内层上皮也是许多甲壳动物主要的气体交换场所，包括双甲类、介形类、鳃尾类、蔓足类、糠虾类、叶虾类、异足类，甚至软甲类等。有些小型甲壳动物没有特化的呼吸器官，除头胸甲内层上皮外，整个体表都可以进行气体交换。这类甲壳动物一般个体微小，角质膜薄，体壁柔软。例如：自由生活的桡足类体型颇小，而寄生种类又因摄取易于消化的食物以及缺少运动而需氧量较少，所以只借体表进行扩散性呼吸而获得的氧气，已足够全部生命活动之用。另外，体表往往还是拥有呼吸器官的甲壳类进行气体交换的辅助场所，如地虾目的胸鳃是唯一的呼吸器官，但其体表也可进行呼吸。

（二）主要呼吸器官——鳃

鳃是大型水生甲壳动物的呼吸器官，从发生上讲，鳃是由甲壳动物体壁外褶发育形成。根据甲壳动物鳃的着生部位不同可将鳃分为足鳃、节鳃和壁鳃。鳃一般由鳃轴及其附属物构成。通常从鳃轴上长出分支，再从分支上长出鳃丝。鳃丝是鳃的基本功能单位，鳃丝从外到内依次为鳃角质层、角质层下间隙和鳃上皮，它们构成了一个离子调节的复合体（周双林 等，2001；李二超，2008）。鳃的数目、位置及结构因种而异。鳃足类和软甲类中原始种类的鳃结构较为简单，扁平如叶；而大部分软甲类的鳃相对较复杂，有多数叶状（鳃片）或丝状附属物（鳃丝），借以增大呼吸面（图 2－11）。鳃的多少也因种类不同而异，口足类具 12～15 对，叶虾类、疣背糠虾类与磷虾类具 8 对，山虾类与十足类最多具 7 对，端足类具 2～6 对，而涟虫类只具 1 对。

甲壳动物中仅有极为少数种类的鳃直接浸浴在外界的水中，而绝大多数种类则掩蔽于由头胸甲形成的鳃室内。鳃室以入水孔和出水孔与外界相通，其中小型种类在游泳时就可通过入水孔和出水孔的水流使鳃充分与氧气接触；大型种类则借助附肢的拨动激起水流，使之通过入水孔和出水孔的不断循环而获得足够的氧气。例如，双甲类与叶虾类可以用全部胸肢激起这种呼吸水流，而其他甲壳动物只借有鳃的或其邻近的一对附肢的外肢激起水流，因此这种外肢又称为呼吸板。

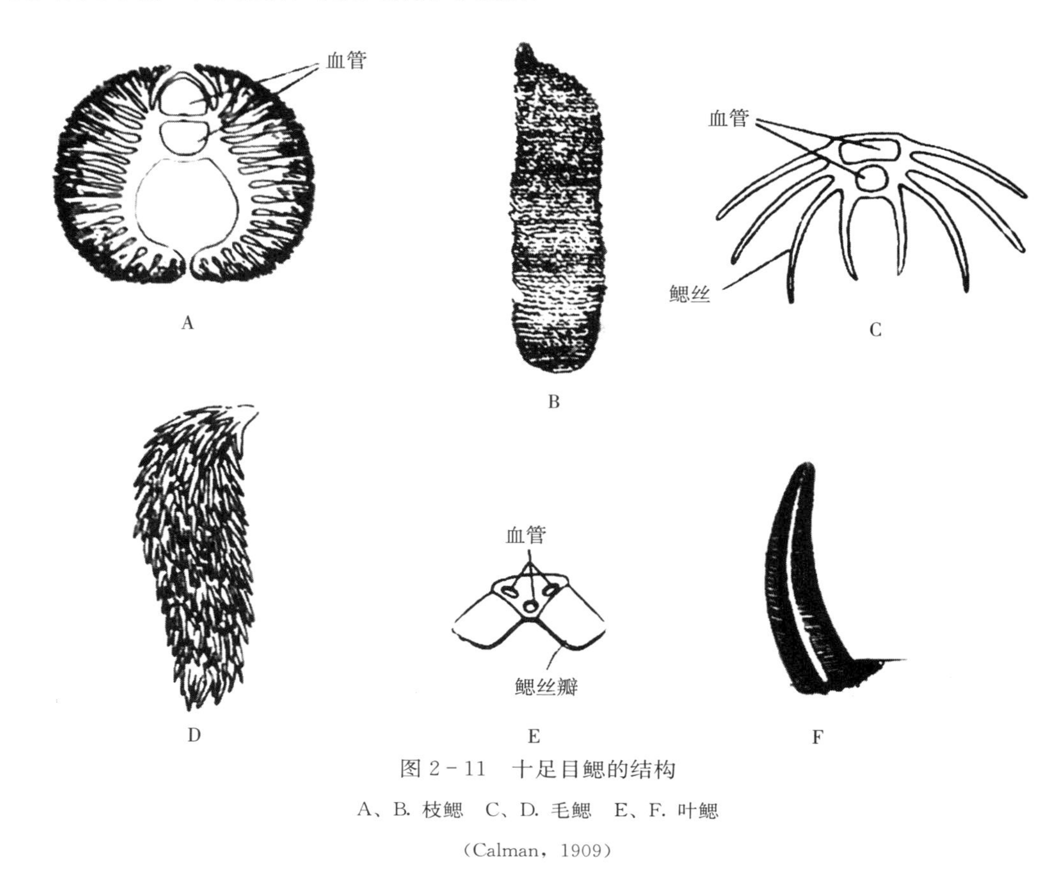

图 2－11　十足目鳃的结构

A、B. 枝鳃　C、D. 毛鳃　E、F. 叶鳃

（Calman，1909）

四、循环系统

小型甲壳动物中绝大多数种类无特化的循环系统，血液即体腔液，在血腔系统内借身体各部分的活动而流动，譬如，介形类与桡足类等。其他种类具有循环系统，但属于开管式循环，例如，鳃足类仅具有心脏，无血管或血管不发达；蔓足类体型较大，但也不具备循环系统，血液在身体各部分组织中的血腔以及较大的血窦内流动，血腔与血窦都不像血管那样具备管壁，周围只有较为致密的结缔组织，内无肌肉，血液完全依靠身体各部分的活动而流动。软甲类是甲壳动物中循环系统最完善的类群，但仍属于开放型循环系统，如十足目的循环系统即由心脏、额心、动脉、微血管、血窦、鳃血管及围心腔等组成（图 2－12），是无脊椎动物中开放型循环系统的代表（堵南山，1993；薛俊增，2009）。

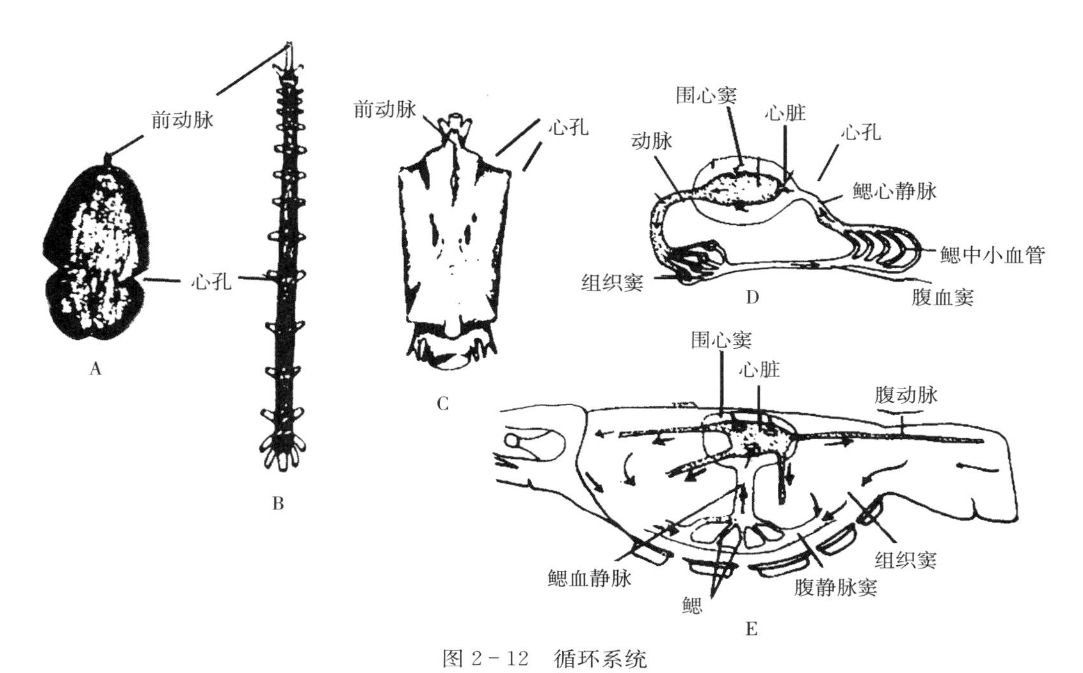

图 2-12　循环系统

A. 囊状心脏　B. 管状心脏　C. 实体状心脏　D. 血液循环的一般模式　E. 十足类循环系统

（A～C 转引自 Barnes，1980；D、E 引自 Gardiner & Hechtel，1973）

（一）循环系统的结构

具有开管式循环系统的甲壳动物其心脏位于身体背面的围心腔内，呈长管状或囊状，有些种类仅以一心管代之（刘凌云和郑光美，2009）。心脏的位置因种类而异，有些种类的心脏特别长，如叶虾目、山虾目、口足目和等足目等；而其他类群则较短，尤其涟虫目、磷虾目与十足目，甚至呈囊状，这种较短的心脏仅位于胸部内。心脏位于围心窦内，围心窦外周有一层薄膜，称为围心膜。围心膜上着生有翼肌，它的伸缩能使围心窦大小发生变化。大部分种类的心脏与围心膜的腹壁相连，心脏的伸缩主要借其本身的肌肉，与翼肌的伸缩相协调。心脏上有心孔，它是围心窦中血液回流到心脏内的通道。心孔数目因种类而异，在软甲亚纲中，口足目最多，还保存 13 对心孔；叶虾目心孔也较多，共 7 对；其他类群心孔都较少，其中十足目以及绝大多数端足目 3 对，糠虾目 2～3 对，磷虾目与异足目 2 对，绝大多数等足目 1～2 对，山虾目、温泉虾目与涟虫目 1 对。

心脏中的血液通过血管或直接从心脏前端或两端进入血腔以及血窦内。血腔与血窦没有管壁，只有外围比较致密的结缔组织，但在动物体内分布有规律，血液在其中运行也依循一定路径。当翼肌收缩，围心窦变形缩小时，心脏舒张扩大，回流的血液就经心孔由围心窦流入心脏；反之，翼肌伸张，围心窦恢复原状时，心脏收缩，血液便由心脏流入动脉（图 2-13）。

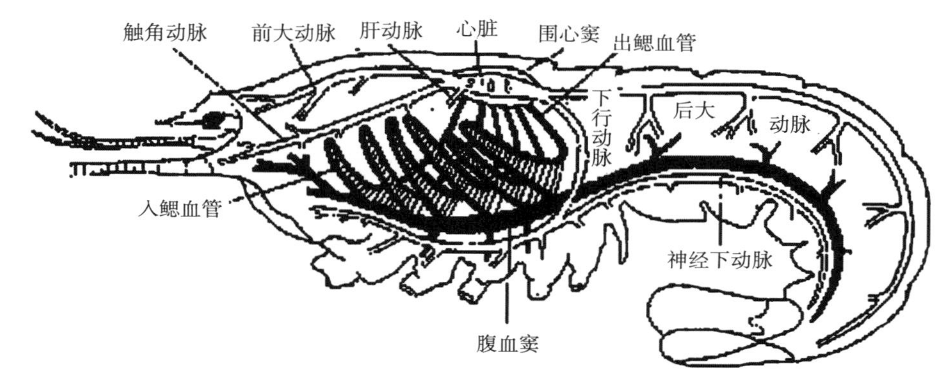

图 2－13　甲壳动物循环系统循环模式图

（堵南山，1993）

（二）血液成分

甲壳动物的血淋巴由血浆与血细胞两部分组成。软甲类甲壳动物的血淋巴中含有血蓝蛋白（薛俊增，2009），血蓝蛋白为含铜的蛋白质，无色，氧化后呈蓝色。血蓝蛋白占其血淋巴总蛋白的 90％以上，具有多种生理功能（周双林 等，2001）。另外，贫氧水体中生活的甲壳类，血液含血红蛋白，血红蛋白为含铁的蛋白质，呈暗紫色，氧化后呈鲜红色，广泛出现于除软甲类外其余各类甲壳动物的血浆中。

甲壳动物的血细胞主要可分三类：①透明细胞，即尚未分化的幼稚细胞，细胞核大而圆，位于细胞中央，细胞质内颗粒无或少；②颗粒细胞，即已分化的成熟细胞，细胞核肾状，不位于细胞中央，细胞质内颗粒大而多；③半颗粒细胞，细胞核球形或瓣片状，位于或不位于细胞中央，细胞质内颗粒多少适中。

五、神经系统

甲壳动物的中枢神经系统和其他节肢动物一样，基本上也是梯形神经系统。中枢神经包括食道上神经节（脑）、围食道神经链及腹神经索。每个体节有一对神经节；同一体节的左、右神经节以一或两条横连神经互相连接，同时，前、后神经节之间又有纵连神经。一小部分鳃足类仍然保留这种原始的中枢神经系统，但其他绝大多数甲壳动物同一体节的左、右两个神经节相互靠拢，愈合成一个神经节。神经索分节的情况常与体外的分节相当。外部体形分节愈清晰，神经索的分节也愈明显（图 2－14）；反之，身体缩短及体节愈合，神经系统也趋于集中。十足目中的蟹就是这种趋向集中的典型代表。由于头胸部横长，腹部萎缩，胸腹部的神经节相应地合并成一大的神经节团（图 2－15、图 2－16）。

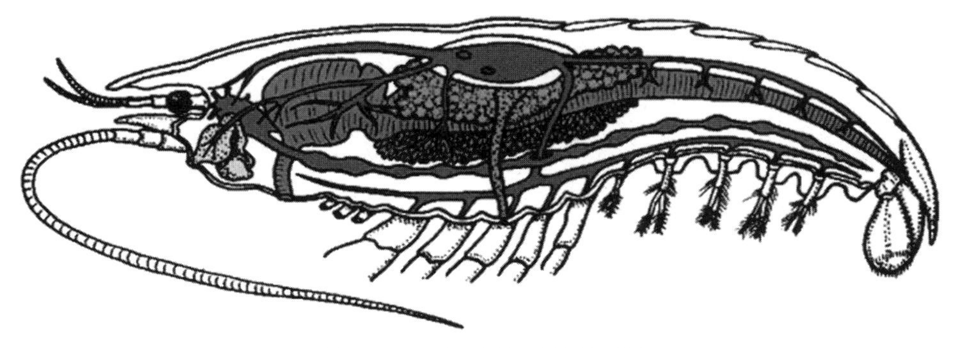

图 2－14　对虾神经系统模式图

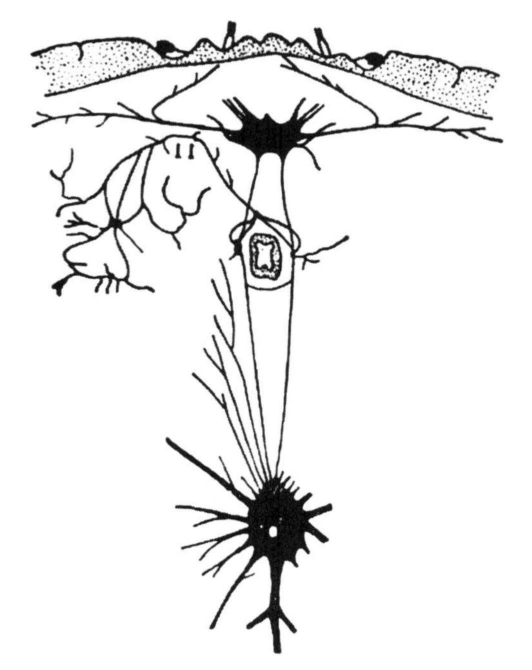

图 2－15　中华绒螯蟹神经系统

（堵南山，1993）

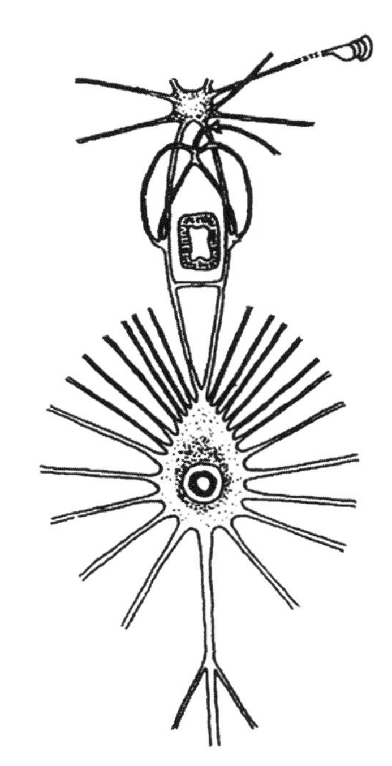

图 2－16　锯缘青蟹神经系统示意图

（黄辉洋，2001）

（一）基本组成及其特点

1. 食道上神经节

食道上神经节也就是脑，位于头部内食道的上方或前方，由头部前 3 对神经节，即顶节、第一触角节与第二触角节神经节间的纵连神经形成围食道神经，使脑与腹神经链相连，而第二触角节左、右神经节间的横连神经，则在食道之下形成食道下神经连，或称后脑神经连。围食道神经与食道下神经二者共同组成围食道神经环。

脑可分前脑、中脑与后脑三部分，但鳃足类无后脑。前脑由顶节的一对神经节演变而成。复眼发达的种类，其前脑也十分发达；反之，复眼退化的种类，其前脑也可能退化，或甚至完全消失。前脑以具有视觉中心与联系中心为其特点。视觉中心也就是视叶（lobus opticus），呈柄状，由前脑左右两侧发出，贯穿眼柄，直达复眼基部。左、右视叶各有2个（切甲类）或3个（软甲类）视神经团；视神经团由神经髓与其外围的神经细胞组成。中脑由第一触角节的一对神经节演变而成。中脑特点是具有嗅觉中心，也就是触角神经纤维球（antennal glomerulus）。后脑由第二触角节的一对神经节形成。

2. 腹神经链

腹神经链位于肠道之下，纵贯全身，由两条纵连神经与多对神经节构成。神经节的对数因各类群体节数的不同而变化很大，大部分有17对神经节，头部3对、胸部8对、腹部6对。这些神经节纵向愈合十分普遍，除鳃足类与山虾类以外，甲壳动物头部后3对神经节，即一对大颚神经节与第二对小颚神经节愈合而成食道下神经节。前几对胸肢特化成颚足的种类，与颚足相应的几对胸神经节也都愈合于食道下神经节之内。藤壶类、鳃尾类以及短尾类三者神经节愈合的程度特别高，腹神经链上的神经节甚至全部合成一个大的腹神经团。

十足目腹神经链的各个神经节高度愈合，成为胸神经团（图2-17）。以中华绒螯蟹为例，其胸腹神经团（图2-18）靠近腹甲中央，呈圆盘状，中央有一孔，胸动脉由此穿过。胸腹神经团发出多对神经，两侧对称的步足神经愈合成为胸神经节，胸动脉孔前方有食道下神经节，后端中央发出一条较粗的腹神经。腹神经再分裂出许多分支，散布到腹部各处。另外，在胸腹神经团中部还可以观察到许多纵行的神经束和横连神经（图2-19）。

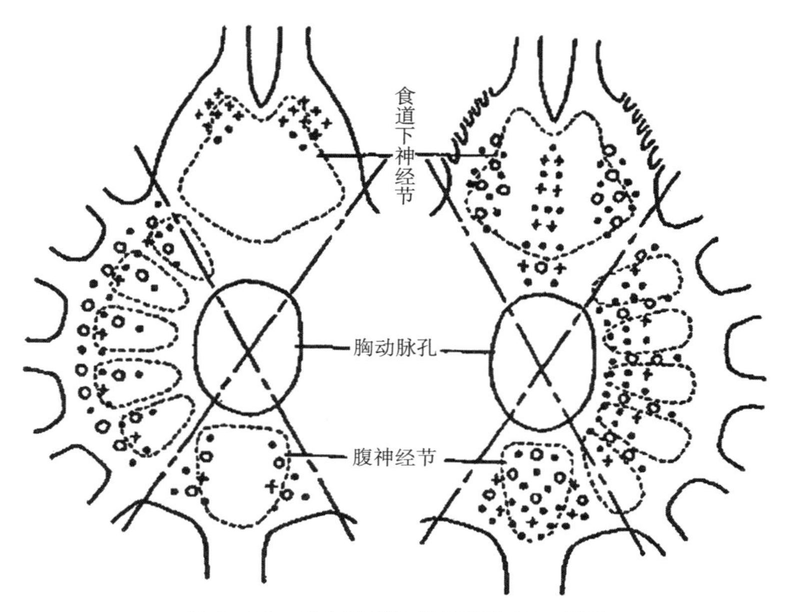

图2-17　拟穴青蟹胸神经团结构示意图

（引自黄辉洋，2001）

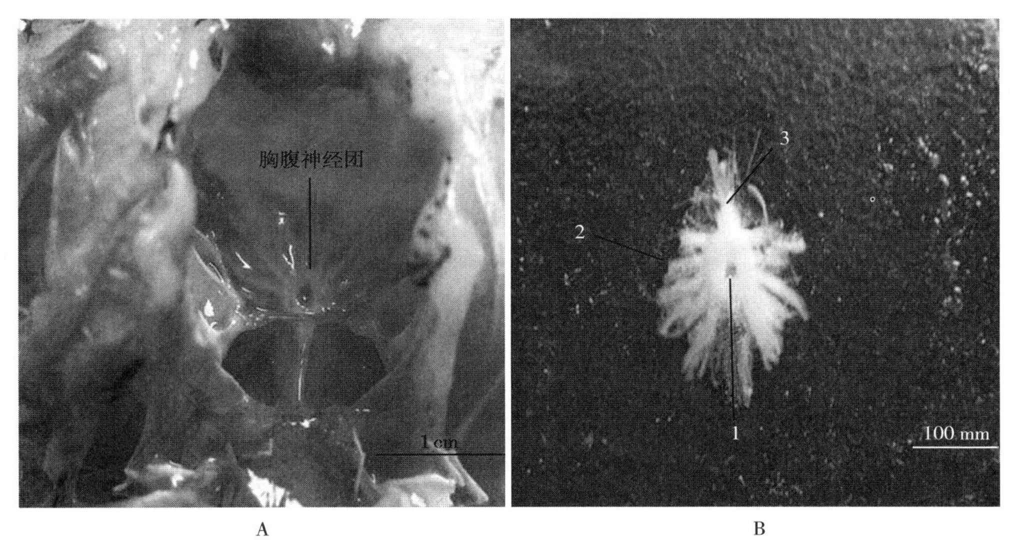

图 2-18　中华绒螯蟹胸腹神经团的位置（A）和结构（B）

1. 胸动脉孔　2. 步足神经　3. 腹神经节

胸腹神经团内的细胞体群：通过对胸腹神经团的切片观察，可以发现胸腹神经团内有多个细胞体群，不同细胞体群的细胞数目和细胞大小不同。如图 2-19（B）中，1 处细胞群细胞呈圆形，数目多；2 处的细胞群细胞呈梨形或卵圆形，数量少；3 处细胞群细胞呈圆形或卵圆形，4 处细胞群的细胞中等大小，排列疏松；5 处细胞群细胞数目多，排列紧密；6 处细胞群细胞个体大，数量少。

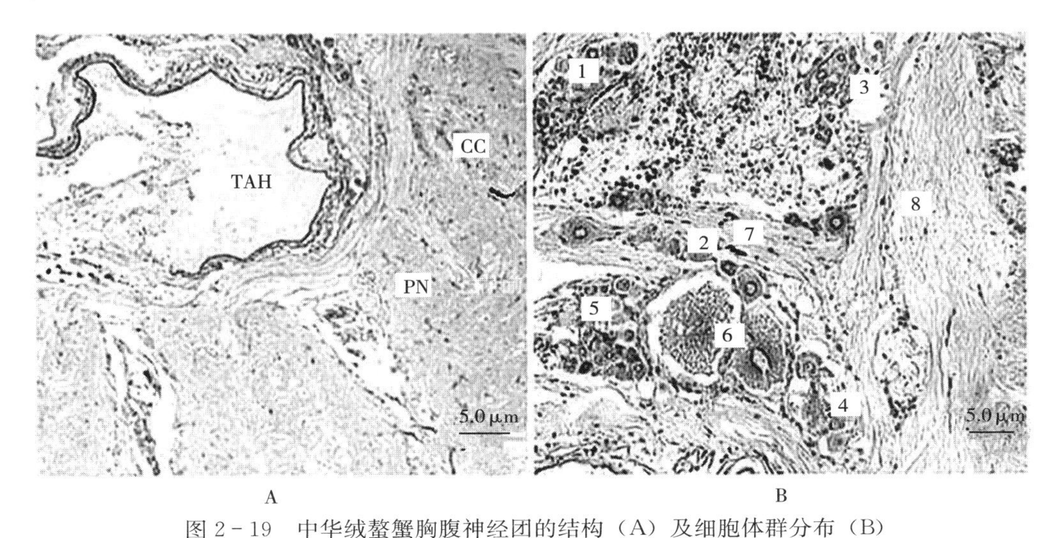

图 2-19　中华绒螯蟹胸腹神经团的结构（A）及细胞体群分布（B）

TAH. 胸动脉孔　PN. 步足神经　CC. 细胞群　1～6. 胸腹神经团内的细胞体群　7. 横连神经　8. 纵行神经索

在虾和蟹等甲壳类动物中，其神经系统具有髓鞘神经纤维这一特殊的结构。在虾腹神经索中存在许多直径大小不一的神经纤维，Bullock（1965）认为巨大的神经纤维具有遇到危急情况时立即做出迅速逃逸反应的功能。除了罗氏沼虾这种腹髓鞘神经类型外，还有其他的类型。用透射电镜观察日本沼虾的脑神经分泌细胞，在神经元中可看到一种微绒毛小管在一个神经元的核旁边，见密集、平行排列的微绒毛围成一个直径约 6.5 μm 的微绒毛小管。微绒毛长约 1.3 μm，直径约 0.01 μm。小管内有许多大小 0.01～0.03 μm 的颗粒和少数小空泡。颗粒密度不一致，边缘也不平滑。微绒毛内也可见少数类似的颗粒，而管外细胞质中类似的颗粒极少。小管内未观察到线粒体、高尔基体及典型的内质网。在另外两个神经元中，各有一个由微绒毛聚集形成的椭圆形和肾形结构，内无空腔，应是微绒毛小管的末端。紧靠以上结构的外缘，都有扩张的囊泡状内质网，且数量明显较外围的细胞质中多。另一个微绒毛形成的结构也像一个微绒毛管，中间也有一团细胞质。其内也有少许小空泡，但无颗粒状物，外围也无扩张的内质网。在 5 个神经元的交界处，可见许多微绒毛平行排列，聚集成微绒毛团，其中许多是微绒毛的横切面，该处细胞膜已不能看见。微绒毛壁的厚度和细胞膜一样，并和细胞膜相连。有微绒毛结构的神经元，形状近圆形。在光镜下，类似的细胞大小 13～17 μm，细胞核较大。在近微绒毛小管、微绒毛团的细胞质中有多泡体。在离微绒毛小管、微绒毛团稍远的细胞质中内质网则为小扁平囊状。细胞内未见神经分泌颗粒。微绒毛形成的结构数量极少。

3. 交感神经及视神经

甲壳动物的交感神经系统，因种类不同而异。桡足类交感神经系统的中枢是一个胃神经节与一个上唇神经节，前者小，位于食道与中肠连接处；后者大，位于脑下。一般种类的肠道交感神经系统可分前后两部分，前一部分由围食道神经环发出，而后一部分则由腹神经链上最后一个神经节发出。在螯虾属中，由围食道神经环发出两条神经，这两条神经随后在食道前壁的食道神经节中会合。由这神经节再发出一条胃神经，沿胃的中线上行到胃的背面，并分出一支，即心神经。心神经分布在心脏背面，而胃神经本身则伸入胃上神经节内。这一神经节是胃部肌肉运动的中心。由此发出的神经除肝神经外，都是控制胃部肌肉运动的。肝神经分叉，分布在中肠腺内。上述是肠道交感神经系统的前一部分，至于后一部分，在喇蛄属中由腹神经链的最后一个神经节发出一条垂直向下的神经，随后分为三支，其中两支各分布于肠道左、右侧壁，向前达到中肠，另一支则分布于后肠腹壁，向后直达肛门。这三条分支再发出许多细支，组成肠道肌肉的运动神经丛。

视神经节位于眼柄内，由视神经层、视外髓、视内髓和视端髓组成。视神经节内的 X 器-窦腺复合体，是甲壳类神经分泌调控中心。窦腺由神经分泌细胞的轴突共同组成，位于血窦旁，属于甲壳类的神经血液器，起贮藏和释放激素的作用。X 器由许多神经分泌细胞构成，一般认为轴突末端构成窦腺的神经细胞即为 X 器。X 器合成的甲壳类高血糖素族（crustacean hyper glycemic hormone family，CHH superfamily）神经激素，为甲壳类特有的神经肽，包括性腺抑制激素（gonad-inhibiting hormone，GIH）、蜕壳抑制激素

(molt-inhibiting hormone，MIH)、甲壳动物高血糖素（crustacean hyperglycemic hormone，CHH)、大颚器抑制激素（mandibular-organ inhibiting hormone，MOIH)。该族神经激素的一级结构具有许多相似之处，其氨基酸残基都为71～78个；其前激素原的结构都有信号肽，但只有CHH前激素原存在前体相关肽（CHH-precursor-related peptide，CPRP)，位于信号肽和激素之间。GIH与生殖调控密切相关，在雌性甲壳类中具有抑制卵黄发生的活性，因此也称为卵黄发生抑制激素（vitellogensis inhibiting hormone，VIH)。由于切除眼柄能够解除GIH对性腺发育的抑制作用，如今眼柄切除术在河蟹、对虾等的性腺促熟和催产中已广为应用。

（二）甲壳动物神经系统的多样性

鳃足类神经系统十分原始，中枢神经系统呈梯形，前端有一个发达的食道上神经节，也就是脑。脑只分前脑与中脑，无后脑。前脑由顶节的神经节形成；向前伸长，成为视叶，尤其是透明薄皮溞，视叶特发达。中脑由第一触角神经节变成。脑的后端连接一对围食道神经，这对围食道神经也就是第一与第二触角神经节之间的纵连神经。一般甲壳动物第二触角神经节向上移动，在食道背侧形成后脑，而头部后续的三对神经节则位于食道腹侧，共同构成一个食道下神经节。中枢神经系统不仅无后脑，同时也无食道下神经节。一对围食道神经的末端有一对食道神经节，这对食道神经节就由第二触角神经节变成，位于食道的下后方。食道神经节直接与一对腹神经索相连，左、右腹神经索也不像一般甲壳动物那样，相互愈合而成一条腹神经链。在无甲类中，腹神经索上每个体节就有1对神经节，但在枝角类中，腹神经索上一共只有7对神经节。第一对由大颚神经节变成；第二对由两对小颚神经节愈合而成；第三至第七对为5对胸神经节。透明薄皮溞腹神经索上的这7对神经节相互愈合，形成一个大的腹神经团。外周神经系统包括由脑以及其他神经节发出的神经，枝角类共有10对神经，其中触角神经2对，上唇神经、大颚神经与小颚神经各一对，胸神经5对。

介形类的中枢神经系统的神经节集合的趋势十分明显，食道上神经节与食道下神经节间无明显界线。腹神经链短，只有3个神经节，这与胸肢的减少相应。

桡足类的中枢神经系统由于神经节的相互愈合而变得十分简单，分节不明显或完全消失。脑为食道上神经节的一个神经团，位于头胸部的前端，包括前脑、中脑与后脑。腹神经链位于肠道之下，前端由一对粗的围食道纵连神经与脑相连，后端一直到最后一胸节或最前一腹节，腹神经链可分前、中、后三段，前段近食道，有2个神经节，共发出2对神经，分布到大颚与小颚。中段位于胸部，有5个神经节，共发出5对神经，分布到5对游泳足中。后段位于腹部，只有一个神经节，这个神经节位于生殖节内，发出神经，分布到受精囊与生殖孔。从这一神经节开始，腹神经链向后分为两支，伸入左、右尾叉中。

鳃尾亚纲的中枢神经系统由一个大的食道上神经节（脑）以及一个神经团组成。由食道上神经节发出神经分布到两对触角和复眼中。神经团由相互紧靠的 6 个神经节形成，第一个为食道下神经节，由此发出的神经分布在大颚与第一小颚，其余 5 个神经节也各发出神经分布到第二小颚与 4 对胸肢，最末一个神经节还发出神经分布到腹部。

蔓足类的神经系统虽然近似其他切甲类，但由于身体缩短，显得特别集中。茗荷类的神经系统仍然保持梯形，其中以浅色茗荷（*Lepas anatifera*）最为原始，左、右神经节虽然靠近，横连神经也缩短，但神经系统基本仍呈梯形。多节龟足（*Pollicipes mitella*）的神经系统与浅色茗荷近似，但腹神经链的神经节只 4 对，并且食道下神经节与第四神经节左右完全愈合。藤壶类的神经系统已不呈梯形，集中趋势更为明显，只有 2 个主要的神经节，这两个神经节也以宽大的围食道神经相互连接。前一个为食道上神经节，即中脑，分为左、右两半部，左半部与右半部各发出一条第一触角神经。在中脑左半部与右半部间的横连神经中央向前发出一条细的神经干，直达前脑。在前脑中可见一对视叶，及位于左、右视叶间的一个胃神经节，视叶发出一对视神经伸入眼中，胃神经节发出一条胃神经伸入前肠。

软甲类的神经系统多为链状，左、右神经干相互靠拢，同对的神经节左右愈合，其间游离的横连神经消失，前、后神经节也合并，形成脑（食道上神经节）和腹神经链，两者以围食道神经相连。脑具有发达的柄体和 3 对视神经团。腹神经链共有 17 对神经节，前 3 对为口肢神经节，通常愈合成食道下神经节，后续 8 对为胸神经节，最后 6 对为腹神经节。第六对腹神经节较大，由最后 2 对腹神经节愈合而成。至于叶虾目与糠虾目则在胚胎时期就有 7 对腹神经节，这些腹神经链上的神经节在多数类群中都有纵向集中愈合的现象。

总之，甲壳动物由于体节的愈合，其神经系统在前端高度愈合成为脑；步足神经和腹部的一些其他神经在胸腔内愈合成为胸腹神经团。这种相对高度愈合的神经系统具有传递刺激、整合信息、指令运动的功能。某些甲壳动物的神经分泌细胞合成并分泌激素等物质，在肌肉蛋白质的合成、卵母细胞的发育、卵巢的成熟、雄性甲壳动物生殖系统的完整性、色素迁移等生长发育过程发挥着重要的生理作用。

六、感觉器官

感受器和感觉器官或认为两者同义，或认为感受器结构更简单，但无论怎样，两者都是动物接受外环境信号（或刺激）的结构，它把从内外环境中感受到的信息转变为神经冲动，沿着外周神经传到神经中枢，经整合后传到效应器（肌肉和腺体等），效应器随即产生适当的反应。这对动物趋向食物、逃避敌害、适应环境、寻求异性及洄游等具有非常重要的意义。

甲壳动物像其他节肢动物一样，也有多种类型的感觉器官。根据原理及功能的不同，可将感觉器官分为三大类，即机械感受器、化学感受器和光感受器。

（一）机械感受器

这一大类感受器又可进一步细分为触觉器、平衡器及本体感受器。其能够感受由机械能所产生的刺激，如触摸、压力、水流、颤动等。一般包括刚毛、绒毛结构和平衡囊。甲壳动物及其附肢表面着生有许多感觉刚毛，粗壮坚硬，外物触碰刚毛，就产生触觉，因此这些刚毛也称为触毛。触毛为触觉感受器，由体壁角质膜的中空突起形成，每根触毛有一个毛原细胞突伸在触毛内，以接受外界刺激。毛原细胞是真正的感觉细胞，无任何神经纤维，另有一个膜原细胞，包围毛原细胞，以此与上皮细胞隔离。一根触毛受一个或几个感觉神经元的支配，其远端部分与毛原细胞联系，而近端部分则延长成为运动神经纤维，穿过体壁基膜，联系神经中枢。外物触碰刚毛，使刚毛向着一定的方向弯曲而引起刺激，毛原细胞就将刺激转变成神经冲动，再通过感觉神经元的运动神经纤维传到神经中枢。

除触毛外，甲壳动物及其附肢表面还分布着许多细弱柔韧的感觉毛，这些感觉毛也由体壁角质膜的突起形成，其结构基本和触毛一样，不过常呈短柄的拖把形，各着生在体壁角质膜的一个浅小凹洼内，其基干由凹洼底部发出，而基干顶端生有多数分支，分支凸露在凹洼之外。感觉毛受水流冲击时，顺水流方向弯曲而引起刺激。

平行囊是一种独特的机械感受器，十足目的平衡囊位于第一触角基部、足的基部或尾节，它由外胚层凹陷形成，内有平衡石，外有开口，囊中充满液体。囊的底部内壁有感觉毛，或与平衡石直接接触，或随囊内的液体而感受刺激，平衡囊是重力感受器，并与运动相关，以调节身体平衡。囊壁内表面衬有一层薄的角质膜，角质膜下为一层由上皮细胞演变而成的感觉细胞。这些感觉细胞都是双极的，其远端突起呈毛状，可接受刺激。中国对虾支配平衡囊神经直接从脑部腹面前方两侧发出，每侧三支，而锯缘青蟹的第一触角神经包括三束神经，第一束进入第一触角，第二、第三束分布于平衡囊，第二束在平衡囊基部又分成两支。

上述各种机械感受器所感受的机械刺激均来自于外界环境，而本体感受器却感受甲壳动物自身所发生的机械刺激，也就是所谓的本体感，指附肢由于牵拉或受压而引起的多种机械刺激，这些本体感对于甲壳动物的行为调整具有重要的意义（陈立侨和堵南山，2017）。

（二）化学感受器

甲壳动物的化学感受器主要存在于其附肢的第一对触角、口器、颚足上，能感受外界环境中某些化学物质的刺激，也就是所谓化感。化感有味觉和嗅觉之分，相应地化学感受器也分为味觉器和嗅觉器两种。两种感受器均是由化学物质在溶解的分子状态下所发生的刺激引起的，味觉器只能感受接触到的化学物质的刺激，而嗅觉器却可感受随气流或水流带来的较远距离外的化学信息。甲壳动物的化学感受器通常由大量的化学受体调控，每个十足目甲壳动物的体表感觉毛含有100个以上的神经元，在感觉毛基部，细胞体集中形成纺锤状簇，每个细胞体簇调控一根感觉毛，感觉毛依赖高度分支的树突感受外界信息。化学感觉神经元一般具有如下结构特征：为双极细胞，细胞体位于周边，树突高度分支，折射到感觉毛腔内，轴突直接投射到中枢，在周边不形成突触（陈楠生，1992；曾端，2002）。

（三）光感受器

甲壳动物有两种视觉器官，即单眼与复眼。无节幼体或后无节幼体只有单眼，成体的情况比较复杂。头虾类、须虾类、桡足类、蔓足类与介形类的成体只有单眼而无复眼；而叶虾类、山虾类、糠虾类、等足类、涟虫类与端足类等却只有复眼；有些种类既有单眼又有复眼，例如鳃尾类、口足类、磷虾类以及一部分十足类有两种视觉器官（堵南山，1993；许燕，2003）。

节肢动物的单眼有两种，一种是位于头部中央的中央眼，另一种是位于头部左右两侧的侧眼。这两种单眼结构基本相同，只是侧眼比较复杂，不仅视觉细胞较多，而且还有晶体细胞。甲壳动物只有中央眼，这是无节幼体与后无节幼体唯一的视觉器官，因此也称无节幼体眼。这种单眼是杯状单眼，与昆虫成体的透镜单眼不同，杯状单眼很小，大多无透镜，由少数杯状色素细胞所构成。单眼只能感受光线强弱，不能成像。

多数甲壳动物都有复眼，是甲壳动物中比较古老的器官。成体复眼的外部形态有球形、半球形、心脏形、梨形及马鞍形，少数特化呈扁平形。如中国对虾、罗氏沼虾和日本沼虾等复眼呈半球形，中华绒螯蟹、三疣梭子蟹和锯缘青蟹的复眼呈马鞍形，蚤状溞的复眼呈球形等（堵南山，1993；许燕，2003；盛春，2003）。复眼多位于头部左右两侧，但常倾向背面中央。背甲类与涟虫类的复眼位于头胸甲的背面，但左右靠近；枝角类的复眼甚至左右完全愈合。部分种类的复眼没有眼柄，直接着生在头部，这种复眼称为座眼；而多数种类的复眼着生在眼柄上，称为柄眼。在十足类中，具有长柄眼的种类视野十分宽广，视角达到200°。眼柄长短因种类而异，2～3节，可活动。

组成甲壳动物复眼的小眼超微结构从内到外可分为折光系统、感光系统和色素细胞三部分。折光系统包括角膜、角膜生成细胞、晶锥及分布其中的色素细胞。小眼的外表面即角膜，也即小眼面，由几丁质构成。感光系统就是小网膜，小网膜由多个视觉细胞构成，同其他动物感光细胞一样，小网膜细胞可分为三个部分：感光部、细胞体部和轴突（许燕，2003；黄春发，1988）。根据形态的不同，感光部又可分为微纤毛状感光部、囊状感光部及片层状感光部等。感光细胞体同样富含线粒体，线粒体除提供能量外，还有维持光感受器的结构完整和正常的功能，随动物而异，细胞体还含有多泡体、分层小体、分泌颗粒、溶酶体和致密体等。光感受器将光能转化为化学能，进而转化为电脉冲，由轴突传递给次级神经元。轴突中最常见的是微管和线粒体。微管纵向排列，中央最丰富。线粒体细长，位于质膜之下，还有小泡、颗粒等。小眼除折光系统和感光系统这两个主要部分外，还有用来遮挡光线的色素细胞，但甲壳动物仅有一种色素细胞，即正色素细胞（堵南山，1993）。

复眼不仅能够感受光线强弱，还能形成物像，外部物体的光线通过每个眼的折光系统，聚集起来照射在视杆上，这些聚集在视杆上的小亮点，因明暗亮度不同，组合起来就形成物像。甲壳动物复眼形成的物像有两种：平列像和重叠像。在无甲类、背甲类、滤食性枝角类、口足类、带足类、多数端足类以及一部分十足类复眼中，一个视杆只能接受视野中所属小眼前方的一个小光点，任何透过临近小眼折光系统的光线由于小眼四周的色素细胞的存在而被遮住，不能聚焦在同一视杆上，因此每个小眼只能形成整个物像的一小部分，这种物像成为平列像。相反，猎食性枝角类、糠虾类以及大部分十足类的小眼四周无色素细胞，或虽然有色素细胞，但细胞中缺少色素，小眼不被色素遮住，透过相邻几个小眼折光系统的光线都可以在同一视杆上聚焦，这样的物像称为重叠像。无论哪一种复眼，对环境的明暗变化都有一定的适应能力，色素细胞内的色素颗粒会随着光线的强弱而移动（许燕，2003）。

七、生殖系统

甲壳动物大多数行两性生殖，但卤虫、背甲类、枝角类、大部分介形类等也行孤雌生殖。通常雌雄异体，但少数种类雌雄同体，如蔓足类、大部分异足类、寄生等足类以及极少数十足类。多数甲壳动物雌体和雄体的外形区别不是很明显，但雄体有比较发达的感觉器官，其第一对触角较大，具有较多的感觉管。此外，雄体运动器官也较发达，其特定的附肢或附肢的某一部分形成捉握器，交配时用来抱住雌体。寄生种类以及固着生活的蔓足类有十分明显的雌雄二态现象，其中寄生种类的雌体特别大，从形态上已难认出是甲壳动物，同时生活习性改变也很大；雄体则颇小，虽还保持甲壳动物的特征，但常呈幼体状，内部器官也可能退化，变为矮雄，与雌体截然不同。

（一）雌性生殖系统

雌性生殖系统主要由卵巢、输卵管、雌性生殖孔和纳精囊或称受精囊（只在部分种类中存在）组成（图 2-20）。其中纳精囊是短尾类交配后受精荚暂时存放的地方。卵巢是雌性甲壳动物生殖系统的重要组成部分，卵细胞的发育及成熟均发生在卵巢。卵巢的最外层为卵巢壁，包括外膜和肌肉层。卵巢壁的内层为上皮细胞层。有些甲壳动物上皮细胞层的局部（两叶卵巢相连处）特化为生殖上皮（赵云龙 等，1998），还有些甲壳动物的上皮细胞层即为生殖上皮，其功能不局限在上皮细胞层的某个部位（薛鲁征 等，1987）。生殖上皮分化发育成卵原细胞和滤泡细胞。十足类甲壳动物滤泡结构一般较简单，滤泡从内至外由 4 部分组成：卵细胞、卵周隙及其内含物、滤泡细胞和基膜。大多数种类的卵巢都是左右对称，左右两侧一般由横桥相连。不同种类的卵巢外形差异较大，较原始的卵巢为一对简单的管状结构，而较高等的种类卵巢结构特化，较为复杂。卵巢从两侧各发出一条输卵管。输卵管结构简单。游泳亚目与爬行亚目长尾部、异尾部的输卵管开孔于第三步足的基节（堵南山，1993）。甲壳动物的种类不同，其卵巢在体内的位置也不尽相同，例如，十足目甲壳动物雌体的卵巢主要位于头胸部的肠道上方、心脏下方，短尾类的卵巢只限于头胸部内。真虾类的卵巢由头胸延长至第一腹节，而对虾属的卵巢则可一直延长至尾节，鼬虾总科与寄居蟹总科的卵巢则完全位于腹部。纳精囊分为背部型和腹部型，参与精荚转移、储存和受精多个生理过程。

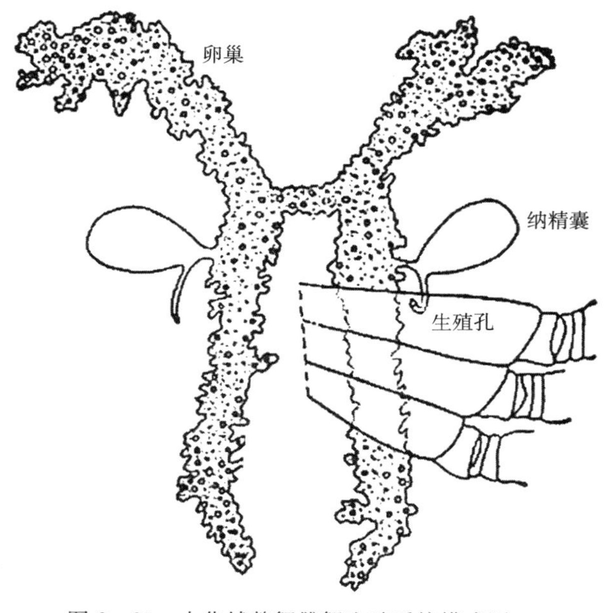

图 2－20　中华绒螯蟹雌蟹生殖系统模式图

（仿堵南山，1993）

（二）雄性生殖系统

甲壳动物雄性生殖系统包括精巢、输精管、射精管。精巢是精子生成的场所，不同甲壳动物精巢的结构和形态有很大差异。十足类甲壳动物有一对精巢，位于头胸部内的肠道上面，心脏下方，一般左右对称，有 1 或 2 条横跨的连枝联结左、右精巢。左、右精巢从后端或近后端处各发出一条输精管（图 2－21），可分为前、后两部分。前一部分细而盘曲，是腺质部；后一部分较粗，具有强壮的肌肉，为射精管。射精管开孔位于第八胸节腹面。大多数甲壳动物的精子都包裹在精荚之中，精荚又称精包，它由输精管上皮细胞分泌物包被精子而形成。精荚在精子被转移到雌体的过程中起到了一定的保护作用。输送的器官在无甲类、介形类与围胸类中为阴茎；在桡足类中为第六对胸肢；在软甲类中则为前两对腹肢，这种绕足类的胸肢与十足类的附肢特称为生殖肢（gonopod）。

副性腺是甲壳动物雄性生殖系统的一部分。中华绒螯蟹副性腺开口于贮精囊与射精管的交界处，是细长分支的管状腺（堵南山 等，1988）。

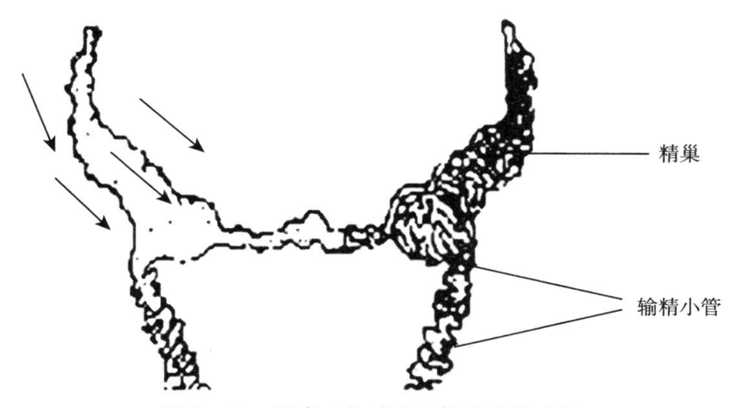

图 2-21　甲壳动物精巢整体发育模式图

（三）雌雄交配与繁殖

甲壳动物交配时，雄体常用兼有其他功能的器官抱雌体。桡足类用第一对触角，无甲类用第二对触角，大部分双甲类则用第一对胸肢。交配以后，雌体产出的卵子仅有少数种类立即脱离母体，绝大多数种类仍附着在母体上。桡足类雌体所产的卵子黏合成一个或两个卵囊，附着在生殖节上；口足类雌体所产的卵黏合成卵块，抱握在前三对胸肢之间；十足类的卵块则黏附在腹肢上。此外，还有一些种类雌体的卵块留育在独特的孵育囊中，双甲类以及大部分介形类以头胸甲背侧的头胸甲腔作为孵育囊，而囊甲类则以抱卵板构成腹筐，用来育卵，特称抱卵囊。以下为几种长江口常见甲壳动物的交配与繁殖方式。

甲壳动物的雌雄性比常因物种及季节变化而变动，脊尾白虾在不同月份的性别比例不同，除了 1 月和 3 月外，均是雌虾多于雄虾。在 2 月之前并未发现抱卵的雌虾，抱卵率在 5 月和 7 月达到峰值，分别为 71.7%和 92.3%。长江口抱卵脊尾白虾的平均体长多在 35～45 mm，抱卵虾的平均体长与平均体重在 6 月最高，7 月最低，性腺指数在 5 月和 6 月最高（裴倩倩 等，2017）。雌虾在交配前会蜕壳，交配结束后半小时左右会产卵，受精卵最终破膜而出，形成溞状幼体（王绪峨，1987）。

日本沼虾在非繁殖期雄虾多于雌虾，而在繁殖期雌雄性比逐渐上升，繁殖盛期雌虾多于雄虾，在繁殖初期为 1.107∶1，在产卵盛期为 1.439∶1（李林春，2002；何绪刚等，2003）。一般在 7—9 月进行交配产卵，但是卵并不是直接产在水中，而是附着在雌虾游泳足的刚毛上，直到幼体孵出。日本沼虾的卵最初为绿色，卵径较小，卵与卵之间紧密连接，随着卵的发育逐渐变成黄褐色，卵与卵之间连接松散，易脱落（杞桑，1977）。

安氏白虾的繁殖方式也为抱卵孵化型，通常情况下，4 月中旬即可见到抱卵的雌虾，

5月中旬大量出现，8月底已经很少见抱卵雌虾。安氏白虾抱卵的数量较少，卵径较脊尾白虾大，呈姜黄色。由于体力和环境等因素的影响，部分亲体在第一次排卵之后即死亡（吴常文，1993）。

中华绒螯蟹的亲蟹洄游始于每年的9月，长江口是河蟹生殖洄游的终点，在此完成交配。天气日渐寒冷后，抵达长江口产卵场的亲蟹大多已完成生殖交配，进入较高盐度的产卵场准备完成幼体的排放（施炜纲，2002），长江口河蟹的主要产卵场位于122°50′E—122°20′E的长江口下段，即崇明岛东旺沙、宝山横沙岛及佘山岛、鸡骨礁一带的广大河口浅海，尤其崇明岛东旺沙浅滩、横沙岛以东的铜沙至九段沙浅滩及南汇滩3处，抱卵蟹特别集中。一只雄蟹可与多只雌蟹重复交配，而雌蟹一生只交配一次，但可多次产卵。每次产卵后，腹肢上残留的卵壳在数小时内即可完全清除，以备下一次产卵。

三疣梭子蟹产卵繁殖的群体主要是1～2年生的亲蟹，雌蟹产卵孵化结束后即死亡，雄蟹经过2～3次交配后死亡（程国宝 等，2012）。交配期在7—11月，繁盛期为9—10月，产卵期在次年的4—7月。三疣梭子蟹的抱卵量与个体大小有关，一般在3.53万～266.3万粒。排卵时，若雌蟹受到惊吓，即中断排卵，未排出的卵滞留在体内，不会再排出（薛俊增 等，1997）。刚排出的卵致密，均匀，附着于刚毛上，受精卵孵化后，未受精的卵与受精卵剩余的壳一起脱落。

日本蟳交配产卵的繁盛期在5月中旬到6月下旬，属于分批产卵型，但第二次产卵量不及第一次的数量（许星鸿 等，2010）。日本蟳一般在抱卵前几个小时或1～2 d内进行交配，交配通常在夜间，交配后两性分离，互不相顾，精荚留在雌蟹的纳精囊内。不久后雌蟹就会产卵，从卵巢中排出的卵与纳精囊中释放的精子在输卵管中受精，通过生殖孔排出体外，受精卵附着在第二到第五对附肢的刚毛上（王春琳 等，2000）。

锯缘青蟹一般在秋季交配，雌蟹和雄蟹的交配是在雌蟹蜕壳后，新壳还没有硬化前进行的。当雌蟹将要生殖蜕壳前，雄蟹会伴随在雌蟹身旁，雌蟹蜕壳1 h后，雄蟹立即与其交配，交配的时间通常持续2～3 d。交配完毕后，精荚会储存在雌蟹的纳精囊中数月。健壮的雌蟹一边游泳一边孵化，体质较弱的雌蟹伏在水底摆动附肢，孵出溞状幼体（吴琴瑟，2002）。

八、内分泌系统

（一）甲壳动物内分泌系统组成

甲壳动物的内分泌系统可分为神经内分泌系统和非神经内分泌系统两部分。前者由一群特化的神经细胞，即神经分泌细胞所形成。这种细胞存在于前脑、视叶、胸神经节及食道下神经链中，能合成、贮存与运输激素。激素首先在细胞内合成，然后沿着轴突达到由神经末梢特化而成的神经血液器内，这是贮存激素并将其输送到血液的中心。

1. 甲壳动物的神经内分泌系统

包括以下五种器官。

X 器：也称眼柄腺，存在于口足类与十足类，由视叶的视端髓内一簇神经分泌细胞构成，这些神经分泌细胞的轴突一直延伸到血窦腺。

血窦腺：是一种神经血液器，位于视叶的外髓与内髓之间。中枢神经系统各部分的神经分泌细胞所发出的轴突都延伸到血窦腺，这个器官似乎有贮存激素的功能。十足类、糠虾类与等足类也都有血窦腺。X 器与血窦腺是神经内分泌系统中研究最清楚的两种器官，这两种器官合称为血窦腺系统或血窦腺- X 器系统。

汉氏器：也称 X 器乳突（papilla-X-organ)，是一种神经血液器，其功能与血窦腺相同。位于视端髓内，为洋葱头状的同心分层体，由 X 器以及脑的其他部分的神经分泌细胞所发出的轴突末梢增粗特化而成。在游泳十足类中，汉氏器与 X 器相互分离；在口足类中二者靠近；在短尾和十足类中则二者完全愈合，以致有些学者认为汉氏器是 X 器的远端部分或 X 器的乳突。

食道下神经链器：也称血窦板，存在于游泳十足类中，由食道下神经链左右两侧所发出的一对神经的神经外皮形成，呈扁平状，内含网状神经末梢以及嗜品红的小滴，这些小滴由食道下神经链以及围食道神经内的神经分泌细胞产生。食道下神经链器也是一种神经血液器，靠近血窦，能将激素直接输入血液中。

围心器：存在于口足类与十足类中，为围心窦内多束神经末梢。这些神经末梢既无感觉功能，也不是控制运动的末端器，却能释放激素，进入围心窦内的血液中，使心跳频率与心跳振幅都增加。

2. 甲壳动物非神经内分泌器官

已知的有三种。

Y 器：也称蜕壳腺或侧器，共一对，呈腊肠形。所有软甲类都有这种内分泌器官；叶虾类、糠虾类、端足类、磷虾类以及十足类的 Y 器位于第二小颚节内；而涟虫类、温泉虾类、等足类以及口足类的 Y 器则位于第二触角节内。Y 器由一群细胞组成，这群细胞紧靠上皮细胞层，其细胞质含有十分丰富的核糖核酸。这种内分泌器官的功能像昆虫的胸腺一样，所产激素能引起动物蜕壳，但昆虫的胸腺到成虫期就萎缩，而甲壳动物的 Y 器即使到了动物成长以后，也不退化。因此，大多数甲壳动物的成体都能蜕壳。Y 器的分泌受食道下神经节的控制。

雄性腺：存在于软甲动物的雄体中，通常附着在雄性生殖器官的各个不同部位上。雄性腺所分泌的激素能使雌雄同体的两性腺原基发育成雄性生殖器官，同时还能使雄体显现第二性征。

卵巢：目前已知端足类与等足类的卵巢除产卵外，还分泌激素，使雌体显现第二性征。

甲壳动物另一重要内分泌腺是大颚腺（mandibular organ，MO），Le Roux（1969）首次描述了该器官，由于它邻近Y器，所以经常被误认为是Y器。Y器仅具一种类型的细胞，大颚腺则由两种类型的细胞组成。也有学者认为，大颚腺细胞的类型和性别有关，Hinsch（1980）发现只有雌性大颚腺具两种类型细胞，而雄体仅一种。大颚腺的作用可能与蜕壳和生殖有关，因为在蜕壳和生殖阶段，其超微结构发生明显变化。另外，去除眼柄后，大颚腺明显肥大。大颚腺的超微结构显示其具有脂质分泌结构。Laufer et al.（1985）发现大颚腺分泌甲基法尼醇（methy-farnesoal，MF），甲壳动物的大颚器是其体内唯一能合成MF的器官，MF具有明显促进卵母细胞发育的作用。

（二）激素的作用

1. 蜕壳

蜕壳受到激素的调节是早为人们所熟知的事实。蜕壳的整个过程包括蜕去旧甲壳，个体由于吸水迅速增大，然后新甲壳形成并硬化。因此，甲壳动物的个体增长在外形上并不连续，呈阶梯式，每蜕一次壳，上一个台阶。窦腺分泌蜕壳抑制激素（molt-inhibiting hormone，MIH），能防止动物蜕壳。而一旦剪除眼柄，去除了MIH，甲壳动物血液中的蜕壳激素浓度迅速升高，导致动物提前蜕壳。MIH能抑制甲壳动物蜕壳是由于它能显著抑制Y器分泌蜕壳激素。除此之外，MIH还可逆向作用于蜕壳激素本身，调节相关组织对蜕壳激素的反应。蜕壳激素在血液中的浓度变化有一个普遍规律，即在蜕壳前期，蜕壳激素在血液中的浓度逐渐升高，在临近蜕壳时，形成一个峰值，然后浓度迅速下降，在实际蜕壳时，处于低浓度状态。除了MIH和蜕壳酮外，Martin（1984）认为另有一种称作蜕壳促进激素（molt-accelerating hormone，MAH）与蜕壳有关，推测可能具有促进Y器合成蜕壳激素的功能，作用与MIH相反。此外Wilder & Aida（1995）还发现甲基法尼醇与罗氏沼虾的蜕壳有关，MF可以在整个蜕壳阶段检测到（3.5～10.0 mg/mL），在蜕壳后阶段，MF水平较低；在蜕壳前期，MF水平升高；临近蜕壳期，MF升至最高；然后在蜕壳时，MF已下降。MF的周期变化与蜕壳激素很相似。

2. 繁殖

与甲壳动物繁殖相关的第一种激素是由窦腺分泌的性腺抑制激素（gonad-inhibiting hormone，GIH）。GIH既无种类特异性，也无性别特异性；既能抑制卵巢发育，也能抑制雄性精巢的发育成熟。另一种与甲壳动物繁殖相关的神经激素是脑和胸神经节分泌的性腺刺激激素（gonad-stimulating hormone，GSH），该激素的含量在生殖期的雌体中最高，预示着对启动卵黄蛋白合成的重要性。

目前为止还未发现精巢分泌任何激素。与精巢不同，卵巢能分泌激素来调控雌体的第二性征。这类激素可能是初级滤泡细胞分泌的，并贯穿雌体一生，因此称为持久性卵巢激素。另一种卵巢分泌的激素称为暂时性卵巢激素，它可能是由次级滤泡细胞分泌的，与抱卵板上的护卵刚毛暂时性生成有关。这种刚毛的生成是在初级卵黄生成，雌体蜕壳时发生。Junéra et al.（1977）推测次级滤泡细胞可能还分泌一种刺激卵黄生成的卵巢激素（vitellogenin-stimulating ovarian hormone，VSOH）。保幼激素（juvenile hormone，JH）是调控昆虫卵黄积累的重要激素，也有大量的研究报道证实JH及其类似物在甲壳动物血清中的存在，以及通过外源注射及体外培养发现它对卵巢发育有促进作用。Laufer（1985）进一步发现大多数甲壳动物大颚腺合成结构类似JH的甲基法尼醇，MF的浓度变化与蜘蛛蟹卵巢的发育密切相关。MF可能是JH的前体，进入血液后可以转化为JH。

3. 色素活动

甲壳动物具两种色素效应器，色素细胞和视网膜色素。色素细胞存在于甲壳，负责体色的改变；视网膜色素控制照射在视轴或复眼上光敏感部位的光强，在强光下遮盖，在弱光下除去遮盖，反射光线。色素在色素细胞或视网膜上的活动主要是由眼柄分泌的神经激素调控。

甲壳动物具有红、黑、黄和白色素细胞4种载色体，它们所含的色素颗粒在特殊的促色素细胞素的作用下集中或扩散。目前已发现的促色素细胞素主要有红色素集中激素（red pigment concentrating hormone，RPCH）和色素扩散激素（pigment-dispersing hormone，PDH）。在甲壳动物中，一种动物仅含有1种RPCH，且均具相同的分子结构。与昆虫不同，RPCH不仅可使红色素细胞聚集，而且对于白色素细胞和黑色素细胞也有同样的作用。色素扩散激素不仅可诱导甲壳动物复眼光适应时的色素运动，而且还可在上皮载色体中引起色素的扩散。

4. 心跳

甲壳动物心激肽（crustacean cardioactive peptide，CCAP）可以刺激心脏活动，增加甲壳动物心跳的频率和力度。CCAP分布于整个神经系统中，尤其在围心器官和胸、腹神经节内。它是以神经激素或神经递质的形式起作用的，连同其他的神经肽共同对复杂的生理行为进行调节。

5. 神经活动

从窦腺中还分离到一种多肽可以抑制运动和感觉神经的活动，现称为神经抑制激素（neuro-depressing hormone，NDH），它能降低运动和感觉神经的能力。有人认为NDH是调节中枢神经系统周期性活动的物质，对于一些周期性夜间活动的甲壳动物，它可以在白天降低这类甲壳动物的活动能力。

6. 渗透压和离子调节

甲壳动物的渗透压和离子吸收也受内分泌系统调节。十足目动物处于低渗溶液时，眼柄中能分泌一种物质防止体重增加及血淋巴渗透压降低，而当动物处于高渗溶液环境，注射眼柄抽提物，并无反应。脑抽提物能导致 Na^+ 离子流入增加，与眼柄因子互为颉颃，以保持身体渗透压和离子平衡。

7. 血糖

Abramowitz（1944）首次描述了甲壳动物高血糖激素（crustacean hyperglycemic hormone，CHH），由窦腺分泌，具有提高血糖浓度的功能，它受 5-羟色胺的调节。

第三节　发育和生长

一、生殖细胞形成及性腺发育

（一）精子发生及精巢发育

1. 精子发生与精子结构

甲壳动物的精子发生和形成过程都是在精巢内进行的。精原细胞紧靠曲细精管的基膜，由基膜向管腔排列依次为不同发育时期的生精细胞：初级精母细胞、次级精母细胞、精子细胞和分化中的精子。精原细胞经过有丝分裂成为初级精母细胞，初级精母细胞经过减数分裂染色体数目减半，分为两个次级精母细胞，精子细胞经过变态形成精子（图 2-22）。但由于形成的精子形态各异，因此精子发生在许多细节上是不同的，特别是形成过程。

（1）精子发生　对头虾亚纲、须虾亚纲和鳃尾亚纲精子发生的研究几近空白。介形亚纲精子发生的报道均集中在腺状介虫（Cypridae），且侧重强调了螺旋状结构的形成。一般认为其来源于核的外膜、内质网、高尔基器和羽状细胞器等。对于其他结构的形成研究极少。桡足亚纲的精子发生只有零星的报道，主要讨论三方面：中心粒、核膜、顶体杯及片层的形成。

蔓足亚纲精子发生的研究也较少。刚刚形成的早期精细胞有一椭圆形的核，单一的线粒体和具轴丝的中心粒区，有些种类可见高尔基复合体。中期精细胞期顶体开始形成，精子形态变为椭圆形。后期精细胞期附属小滴形成，核沿着轴丝延伸。Kubo et al.（1979）认为高尔基复合体在精细胞发育的不同时期发挥不同的作用，先后参与了顶体和附属小滴的形成。纹藤壶（*Balanus amphitrite*）精子发生过程中未见有典型的高尔基体，粗面内质网参与了附属小滴的形成。

鳃足亚纲的精子发生目前研究的亦较少。无甲目鳃足虫属维氏鳃足虫（*Branchipus*

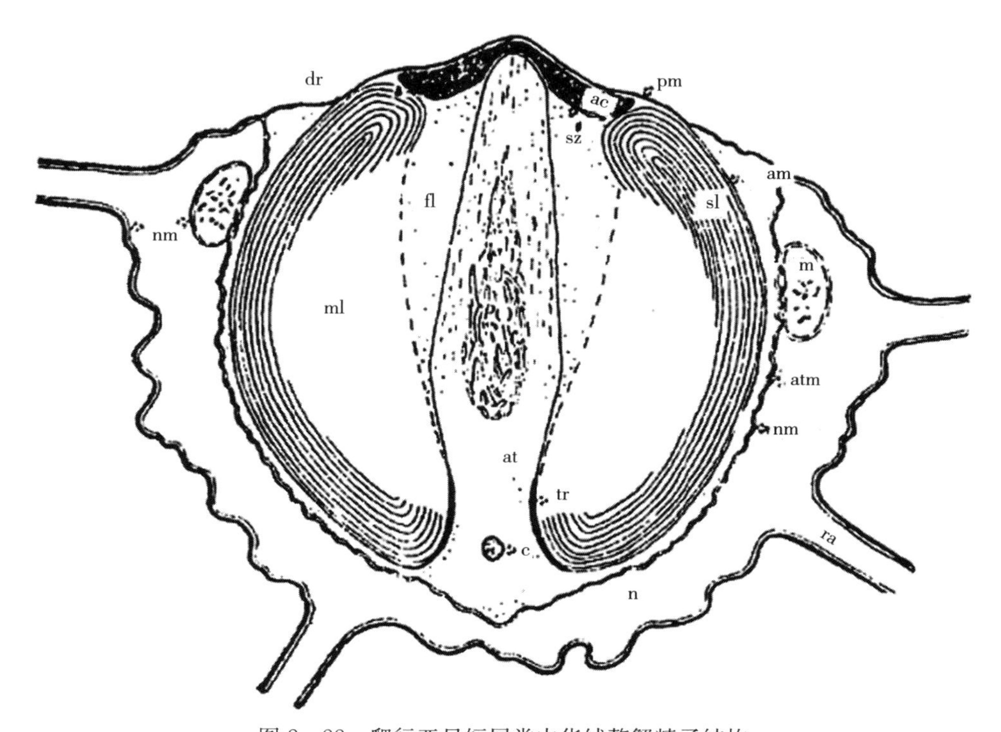

图 2-22 爬行亚目短尾类中华绒螯蟹精子结构

ac. 头帽 am. 顶体膜 at. 顶体管 atm. 顶体管膜 c. 中心粒 dr. 沟环
fl. 顶体囊丝状层 sl. 顶体囊片层结构 m. 线粒体 ml. 顶体囊中间层 n. 核杯
nm. 核膜 pm. 质膜 ra. 辐射臂 sz. 亚帽带 tr. 加厚环
(堵南山 等，1987)

visnyai）的精子发生中有一特殊的斑点状结构（nuage）存在，精子没有形成顶体和尾部，一簇簇致密黑色颗粒融合成一团大的无定形颗粒，同时，其线粒体也相当特殊，早期具有众多细小的线粒体，最后发生融合，在成熟精子内形成了巨大的多态线粒体，这种变化可能与减少线粒体外膜以利于其内部基质的运动有关。

八个亚纲中，对软甲亚纲精子发生的研究最多。叶虾目（Nebaliacea）是软甲亚纲最原始的类群。Jespersen（1979）研究了叶虾属两个种类的精子发生，并认为它们的形成过程基本相同。早期精细胞聚集成群，细胞质内具有多个核，细胞膜边缘分布着致密的凸起物。中期精细胞分散，但通过营养细胞相连，营养细胞之分泌液将精细胞包围形成精荚，精子在精荚内成熟，成熟过程中细胞变致密，细胞质空泡化，线粒体退化，中心粒消失，细胞表面不规则，凸起物发育成棘，但在精荚内无极性。在整个发育过程中都没有形成顶体和鞭毛。

山虾目也是软甲亚纲十分原始的类群。精子卵圆形，前端覆盖顶体，叶状的核和线粒体占据整个细胞，长形亚顶体纤维贯穿核并形成螺旋体，以支持细胞质后端的延伸物。在整个发育过程中没有形成鞭毛，精子不运动，包埋于由输精管分泌的小囊内。

在囊虾总目（Peracarida）糠虾目无刺大糖虾（*Praunus inermis*）和涟虫目三刺长涟虫（*Iphinoe trispinosa*）的精子发生过程中，次级精母细胞的核外，总有一些位于核孔区与核膜并行的致密不透明物质，称之为拟染色体，其周围存在众多的线粒体。在早期精细胞，常可见这些拟染色体及线粒体紧靠高尔基复合体。但到了后期只有高尔基复合体与拟染色体相连，线粒体缺失，并出现高尔基合体膜的溶解，高尔基小泡内的物质与拟染色体的物质相混合。在精细胞的最终成熟过程中，这些拟染色体浓缩、伸长，并最终成为杆状的亚顶体区。精子发生过程中线粒体与拟染色体的关系可能是拟染色体可提供线粒体合成ATP所需的物质，而高尔基复合体则部分参与了亚顶体区的形成。

在等足目（Isopoda）壁潮虫（*Oniscus asellus*）和盔甲栉水虱（*Asellusmi litaris*）及端足目（Amphipoda）跳钩虾属（*Orchestoidea*），亚顶体的杆状结构最初被认为起源于早期精细胞细胞质中的电子致密体。从Reger（1977）的研究可知这一致密体即是拟染色体。因此等足目和端足目的杆状亚顶体区也是起源于拟染色体。说明了囊虾总目精子发生的相似性，从而产生了形态相似的精子。

（2）精细胞的结构　早期精细胞在超微结构和一般形态上是相似的，其主要特征是核和一个大的前顶体腔，它们各占据细胞的两极。

核：游泳亚目染色质在精子发生过程中经历了多次形态变化，在早期精细胞内它形成了多个大块的异染色质区，之后成为非浓缩状的均匀核质，最后在成熟精子中成为所有十足目精子均相似的疏松而非致密的结构。对虾类最初连续的核膜在中期精细胞时崩解，使核质可自由交换。这两个特征也是许多爬行亚目种类的共同特征，与大多数十足目不同的是，真虾类在整个精子发生过程中保留完整的核膜。在十足目甲壳动物之间精核的形态及其结构具有明显的差异。游泳亚目和爬行亚目的精核形态差异极大，前者位于顶体之下，真虾类的精核浅碟状，对虾类的精核梨状；后者呈杯状包裹着顶体。在同一亚目中，精核的形态是种与种之间区别的重要依据，日本沼虾的精核由泡状和丝状两种结构组成，形状为浅碟状（杨万喜 等，1998）；罗氏沼虾的精核均质，与细胞质带的界线不明显，形状也为浅碟状；中华绒螯蟹的核杯深，杯底和杯壁薄（堵南山 等，1988）；长江华溪蟹的杯浅，杯底和杯壁厚；长尾类的精核不规则，核膜和质膜小部分愈合（刘芳和谈奇坤，1997）。异尾类的精子中精核形状一般也不规则，且核膜和质膜愈合程度高，形成较厚的质核膜。在爬行亚目中，辐射臂是核物质的延伸，故也可通过辐射臂的形态数目探索物种之间的亲缘关系。

细胞质：游泳亚目的早期精细胞具有围绕核区的细胞质带，但在爬行亚目中细胞质位于顶体腔和核之间。这两种类型的存在可能与顶体的相对位置是相统一的。前者将形成具有棘突的精子，后者则发育成无棘突的精子。目前研究过的十足目种类的精子发生均证实了这一点。在十足目的许多种类中，早期精细胞的细胞质囊泡化，一些囊泡融合成大的前顶体腔。细胞质内顶体的膜复合体在十足目的精子中普遍存在，关于腹复合体的起源，有些学者认为可能是内质网融合卷曲而成。当精细胞体积减小后，周边细胞质形成一围绕核区的薄带，薄带内具有退化的线粒体和残余的膜聚集。

中心粒：Jamieson et al.（1995）认为中心粒的有无也是十足目甲壳动物的重要分类依据。在日本沼虾中，中心粒在次级精母细胞阶段出现，对虾类的一些种类在精细胞早期可见到中心粒，但是在成熟精子中没有中心粒的存在，如长额拟对虾；而真虾总科的精子内中心粒单个或双个存在，在爬行亚目中，三疣梭子蟹、长江华溪蟹、浙江华溪蟹、中华绒螯蟹等的精子的顶体管底部可以发现中心粒，然而，在日本绒螯蟹精子中没有发现中心粒。对中心粒的研究少且不深入，中心粒在物种中出现未遵循一定的进化规律，中心粒可作为生殖进化的辅助特征，但不能作为十足目甲壳动物分类的重要依据，中心粒在精子中出现的功能尚有待于进一步研究。

前顶体腔及顶体：十足目早期精细胞的显著特征是具有一个大的前顶体腔，起源于内质网。在长额拟对虾前顶体腔絮状的基质内有一高电子密度的浓缩体，大量的细胞质可能参与了这一结构的形成。锐脊单肢虾（*Sicyonia ingentis*）前顶体腔内的顶体物可能是由几种内含致密椭圆体的膜囊相互融合聚集成的致密浓缩体。这些致密体的超微结构在上述这两种虾的顶体形成早期是十分相似的，但进一步的分化就出现了差异。第一种情况是致密体与顶体腔前膜接触并形成棘突原基，最后分化成的顶体结构较为简单。而第二种情况则是致密体与顶体腔后膜接触，其中的棘突原基与其他致密体分开，最终产生较为复杂的顶体结构。顶体的结构是精子结构的重要组成部分，存在很大差异性。游泳亚目的顶体结构简单，由顶帽和棘突组成，爬行亚目顶体结构复杂，包括顶体囊、顶体管和顶帽。真虾总科的精子顶帽为棘突的连续物质，由纤丝组成，顶体与细胞质带和精核之间没有顶体膜相隔。长尾类的顶体突露在精核之上，形状有长柱形、头盔状、透镜状等，具备顶体管雏形；异尾类的顶体多为卵形，顶体长度小于长尾类精子顶体，同时具备简单的初级顶体管；短尾类的顶体落入核杯内，顶帽突出在核杯之上，顶体长度进一步缩短，顶体管结构复杂，出现穿孔器。顶体囊可以分为丝状层、中间层和片层结构，片层结构的层数因种而异，中华绒螯蟹为8层；日本绒螯蟹同样具有发达的片层结构；长江华溪蟹未有片层结构；与长江华溪蟹同属的浙江华溪蟹无片层结构。

染色质及细胞器：脊尾白虾在生精细胞阶段核内染色质有不同程度的凝集，在成熟精子中核质分化成泡状核和丝状核，整个精子发生过程无核仁发现。在精子发生过程中，线粒体、内质网和核糖体逐渐增多，其中线粒体数目在次级精母细胞阶段达到顶峰，并形成线粒体区，精细胞早期核内出现膜性泡结构，同时次级溶酶体与高尔基体大量存在，这些细胞器共同形成片层复合体，并参与顶体的形成。

罗氏沼虾精子发生过程中染色质凝集程度逐渐增大，至精细胞中期凝集程度达到最大。核糖体、粒体和内质网等细胞器数量逐渐增多，到次级精母细胞阶段达到最大，在形成精子的过程中，上述细胞器与高尔基体及膜性泡共同分化或参与形成片层小体，并参与顶体的形成。

三疣梭子蟹在生精细胞阶段，染色质不同程度的浓缩凝集；在精细胞阶段，核质呈均质状，形成薄壁的圆球形核杯，部分核质延伸入辐射臂内。在整个发生过程中细胞器数量较少，内质网数目在各细胞器中所占比例最大，以滑面内质网为主，线粒体在初级精母细胞中最多，自次级精母细胞开始逐渐减少，高尔基体和溶酶体自次级精母细胞始出现，在发育过程中上述细胞器不断分化，在精细胞阶段形成前顶体腔，最后形成圆球形顶体。

2. 精巢发育及调控

甲壳动物雄性生殖系统由一对精巢、输精管和排精口构成，精巢由生精小管或生精腺囊组成，生发区位于生殖上皮的一侧，不同的生殖小管或生殖腺囊内精子的发生可以不同步，因而在繁殖季节在一个精巢内可以观察到不同发育时期的精细胞。精子的发生可分为精原细胞、初级精母细胞、次级精母细胞、精细胞、精子五个时期，根据精巢的组织结构和精巢内细胞种类及数量的差异可分为未发育期、发育期、成熟期和休止期。

精巢发育呈现出明显的季节变化，且不同种类的甲壳动物，其精巢发育的时间周期也存在一定的差异。邱高峰等（1995）研究报道，日本沼虾精巢发育早期（12 月至翌年 2 月），精巢的体积较小，且生精小管也较细，管中以精原细胞为主；发育到 3—4 月，精巢逐渐增大，生殖带内以初级精母细胞为主；发育到 5—8 月精巢体积增致最大，生精小管内充满精细胞和成熟精子；到 9—11 月，精巢的体积相对减小，生殖带中具有不同阶段的生殖细胞。红螯螯虾的精巢 5 月为发育期，6—9 月为成熟期，10 月到次年 4 月都是停歇期（罗宇良 等，1999）。吴萍等（2002）研究表明：3 月下旬，中华绒螯蟹精巢初步发育，6 月，精巢内已开始有初级精母细胞和次级精母细胞形成，7 月，精巢内已经有精细胞，一般自 10 月至翌年 3 月，精巢内精细胞处于分化后期。三疣梭子蟹精巢属于叶型，由精小叶和精小管组成的叶状管交织而成。精子发生过程与其他高等短尾类蟹类相似，精子成熟后即进入精小管中。三疣梭子蟹精巢和输精管的发育也存在一定的年际变化。一般情况下，除了初级、次级精原细胞会和初级精母细胞处于同一个精小叶外，每个小叶中的生殖细胞基本处于同一发育阶段，而且相邻小叶间生殖细胞的发育阶段相近。4—5 月，精巢小叶内精原细胞占优势，输精管内精荚零星分布；6—7 月，精母细胞与精细胞比例增加；8 月精母细胞为主；到了 9 月，整个精巢完全被发育程度较高的精小叶所占据，输精管内充满精液和精荚，为即将到来的交配季节做好准备；交配活动主要集中在 10 月；12 月精巢精小叶中出现游离精子，此后，精巢逐渐退化（1—3 月），但输精管中一直储存着精液和精荚（宣富君，2009）。

甲壳动物精巢发育的过程，也是营养物质积累的过程。姚东明等（2012）在研究日本囊对虾精巢发育过程中发现，随着精巢的发育，其性腺指数显著升高，精巢中胆固醇的含量有所增加，精子期精巢重量最重，性腺指数最高。

精巢的发育受到甲壳动物自身分泌的激素调控，其中甲壳动物高血糖激素（CHH）、蜕皮抑制激素（MIH）、颚器抑制激素（MOIH）等激素在精巢发育过程中起到重要的作用（吴江立，2011）。不仅其自身激素能够调控精巢的发育，外源性的激素同样能够调控性腺的发育。有研究报道，5-羟色胺能够刺激脑和胸神经团分泌 GSH，进而促进精巢的发育（叶海辉，2006）。5-羟色胺促进精巢发育很可能是通过参与大颚腺的生理活动（叶海辉 等，2003），促进大颚腺分泌 MF，进而促进甲壳动物蛋白质合成及性腺发育（Homola & Chang，1997）。此外，外源性类固醇激素对中华绒螯蟹精巢发育也会产生影响（康现江 等，1998）。除了激素的调控，甲壳动物的营养状态同样会影响到精巢的发育。王群等（2005）在研究饲料中锌含量对中华绒螯蟹雄蟹生殖腺影响时发现，饲料中适量的锌可以促进精巢的发育。另外，育肥时间的不同也能够影响到中华绒螯蟹精巢的发育（吴旭干，2014）。

（二）卵子发生及卵巢发育

1. 卵子发生

根据甲壳动物卵母细胞细胞核的形态、卵黄的合成、积累情况及核物质的形态变化等可将卵子发生大致分为三个时期：卵原细胞期、卵母细胞期和成熟卵母细胞期。卵原细胞核大，细胞质层薄，有少量线粒体分布其中，核物质浓缩为一团；卵母细胞发育的早期和中期细胞体积增大，细胞质层增厚，线粒体迅速增多，细胞核变圆，核物质分散成多块，后期卵母细胞中开始出现大量卵黄颗粒和少量脂滴，细胞核边缘波浪化，线粒体空泡化。

关于甲壳动物卵子发生的分期，不同的学者有不同的划分方法。姜永华等（2005）根据卵细胞大小、核仁形态、卵黄粒的有无、皮质棒的出现以及卵母细胞与滤泡细胞的关系，将凡纳滨对虾的卵子发生划分为卵原细胞、卵黄发生前的卵母细胞和卵黄发生的卵母细胞 3 个时期；赵云龙等（1994）则根据日本沼虾卵细胞超微结构的细胞学特点，将卵子发生分为 5 个时期；薛鲁征等（1987）则以卵细胞的形态大小及核质比将中华绒螯蟹卵子的发生分为 5 个时期；Meeratana et al.（2007）则根据卵细胞的形态大小以及核质比将罗氏沼虾的卵子发生分为 4 个主要时期。

中华绒螯蟹的卵子发生中经过卵原细胞的增殖和生长，形成初级卵母细胞，再逐渐发育长大，积累卵黄，直至成熟。卵壳又名卵黄膜（vitelline membrane），是大而脆弱的卵细胞的保护性结构，具有多种生理功能。甲壳动物卵壳的形成因种而异，或者是卵细胞本身，或者是滤泡细胞，或者是卵细胞与滤泡细胞相互作用而成。中华绒螯蟹等甲壳动物只在卵黄发生基本完成、卵母细胞趋于成熟时，才在卵周隙内形成具特定结构的卵壳，这不同于青蟹卵黄膜的形成。中华绒螯蟹的卵黄膜被认为是由卵本身逐渐分泌物质形成的，属初级卵膜。吴萍等（2003）在对中华绒螯蟹卵巢首次发育的研究中指出，一龄蟹种在当年11月卵巢已呈豆沙色，几乎充满整个体腔，卵巢内以成熟前期的初级卵母细胞为主；至12月时，卵子已基本成熟，卵巢呈深豆沙色，充满整个体腔，卵粒明显，已从滤泡腔中游离出来，核消失，同时根据卵细胞、细胞核及核仁的大小形态、核质比和卵黄积累情况，可将卵子发生过程大致分为五个阶段。中华绒螯蟹卵细胞发育分为四个不同时期：初级卵母细胞小生长期，初级卵母细胞大生长期，成熟期以及退化时期。初级卵母细胞大生长期的细胞又可以分为前期、中期、后期。排卵后的卵巢在营养贫乏的情况下，出现直接退化现象；而在营养丰富的情况下，处于大生长前期的卵母细胞则会迅速生长，为二次排卵做好准备。

2. 卵巢发育及调控模式

三疣梭子蟹第一次卵巢发育通常从每年9月起延续到次年的3—4月（总时间6～7个月），而第二次卵巢发育时间为1～2个月（第一次产卵到第二次产卵的间隔），远短于第一次，在第一次产卵后，通常不会进行第二次产卵（在此期间不需要再交配），造成这种差异的原因可能有两个：第一次卵巢发育是自卵原细胞开始逐步发育为成熟的卵母细胞，而第二次卵巢发育的起点是卵黄合成前的卵母细胞和内源卵黄合成期的卵母细胞，所以需要的时间较短。第二次卵巢发育发生在晚春，平均水温较高（16～19℃），且食物条件相对丰富，而第一次卵巢发育通常需要经过漫长的冬季，不仅卵巢发育期间的平均水温低，而且自然海区的食物相对较少（宋海棠 等，1988；张宝琳 等，1991），所以第二次卵巢发育的速度相对较快。三疣梭子蟹第二次卵巢发育过程中，肝胰腺指数并没有出现显著变化，而第一次卵巢发育过程中肝胰腺指数显著下降，这与河蟹和青蟹的二次卵巢发育规律相似（成永旭 等，2001；南天佐，2005），故推测认为这些蟹类二次卵巢发育的营养物质直接来源于食物，而第一次卵巢发育期间有部分营养物质来源于肝胰腺，所以肝胰腺指数出现了显著下降（陈石林，2006）。

卵黄原蛋白原（vitellogenin，Vg）是非哺乳卵生动物卵细胞发育过程中的重要物质，是卵黄蛋白（vitellin，Vn）的前提，为胚胎及幼体发育提供糖类、脂类、氨基酸、维生素、磷和硫以及各种金属离子等营养和功能性物质。研究报道，甲壳类动物的卵巢和肝胰腺均能合成卵黄蛋白原，但对合成的贡献大小不同。高祥刚等（2006）、张成锋等（2006）及李媛媛等（2012）分别的研究报道了日本沼虾、中国对虾、凡纳滨对虾和罗氏沼虾的卵巢和肝胰腺都具有卵黄蛋白原mRNA的表达，均具有合成卵黄蛋白的功能。综合来说，真虾类合成卵黄蛋白原的主要部位是肝胰腺，而对虾类合成卵黄蛋白原的主要部位是卵巢。Junera & Croisille（1980）和Meusy（1980）分别证实端足类和长臂虾的皮下脂肪同样是卵黄蛋白的合成器官。

图2-23以蟹类为例总结了卵巢发育的调控模式。

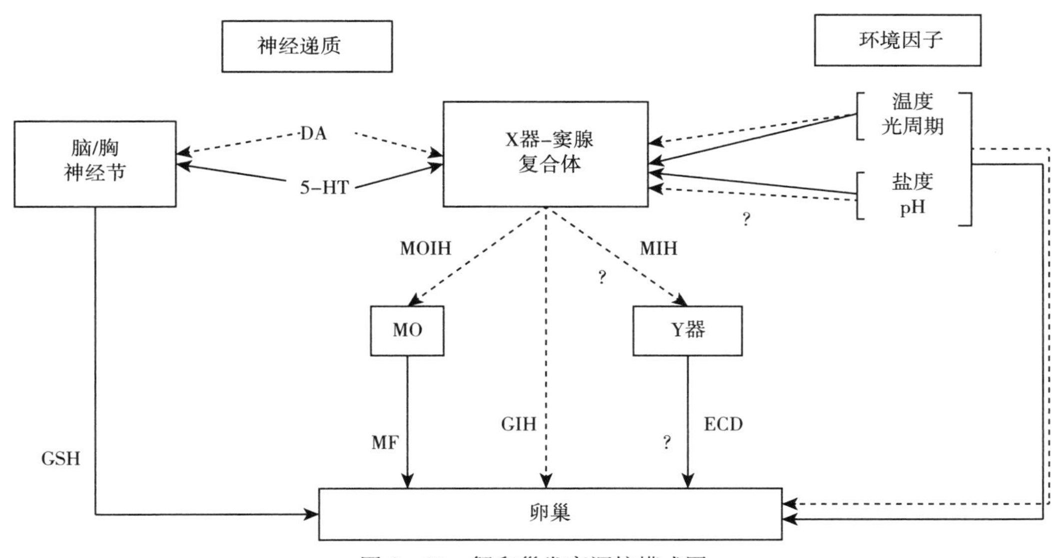

图 2-23　蟹卵巢发育调控模式图

DA. 多巴胺　5-HT. 5-羟色胺　GSH. 性腺刺激激素　GIH. 性腺抑制激素　MIH. 蜕壳抑制激素
MOIH. 大颚器抑制激素　ECD. 蜕壳类固醇激素　MF. 甲基法尼醇　MO. 大颚器
实线箭头代表促进作用，虚线代表抑制作用，双线箭头代表双向调节，? 表示作用方式有待进一步确认

虾蟹类生殖发育的调控需要神经肽、激素和神经递质等多种调节因子的参与，涉及生殖细胞周期调控和卵黄发生等多种复杂有序的生物学过程。神经肽的主要来源是甲壳动物 X 器官-窦腺（X-organ-sinus gland，XO-SG）复合体，脑和胸神经节。由其合成和分泌的 CHH 家族多肽在调节性腺发育的过程中起着关键作用。去除眼柄（eyestalk ablation，ESA）是刺激虾蟹类性腺成熟和排卵的常用方法，但 ESA 会导致卵子质量下降、孵化率降低等。MIH 是甲壳动物蜕壳和繁殖的关键调节因子，它可以同时参与抑制蜕壳和诱导卵巢成熟。MOIH 抑制 MO 合成 MF，MF 直接作用于肝胰腺和卵巢，从而调控性腺的发育。Meeratana et al.（2006）关于 5-HT 对罗氏沼虾卵巢发育影响的研究表明，5-HT 间接诱导卵巢发育和卵母细胞成熟。可见，5-HT 和 DA 在虾蟹类性腺发育和排卵的颉颃调控过程中起着关键的作用。

在生物进化的过程中，甲壳动物形成了较为完善的生殖调控系统，生殖相关激素水平会随外界环境变化做出相应改变，使甲壳动物在最佳的环境条件下生殖。环境因素如盐度、光照、温度在调节甲壳动物生理（包括生殖、蜕壳、摄食、行为和形态变化等）中起重要作用。

卵巢的发育和饲料中的营养物质关系密切。脂类是性腺的重要组成成分，对甲壳动物性腺发育起着至关重要的作用。有学者认为，甲壳动物卵巢中的脂类主要来源于肝胰腺，在卵巢快速发育时期，肝胰腺储存的脂类以脂蛋白的形式被迅速转移到性腺（Teshima et al.，1988）。饲料中脂类的含量，尤其是高不饱和脂肪酸的含量会影响到河蟹性腺的发育。Wu et al.（2007）研究报道，饲料中缺乏磷脂和高不饱和脂肪酸会显著抑制河蟹性腺的发育。不仅脂类的含量会影响到河蟹性腺的发育，饲料中脂肪源的种类同样会影响到河蟹性腺的发育。刘立鹤等（2007）研究报道，饲喂不同的脂肪源对中华绒螯蟹卵巢发育有显著的影响，饲喂鱼油和磷脂的河蟹性腺发育要显著好于花生油和猪油组。除了脂类，饲料中蛋白质含量也对河蟹性腺发育起着不可替代的作用。江洪波（2003）研究报道，饲料中高水平的蛋白质能够提高河蟹的性腺指数，有利于河蟹性腺的发育。

二、胚胎发育

甲壳动物个体发育的全部历程像一般动物一样，也分为胚胎时期与胚后时期两个阶段，这两个阶段的发育变化十分复杂。胚胎时期从受精卵初次卵裂，到幼形动物孵化，适应于独立生活为止。这一时期包括三个过程：卵裂、原肠胚形成以及中胚层发生。

（一）卵裂

甲壳动物受精卵像其他节肢动物一样，行典型的表面卵裂。但不少类群如鳃足类、介形类、桡足类、蔓足类、山虾类、磷虾类以及莹虾属等少数十足类的卵却行均等或不等的完全卵裂。十足目甲壳类动物的受精卵卵黄丰富，多数为表面卵裂，但在不同的种类中，也会发现过渡类型（堵南山，1993）。脊尾白虾的卵裂方式与日本沼虾、罗氏沼虾相类似，属于过渡类型。受精卵卵裂时，细胞核分裂与细胞质分裂发生时期以及分裂方向存在一定的差异。脊尾白虾受精卵在 8 细胞期之前只进行核裂，细胞质分裂不明显，在细胞表面观察不到分裂沟。部分受精卵的细胞质开始分裂并出现分裂沟时其细胞核已发生多次分裂。多数受精卵自十六细胞期开始，表现出螺旋卵裂的特征，即细胞核移至表面，发生表面卵裂。

完全卵裂是甲壳动物所保留的原始特征之一，这种多黄卵的完全卵裂既有大多数节肢动物表面卵裂的特点，也有环节动物完全卵裂的倾向。例如，蚤状溞（*Daphnia pulex* Leydig）的冬卵含有较多的卵黄，在卵裂过程中，一直要到 8 细胞初期方才出现细胞膜，在 64 细胞期，原生质分布于胚胎的四周，而卵黄居于中央；从 128 细胞期开始，中央的细胞界线消失，结果不形成桑葚胚，而成为这样的胚胎：中央为一团完整的卵黄，周围为一层薄的、有细胞核与细胞界线的原生质。不仅完全卵裂这一点甲壳动物近似于环节动物，同时甲壳动物的受精卵虽不像环节动物那样行明显的螺旋卵裂，但很多种类的受精卵从第二次卵裂开始，直到第七次卵裂为止，纺锤体一次向左斜，一次向右斜，相间出现，十分清晰。

枝角类、介形类、桡足类、蔓足类以及磷虾类中行完全卵裂的受精卵都像环节动物一样，早期就定型。溞属定型最早，卵未分裂时，未来胚胎的左右侧与前后端已经排定。

剑水溞属受精卵的定性在2细胞时期，这两个囊胚球各有不同的发育方向。

（二）原肠胚形成

甲壳动物除蔓足类外，几乎都以内陷方式形成原肠胚，内胚层细胞、中胚层细胞以及生殖细胞都陷入囊胚腔内。内陷时，裸腹溞属、剑水蚤属、山虾属、磷虾属以及莹虾属等的原肠胚形成颇深的原口（即胚孔），而大眼溞属与溞属等则无原口。仅莹虾属等绝少种类的原肠胚有真正的原肠腔，大部分甲壳动物均无。内胚层细胞以不与卵黄接触的内端部吸收卵黄，最后生长成锥形的巨大细胞，细胞核与细胞质移到外端部，而卵黄全部汇集在胚胎的中央部分。随后中央部分破裂，卵黄就从巨大细胞内逸出，进入原肠腔，将原肠腔填满。同时巨大细胞含有细胞核的外端部分就构成了肠壁。

蔓足类以外包方式形成原肠胚，此外还有个别种类则以移入方式形成原肠胚。但不论何种方式，最后胚胎都将卵黄封闭在原肠腔内。

（三）中胚层形成

甲壳动物幼体与成体二者中胚层的来源不同。山虾属、对虾属、半糠虾属以及多种十足类在无节幼体发育过程中，先在胚盘之后，一部分囊胚层细胞随着内胚层细胞与生殖细胞落入胚内，并向前移动，在外胚层之下排列成V形而不分节的成对中胚层带。无节幼体的这些中胚层随后都形成体腔囊。

成体大颚节之后诸体节的中胚层由肛门出芽生殖带逐渐形成，而非同时产生。肛门出芽生殖带又名肛前形成带，由一列横排的外胚层细胞与中胚层细胞组成，其中胚层细胞特称端细胞。端细胞的数目在甲壳动物中各属是一定的，山虾属、对虾属、新糠虾属、鼠妇属、海蟑螂属以及钩虾属等以8个为最常见。端细胞通过一次不等分裂，前一列直接在大颚节之后形成较小的子细胞，通过多次迅速分裂，形成第一小颚节的全部中胚层细胞；而后一列较大的子细胞则成为第二小颚节的端细胞，然后端细胞再进行不等分裂。这样自前而后，逐节形成中胚层。

三、生长发育

胚后时期是从幼体动物营独立生活开始，直到个体成熟为止。在甲壳动物中，胚后时期的发育往往称为幼体发育。这一时期内，甲壳动物幼体的变化因种而异。叶虾类以及囊甲类的受精卵孵出的幼形个体与成体十分相似，因此胚后发育无变态（ametabolous），而绝大多数甲壳动物的胚后发育都有变态（metamorphosis），有变态的幼形个体特称为幼体。变态包括失去纯属幼体的结构以及分化出成体所特有的器官。根据变化程度的大小，变态可分为两种类型：全节变态（epimorphosis）与增节变态（anamorphosis）。

全节变态：胚后发育为全节变态的甲壳动物仅限于少数贝甲类，几乎全部枝角类、介形类中的海萤科、山虾类中的山虾属以及少数十足类。这些种类的全部体节在卵内已经形成，孵化后不再新增体节。幼体孵化时，具备了终末体形，与成体已无多大区别，只可能缺少一些附肢而已，如多数囊甲类缺少最末一对胸肢，喇蛄属缺少尾肢等。这些幼体在胚后期以生长与形成生殖器官为主。全节变态在甲壳动物中可能是次生性的，往往和抱卵习性联系，这显然不同于昆虫。

增节变态：幼体孵化时，只有少数体节，通过胚胎后时期的发育，增加新的体节与附肢，以完成种所特有的体节数与附肢数。增节变态在甲壳动物中十分普遍。

甲壳动物的幼体都以末端芽殖的方式产生新的体节与附肢。无节幼体三对附肢所属的三个体节已完全愈合，后来通过肛前出芽生殖带的出芽生殖，在大颚节与尾节之间形成新的体节及其附肢，从第一小颚节开始，一节接着一节，相继产生，并且相互不再愈合。新体节的形成在全节变态的种类中是在卵内进行的，而增节变态的种类则在幼体孵化后方才产生新体节。但是增节变态的甲壳动物孵化的时间因种类不同有迟早，不少种类在卵内延长发育，较迟孵化，孵化出来的幼体已具备较多的体节。也就是说，这些种类在卵内度过了胚后发育的许多阶段，经历了与之相关的多次蜕壳。因此增节变态的种类从卵中孵化出来的不全是无节幼体，莹虾属与丰年虫属孵出的不少是后无节幼体。

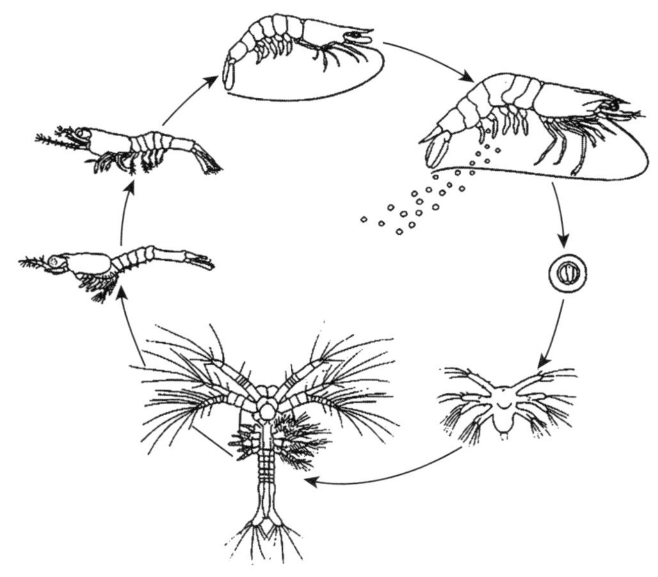

图 2-24　对虾生长发育模式图

（一）幼体类型

如上所述，甲壳动物的幼体在卵内度过的时间因种类不同存在差别，它们经历了不同的发育阶段，因此幼体孵化之际以及后续的发育中呈现出各种不同的类型。如十足目甲壳动物的胚后发育通常经历如下发育阶段：无节幼体→后无节幼体→前溞状幼体→溞状幼体→糠虾幼体或后溞状幼体→十足幼体等六种幼体期（堵南山，1987）。现将主要的几个发育阶段分述于下。

（1）*无节幼体*（nauplius）　是甲壳动物的典型幼体，出现于鳃足类、桡足类、介形类、蔓足类、糠虾类、磷虾类以及十足类等胚后发育中。这种幼体小，呈卵圆形或圆形，身体由于其三对附肢所属的三个体节完全愈合而不分节。有三对附肢，即两对触角与一对大颚；大部分背甲类无节幼体的第一触角很短，退化严重；无复眼，有一单眼；身体末端有二根尾叉刚毛（furca-bristle）。无节幼体是永久性浮游生物，浮游时，一跳一停，背面大多向下。可长时间浮游生活，借水的流动而扩大种的分布。但在漫长的浮游生活期间，必须获得足够的蛋白质，大多数种类的无节幼体前两龄都借贮藏在体内的卵黄营养，从第三龄开始，方才滤取食物，食物主要为微细的藻类与原生动物等。藤壶的无节幼体只摄取直径在 4～6 μm 的硅藻、绿藻以及原生动物，哲水蚤属与镖水蚤属的第三龄无节幼体摄食长达 20 μm 的藻类，而绝不以直径为 2～4 μm 的小型鞭毛藻为食。用放射性元素^{32}P 作标记的硅藻与鞭毛藻作为食物，测出哲水蚤属第三龄无节幼体在 24 h 内滤水最多 1 cm^3，而第三龄桡足幼体在同等长的时间内就能滤水 9 cm^3。

（2）*后无节幼体*　由卵子直接孵出或由无节幼体经过一次或几次蜕壳形成。由无节幼体蜕壳一次变成的后无节幼体，有的学者称之为第二龄无节幼体。这种幼体除 2 对触角与 1 对大颚外，已出现 2 对小颚以及 1 或 2 对颚足，但这几对附肢都小，还不起作用。身体已开始长出一些体节，末端有 2 个尾叉突起。后无节幼体也是永久性浮游生物，生活习性与无节幼体相同。

（3）*溞状幼体*　由大部分十足类的受精卵直接孵出。胸部特别短，且只一部分分节，背面全部与一块大的头胸甲愈合；在异尾类与短尾类中，头胸甲有特别长的刺状突起，称为头胸甲刺。头胸甲刺的生物学意义在于：①有负的向地性；②减少身体下沉的速度；③有保护作用；④静止或运动时，保持身体的方位。溞状幼体的腹部很长，分节。前 2 对或 3 对颚足双枝型，为运动器官。复眼在第一龄期内无柄，随后方才出现眼柄。肌肉以及内脏颇似成体。营浮游生活，大部分游泳十足类的溞状幼体专门用双枝型胸肢游泳。游泳时，身体伸直，背面向下。短尾类的溞状幼体头胸甲大而厚，以身体后部向腹面弯曲的另一种方式游泳。在实验室内，铠甲虾属的溞状幼体在 17 ℃下，向上或向下游泳 1 m 距离需 45～56 s；而瓷蟹属具有特长突起的溞状幼体却需 65～92 s。短尾类的溞状幼体必须不停地摆动胸肢，才能使身体不至于下沉，但不少种类幼体本身的阻力已足以使其在水中悬浮而不下沉。溞状幼体白天有垂直移动的现象。对光线敏感性很强，向光游泳，在实验室改变光源的位置，就会相应地转换游泳方向。在自然中，向水的表面运动。摄食只在小长臂虾属的溞状幼体中研究过，这一属的溞状幼体不以滤食方式获得食物，也不以单细胞藻类为食，而用颚足捕捉其他甲壳动物的无节幼体等浮游动物，并用大、小颚将其弄碎。

（4）伪溞状幼体　为虾蛄属等受精卵直接孵出的幼体。胸部全部分节，但只前两胸节有附肢；第二对已特化成抓握足。腹部也完全分节，每节有一对双枝型附肢。

（5）前溞状幼体　在对虾科中前溞状幼体由无节幼体发育而成，少数种类则由受精卵直接孵出。幼体胸节已全部形成；由第二小颚节发出的头胸甲覆盖一部分胸节。腹部不分节，无附肢。尾节末端有尾叉。除两对触角外，由前两对胸肢形成的双枝型颚足也用来游泳。游泳时，水平向前，背面常向下。大颚已非双枝型，只用来摄食。第三对胸肢虽已出现，但尚未发达。复眼隐伏于头胸甲之下。蜕壳一次，成为第二龄前溞状幼体，头胸甲前端部变狭，形成额剑刺，腹部已分为 5 节，复眼也已显现，位于眼柄上。再蜕壳一次，成为第三龄前溞状幼体，其余各对胸肢原基虽已出现，但起作用的仅前 2 对胸肢与 1 对尾肢而已。接着又通过数次蜕壳，全部附肢原基形成，前溞状幼体就变成糠虾形幼体。

（6）后溞状幼体　只见少数异尾类与短尾类，多由溞状幼体发育而成；也可由受精卵直接孵出。幼体胸部已有单枝型步足，并出现 1～5 对腹肢。

（7）异型溞状幼体　由少数十足类的受精卵直接孵出。虽近似溞状幼体，但胸部已完全发育，且有多对双枝型胸肢用来游泳。头胸甲游离，不与胸部背面愈合。腹部较胸部短，不分节，无附肢。复眼无眼柄。

（8）盖眼幼体　见于磷虾类，基本上是一种异型溞状幼体。由后无节幼体发育而成，少数种类由卵直接孵出。这种幼体胸部与腹部比较，前者显得特别短，明显分节。从第二小颚节发出的头胸甲游离于胸部背面，覆盖复眼。两对小颚与第一对胸肢虽然已形成，但仅两对触角起运动作用。发育到第二龄，前 5 个腹节出现；到第三龄，腹部已分 6 节，并形成 5 对腹肢与 1 对尾肢，同时后 7 对胸肢也已产生。

（9）腺介幼体　见于蔓足类中，由无节幼体发育而成，身体及其附肢都包被于壳瓣内。无第二触角，胸部有 6 对单枝型附肢，用来游泳。腹部虽已形成，但不显著。

（10）糠虾形幼体　在游泳十足类以及一部分爬行十足类中，由溞状幼体发育而成，以代替后溞状幼体。在海喇蛄属等少数种类中，则由受精卵直接孵出。这种幼体有额剑与眼柄。在颚足之后，已出现其余各对胸肢；胸肢双枝型。不久，又形成 5 对腹肢原基。

（11）末期幼体　为甲壳动物最末一期的幼体，通常由各期幼体发育而成，但喇蛄属等少数种类却由受精卵直接孵出。这种幼体具备全部体节与附肢，已获得所属目的典型特征，通过一次蜕壳，外形就像成体一样。

（二）变态与蜕壳

在甲壳动物胚后发育的过程中，前后相继要经过几个幼体期。从一个幼体期变成另一个幼体期，必须蜕壳一次，同时各期幼体本身又需通过几次蜕壳，蜕壳的次数因属或种的不同而异。蜕壳一次，幼体就增加一龄。由卵中孵出而尚未蜕壳的幼体称为第一龄幼体；幼体蜕壳一次后，称为第二龄幼体，依次类推，最后一个幼龄称为终末幼体。蜕壳前后幼体主要在外部形态上发生显著的变化，而内部器官大多变化不大。

一小部分甲壳动物，包括多数寄生种类以及蜘蛛蟹总科的其余所有属，像昆虫一样，只在胚后发育时期蜕壳，即幼体阶段蜕壳，成熟以后，不再蜕壳。大部分甲壳动物不仅幼体阶段，成熟以后，也仍继续蜕壳，这和昆虫显然不同。这些成体仍能蜕壳的甲壳动物可分为两类：一类一生中蜕壳次数恒定，个体大小也相差不大，如枝角类、多数囊甲类以及全部短额蟹属；另一类蜕壳次数无限，一直到个体死亡为止，因此个体大小悬殊，出现巨型生长的现象。如海喇蛄属、普通黄道蟹（*Cancer pagurus*）、多数游泳十足类以及茗荷属等多数蔓足类。

关于甲壳动物的蜕壳生理，到目前为止只限于在十足类中有过比较详细的研究。在蜕壳前期，旧壳未开裂时，就开始溶解。不仅溶解内角膜的几丁质，也溶解其他各层的钙质与有机物质。溶解作用十分剧烈，例如螯蟹属溶解掉的物质占其甲壳正常总重的1/4，使甲壳钙质含量下降1/3。旧壳溶解之际，血液中血钙的含量急剧上升，这说明一部分由旧壳溶解出来的钙质已被血液吸收。在旧壳溶解前，新壳已经形成于旧壳之下。新壳较旧壳宽，全部呈瓦棱状皱褶。当旧壳脱下时，动物由于血液吸收大量水分而产生很大的内部膨胀力，以致褶皱的新壳逐渐伸展而平直。一只重100 g的合团蜘蛛蟹含有血液8.7 cm^3，蜕壳后立即称重，由于吸收了大量水分体重增加为207 g，血液则增为82 cm^3，血淋巴高度稀释，而血细胞并不显著增加。新壳最初薄而软，经过一段时间，逐渐增厚变硬，如螯虾属，大约需3周。这时血液中血糖含量显著提高，那是中肠腺的肝糖进入血液中所引起的；肝糖似乎是形成新壳所需的几丁质的原料。此外，钙质也是形成新壳的重要物质，血钙含量在这时也显著增加。这些用来形成新壳的钙质来源于外界的水，主要通过鳃的吸收。

甲壳动物幼体与成体二者的蜕壳都受蜕壳激素以及与之对抗的抑制激素的控制。在爬行亚目十足类中，蜕壳素由Y器产生。除去普通滨蟹（*Carcinus maenas*）中稚龄个体的Y器，一年内就不再蜕壳，反之，将稚龄个体Y器的抽出物注入最末一次蜕壳的老年个体内，在一个月中就发生了一次额外的蜕壳。Y器显然有促进蜕壳的作用。

蜕壳的抑制激素由X器分泌，而贮藏于与之联系的血窦腺中。将普通滨蟹大小已达到最后限度而不再蜕壳的个体，切去一对内有X器与血窦腺的眼柄，它就立即进入蜕壳前期，旧壳开始变化，血钙含量上升，最后蜕壳。在一年内可持续蜕壳3次，以致形成“巨型蟹”，头胸甲宽可达132 mm，而正常的个体只有86 mm。如果注入血窦腺的抽出物，这种额外的蜕壳也就停止。除去一种长臂虾（Palaemonidae）的X器以及与之联系的血窦腺，后续的一次蜕壳立即发生，但如果只除去血窦腺，并不会导致蜕壳的立即发生，因为血窦腺只是贮藏抑制激素的器官。除去一对眼柄，那自然也会立即蜕壳，但如果植入X器以及血窦腺，蜕壳就延缓。上述一系列实验都可证明X器与血窦腺对蜕壳的抑制作用。

（三）外界环境对生长发育的影响

长江口是由长江入海时形成的河口，位于东海和黄海的分界处，是我国最大的河口。长江口特殊的地理位置和环境条件为此处甲壳动物的生长繁衍提供了极佳的物质条件，是甲壳动物产卵、索饵、栖息和繁衍的良好场所。但长江口及邻近海域的环境因子也会影响甲壳动物的生长发育，如温度和盐度。

温度是影响甲壳动物繁殖和生长发育的重要环境因子之一。温度不仅与胚胎发育速率密切相关，而且对幼体孵化率有着显著影响。抱卵繁殖的甲壳动物，主要依靠自身卵黄来为胚胎发育提供营养，这期间温度对其发育有很大的影响。在适温范围内，温度越高，虾蟹类幼体发育的速率越快，生长速度亦相应加快。但当温度的影响超过动物自身的调节能力时，如高于适温时其代谢强度加大，能量无法积累或已经积累的能量被消耗，或者低于适温时其代谢活动降低，又都会导致生长速率减慢。研究发现，水温与中华原钩虾（*Eogammarus sinensis* Ren，1992）的生长有着密切的关系，水温会影响钩虾幼体的发育速度（薛素燕 等，2012）。

长江口南、北支径流量分配不均，盐度大小不一，北支到南支径流量由小变大，盐度由高到低，而且在河口处时空变化较为剧烈，甲壳类动物则通过渗透压调节以适应河口环境的盐度变化，不同的甲壳动物种类有不同的盐度最适范围，如日本鼓虾（*Alpheus japonicus*）、狭颚绒螯蟹（*Eriocheir leptognathus*）等均为广盐性动物，适应能力较强，分布范围广泛。而中华绒螯蟹成体生长在淡水中，幼体则生长于咸水中。盐度是影响甲壳动物蜕壳和生长的一个重要因子，有研究表明，一定范围内的盐度波动，可以缩短甲壳动物的蜕壳周期，并且能够增加摄食量以及生长率（丁森 等，2008；穆迎春 等，2005）。但也有一些研究表明，虾类在适宜的盐度下，等渗压调节耗能少，生长速度和能量转换效率更高；当盐度高于或低于这一盐度时，虾类则需消化自身存储的能量，以适应外界盐度的变化（王清印，2010）。

四、繁殖习性

长江口是水生动物的天然良好产卵繁殖场。长江口有不同盐度的水体，滩涂湿地广阔，水深适中，水草丰富，生境多样，是极佳的产卵繁殖场所，吸引着海水和淡水动物经长距离洄游来此繁殖。其中也有多种甲壳动物，例如，中华绒螯蟹便从河道内洄游入长江口海域进行生殖活动。这些甲壳动物的繁殖方式及繁殖习性也多种多样。

（一）十足目的繁殖

十足目大多种类有抱卵习性。十足目的生殖全过程清楚地可分为前后连续的四个不同阶段，即交配（pairing/mating）、排卵（spawning）、抱卵（berry/breeding）以及孵化（hatch）。在自然界十足目的雌雄性比约为 1∶1，雌雄个体的第二性征十分明显。雌雄个体成熟以后，就开始交配。达到性成熟时间的长短因种类不同而异，螯虾属有些个体半年就成熟，河蟹性成熟需 1 年半以上，普通黄道蟹需 4 年。交配季节大多在春季或秋季。

交配前雄体寻求雌体，雌体通常在交配前都要蜕壳一次。真虾总科、龙虾总科（Palinuroidea）以及鞘虾总科（Eryonoidea）交配时雄体直接将精荚注射在雌体头胸部的腹甲表面。例如长臂虾属交配时，雄体首先抓住雌体背面，二者合抱在一起游泳一段时间以后，雄体就转到雌体腹面，排出精荚于雌体头胸部的腹甲上。在短尾部中，滨蟹属与黄道蟹属等大多数种类交配常紧接雌体蜕壳后进行，交配时，雌、雄个体腹面对着腹面，雄体将管状的第一对腹肢左右同时插入雌体的生殖孔内，第二腹肢则像注射器那样，在第一腹肢内抽动，将精荚注入雌体生殖道内。河蟹的交配像其他短尾部一样，但河蟹常在雌雄都硬壳时交配，因此在交配场所见不到有软壳的雌蟹或雄蟹。雄蟹生殖孔上的膜质管状突起虽然称为阴茎，但交配时并不直接与雌蟹生殖孔接触，它只将精荚射入第一腹肢的管道内，再借伸入在第一附肢管道内细小的第二附肢，像注射器那样将精荚射入雌蟹生殖孔内。精荚由雌蟹生殖孔再进入受精囊，不久就破裂，释出精子，排卵时再与卵会合。由于交配时两性身体间并没有什么内部连接，因此交配完毕后，雌雄河蟹很快分开。雌蟹在生殖孔上出现一种胶状物质，通常认为是用来封闭生殖孔的。雌、雄蟹的大小对交配有十分重要的关系，雄蟹要稍大于雌蟹，大小相差过远往往不能交配。

关于十足目的配偶生涯所知很少，蟹类一般一生只交配一次，但雌体能多次受精，多次排卵。例如黄道蟹属的精子在雌体受精囊中能生活很长时间，数年以后，仍具备受精能力。相手蟹（*Sesarma*）交配一次，雌体至少可受精 5 次，精子能维持生命力达 3 年之久。交配以后，雌体就接着排卵。交配与排卵相隔几天至几个月。十足目除对虾科的受精卵直接散落在水中，其余所有种类的雌体都用腹肢抱卵，受精卵固着在腹肢的刚毛上，直到孵化。在抱卵期间，十足目雌体以各种不同的方式保护受精卵。在抱卵期间，母体往往躲藏起来，河蟹的抱卵母蟹就钻入海底泥沙内。游泳亚目以及爬行亚目的长尾部在抱卵期间，母体腹肢不停而有节律地拨动，使受精卵可获得足够的氧气。幼体孵出以后，通常就离开母体而营独立生活。

1. 长江口蟹类的繁殖

长江口是中华绒螯蟹最大产卵繁殖场。中华绒螯蟹平时分散生活在淡水的江河湖泊中，在淡水中生长 16～18 个月，成体在秋冬之交洄游至长江口咸淡水交汇处交配繁殖，这就是中华绒螯蟹生活史中的生殖洄游。中华绒螯蟹生殖洄游前，个体较小，背甲土黄色。每年 8—9 月，“黄蟹”完成生命过程中的最后一次蜕壳后，即进入成蟹阶段，此时背甲呈青绿色，标志着中华绒螯蟹已进入性成熟期。体长一般在 4.0 cm 以上的成熟个体就爬到河口区域。河蟹从开始下迁，一直到抵达产卵场，需要几个月时间。长江口河蟹的产卵场，也就是亲蟹大量集中交配、产卵、抱卵与孵化的场所，位于崇明岛与横沙岛以东的河口浅海以及长江北航道黄瓜沙一带。在长江流域，中华绒螯蟹繁殖区的盐度为18～26，水温为5～10 ℃，时间在当年12月至翌年3月。水温8 ℃以上，性成熟的雌雄河蟹只要一同进入盐度0.8～33的海水环境中，均能顺利交配。交配时雄蟹以螯足钳住雌蟹步足，并将交接器的末端对准雌孔，将精液输入雌蟹的纳精囊内。整个交配过程历时数分钟至1 h。雌蟹一般在交配后7～16 h内产卵。受精卵附着在雌蟹腹肢的刚毛上。雌蟹通过腹部附肢不断运动，让排出的卵黏附在附肢内侧刚毛上，呈葡萄状。产卵过程中，如遇干扰，雌蟹产卵停止。在淡水中华绒螯蟹偶尔也能交配，但不会产卵。

中华绒螯蟹繁殖力强，一年可多次抱卵，一般体重100～200 g个体，怀卵量可达30万～50万粒，甚至超过百万粒。卵巢中的卵细胞是分批发育成熟，当雌蟹第一次产卵后，伴随着腹肢上受精胚胎发育和幼体孵化，体内萎缩的卵巢又开始重新发育和成熟，并能再次产卵。雌蟹抱卵量与个体大小、产卵次数相关。一般大规格个体怀卵量大，初次抱卵量较第二次大。在水温10～17 ℃情况下，受精卵经30～60 d后孵化出溞状幼体。

三疣梭子蟹（*Portunus trituberculatus*）除两性成熟的个体交配外，尚未完全发育成熟的雌体有时也可接受交配。每年4—5月，雌蟹洄游，聚集于近岸浅海港湾或河口附近繁殖，产出的受精卵抱在腹部的腹肢上，每只雌蟹繁殖季节能产2～3次卵，总数几万至200多万粒，刚产出的卵为黄色，约2周后变为黑褐色。孵化为溞状幼体，营浮游生活，共5期，第5期蜕壳后进入大眼幼体期，再经1次蜕壳即成为幼蟹，由小至大经过20多次蜕壳。一般寿命约3年。三疣梭子蟹3月末蟹群游向浅水区产卵，怀卵蟹最大个体达750 g，4月中、下旬为产卵盛期，从幼蟹期到成熟期，一般需3年。近岸产卵场雌蟹占80%以上，外海则雄蟹较多，主要渔期在4月。

无齿螳臂相手蟹（*Chiromantes dehaani*）生殖群体壳宽主要分布在30～40 mm，体重主要分布在15～25 g。交配季节在10月，输精管在10月发育迅速，重量出现高峰，纳精囊随着交配活动传输，精荚重量也随之上升。产卵季节在5月，怀卵量和壳宽呈线性关系。雌、雄蟹能量储存和利用有着相同的变化趋势，在产卵和交配季节肝胰腺出现峰值，但雄蟹的能量投入大于雌蟹。成熟阶段肝胰腺重量随着壳宽的增大而增大，但肝体指数相关性不大。输精管和卵巢发育随着肝胰腺呈对数增长。在周年中反映无齿螳臂相手蟹群体繁殖和生长状况的两个条件指数基本处于平衡，雄蟹略大于雌蟹。

细点圆趾蟹是1980年长江口无脊椎动物优势度最高的种类，属于外侧高盐海水类型，是与三疣梭子蟹混栖的暖水性蟹种，每年5—6月为繁殖盛期。

2. 长江口虾类的繁殖

长江口虾类资源相当丰富。常见的虾类有安氏白虾（*Exopalaemon annandalei*）、脊尾白虾、日本沼虾三种。

长江口是日本沼虾较为理想的栖息场所和繁殖基地，日本沼虾繁殖时期较长，每年可从 4 月持续到 10 月。雌性日本沼虾在 6 月多处于发育Ⅱ期，其中一半左右的雌虾都是抱卵虾；7 月时多处于 3～4 期，仍可看到部分抱卵群体，说明这 2 个月是一个新老交替的阶段；8 月虾体平均较小，为当年新虾，越冬虾基本上已经没有。长江口日本沼虾在繁殖高峰期的抱卵数的平均值为 4 977 颗。雌性日本沼虾的生殖力随着头胸甲长的增加而递增。

白虾为抱卵型虾类，受精卵附着在雌体的腹肢上抱卵孵化，白虾抱卵期在 4 月下旬到 8 月上旬，其中脊尾白虾可延续到 10 月。安氏白虾自 4 月开始，就可以采到抱卵个体，怀卵虾占捕获虾的 3%；11 月的抱卵虾不足 5%，在种群内有大量的幼虾。雌虾可以连续产卵，但以 5 月中旬到 6 月中旬为产卵盛期。受精卵最适孵化水温为 26～28 ℃，约 1 周发育成幼虾。超过 34 ℃或低于 10 ℃停止发育或死亡。

凡纳滨对虾，其生殖习性与中国对虾、斑节对虾、日本对虾差异很大。前者属纳精囊开放式种类，雌雄交配在雌虾卵巢发育成熟后才进行，在整个生殖季节，雌雄虾会多次蜕壳，伴随着蜕壳，亲虾体长也在不断地增长。而后者在雌虾完成生殖蜕壳、卵巢尚未发育时即行交配，以后雌虾一般不再蜕壳，体长也不再增长。

虾类的怀卵量因种而异，与个体大小及卵粒的大小关系密切。对虾类成虾个体较大，且卵粒较小，怀卵量大；而螯虾类虽然成虾个体也较大，但其卵粒较大，与对虾类相比怀卵量则少很多；长臂虾类，卵粒大小适中，但成虾个体较小，故其怀卵量也较少。体长 14 cm 的凡纳滨对虾雌虾怀卵量在 10 万～15 万粒（张伟权，1990），楼丹（1990）研究表明，中国对虾（*Fenneropenaeus chinensis*）怀卵量在 30 万～200 万粒，相对生殖力为 5 000～25 000 粒/g，怀卵量与体长、体重呈直线正相关关系。螯虾类的怀卵量较少，多数在 1 000 粒以下（王福刚 等，1995；刘其根 等，2008）。长臂虾类多数具有抱卵习性，所产的卵抱附在腹肢上，怀卵量较小。刘凯 等（2009）对太湖地区秀丽白虾（*Exopalaemon modestus*）抱卵群体生物学特征进行了研究，发现其绝对怀卵量为 95～389 粒；日本沼虾绝对怀卵量在 635～2 146 粒（颜慧 等，2011）；李明云等（1994）报道，池养脊尾白虾个体绝对怀卵量为 1 500～2 000 粒，个体相对怀卵量范围为 310.53～767.93 粒/g。卢敬让等（1994）对长江口地区脊尾白虾生物学特征进行了研究，发现其全年平均怀卵量可达 1 124 粒/尾，怀卵量在 440～6 000 粒/尾。而陈卫平（2005）研究发现，脊尾白虾个体相对怀卵量范围为 428.57～702.70 粒/g，绝对抱卵量与体长、体重之间呈直线关系。

（二）枝角类的生殖方式

枝角类有孤雌生殖（单性生殖）和两性生殖两种不同的方式，并随环境条件的变化，有规律地相互交替。在温暖的季节里，外界条件比较适宜，枝角类就进行孤雌生殖，产孤雌生殖卵或夏卵。夏卵不需要受精就能发育，因此又称非需精卵。夏卵从输卵管排出后，在孵育囊内迅速发育，孵出幼溞。幼溞离开母体后，母体随即蜕壳，而另一胎夏卵又接着排入孵育囊中。许多种类每胎能产卵多粒，卵的数量称为生殖量，其高低因种类而异，一般大型种类有较高的生殖量，体型越小，生殖量也就越低。对同一种类来说，生殖量的变化除与产卵个体大小、龄期有关外，还受食物、水温、种群丰度、溶解氧等环境因子的影响，因此生殖量会有季节变化现象，由夏卵孵出的幼溞，除最末一代外，几乎全是雌性的。

在环境条件恶化时，枝角类孤雌生殖的最末一代不仅有雌体，而且还出现雄体，雌雄交配进行两性生殖。雄体小，常利用其具备粗钩与长鞭的第一胸肢和第一触角的长刚毛攀附在雌体身上。雌雄体腹面对着腹面交配，雄体将后腹部伸入雌体壳瓣内，射精于孵育囊中，受精在输卵管或孵育囊中进行。雌体所产生的两性生殖卵称为冬卵，产卵前，母体并不脱壳。冬卵必须经受精，才能发育，因此又称需精卵。冬卵的体积比夏卵大，每胎只产 1～2 个，卵数恒定不变。在孵育囊内，受精的冬卵不立即孵出幼溞，而在两天内发育到囊胚阶段，就离开母体。冬卵在外界要经过一段滞育期，因此又称滞育卵，习惯上叫作休眠卵。滞育期在夏季持续几天或几周，在秋冬两季则持续几个月，直到环境改善以后，再继续发育，孵出幼溞。这些由冬卵孵出的幼溞都是雌性的，长大以后，就成了下一个周期的新一代孤雌生殖的雌体。冬卵的卵膜特别厚，许多种类的卵膜外还有卵鞍，有些种类（象鼻溞科、粗毛溞科、盘肠溞科的种类）的卵鞍由母溞壳瓣的全部或一大部分参与形成，卵鞍内部往往充填疏松组织，借以固着冬卵，防止其脱落，称为原始卵鞍；有些种类（裸腹溞科、溞科的种类）的卵鞍仅由母溞背侧后端的一小部分壳瓣参与形成，较小，状似马鞍，跨于母体壳瓣的背侧。这类卵鞍分内外两层，外层由多数棱柱形小室构成，小室内充满气体，外层的背缘形成具有弹性的背索，可使卵鞍闭合，内外层之间还支架着许多角质小柱。无卵鞍的受精冬卵脱离母体后，立即散落水中，具鞍卵的冬卵则在母体脱壳时，与壳瓣一同脱出。脱出的卵鞍以及其中的冬卵一般漂浮在水面，群集于水域的近岸部分，少数种类的卵鞍沉在水底。冬卵能抵抗寒冷与干旱等不良的外界环境，在泥土中干燥达 20 年以上的冬卵仍能孵出幼溞，同时，冬卵通过水鸟的吞食与排出，能扩大种的分布范围。冬卵及其卵鞍还能借由母溞壳瓣腹缘或背缘变成的钩或刺等附着在水鸟等动物的羽毛上，也有助于种的扩布。因此，冬卵对于种的延续和分布区域的扩散具有重要的意义。

从冬卵孵出幼溞，到新的冬卵形成为止，这一全过程称为一个生殖周期或发育周期。根据一年内能产生几个生殖周期，枝角类可分为单周期、双周期、多周期与大周期四大类。海洋以及中纬度地带的大型淡水水域中分布的枝角类通常为单周期类，因这些水域除在秋末冬初水温急剧下降时外，在其他时节外界因子都比较稳定，所以每年只有一个生殖周期。虱形大眼溞是典型的双周期种类，一年有两个生殖周期，在春末夏初以及秋季各出现两性世代。溞属与裸腹溞属的有些种生活在池塘与间歇性水域中，是多周期种类。这些小型水域的环境因子多变。第一代雌体产生后，经过少数几代孤雌生殖，就在春季形成第一周期的冬卵。不久，第一周期的冬卵孵出雌体，再进行孤雌生殖。这样，每个周期的单性世代减少，周期缩短，每年就出现了许多个生殖周期。

（三）其他甲壳生物的繁殖方式

无柄类（包括藤壶）绝大多数虽然雌雄同体，但异体交配。在雌雄同体的种类中，雌雄两种性腺往往同时成熟，营固着生活，雌雄同体而具有备雄的种类是借备雄进行交配的，这种备雄着生在两性体头状部内靠近外套孔而由外套膜形成的独特囊袋中。雌雄异体的种类则通过矮雄交配，矮雄着生在雌体外套膜内面靠近外套孔边缘处。卵子在交配囊中同龄一段时间，由交配囊壁分泌黏液，形成一膜，将其包裹在内，成为卵囊，然后再进入外套腔中。卵囊扁平，呈片状，位于身体左右两侧。有柄类的卵囊黏附在外套膜内壁突起所形成的系卵带上，无柄类的卵囊则借外套膜内面的小钩而固着。卵囊内的卵数因种类、个体大小以及卵子本身大小不同而异。卵囊内的卵子要在精子进入外套腔后 3～4 d，甚至长达 8 d 方才成熟。精子成熟后穿过卵囊膜上的多数细孔，进入囊内与卵子会合。卵在外套腔内受精以后，就进行不等完全卵裂，形成囊胚。囊胚内无囊胚腔，通过外包方式，形成原肠胚。中胚层与内外胚层同时产生。胚胎发育到无节幼体，方才孵化。无柄类及茗荷科的无节幼体孵出以后，就离开亲体营独立的浮游生活，而其他有柄类的无节幼体孵出后却仍留在亲体外套腔内，发育成腺介幼虫后才离开亲体。

桡足亚纲大多雌雄异体异形，少数寄生种类为雌雄同体。一般进行两性生殖，少数营孤雌生殖。寄生种类雄体极小，常附着于雌体生殖器官附近。交配时，一般自雄体生殖孔排出的精荚，固着在雌体交配孔的两侧。随后，精子从精荚逸出，进入雌体受精囊，循受精管逐渐到达输卵管的末端部分，如无受精囊，则直接进入输卵管末端。卵受精后，大多数种类的雌体有抱卵的习性，也有一些种类通过排卵孔排出体外。多数抱卵种类的雌体，输卵管后部的腺细胞或独特的黏液腺分泌的黏质将排出的卵黏合成团，并有薄膜包着，形成卵囊，黏着在生殖节上。卵囊数目随种类而异，1～20 个不等，一般为 2 个。卵囊内的卵数 1～2 000 个不等，一般为数十个。寄生种类的卵多，卵囊可比雌体本身长，甚至因太长而缠绕成团。从卵中孵出无节幼体，无节幼体共有 5 或 6 个龄期，后来发育成为桡足幼体，桡足幼体有 5 个龄期，再由桡足幼体发育为成体。

介形类通常行两性生殖。雌雄交配时，雄体将阴茎伸入雌体后半部的左、右壳瓣间，并直达雌性生殖孔。介形类中也有一些种类行孤雌生殖，如达尔文介虫科多行孤雌生殖；腺状介虫科中有一些种类既行孤雌生殖，也行两性生殖，并且二者像枝角类一样，也有交替的现象。从雌体生殖孔产出的卵子首先到达躯干后部的背面与壳瓣之前的空腔中，随后大部分种类就很快地排出体外。排出的卵或零散地固着在水底与水生植物上，或每胎卵子黏集成卵块，像一个扁平的糕饼，黏附在石头与水生植物等表面。但介形类中的海萤科、浪花介虫科以及达尔文介虫科雌体产出的卵不立即排出体外，而滞留在壳瓣内继续发育，直至孵化。史氏达尔文介虫一直发育到第三龄幼体，海萤科甚至发育到幼体已长出全部附肢，几乎达到了最末形态阶段才排出体外。

鳃尾亚纲内物种，雌雄异体，交配多在宿主鱼的体表进行。交配后，雌体内的卵要经过3周方才受精。卵受精后，随即排出体外。在排卵前，雌体脱离宿主，在水中游泳数小时，随后附着在水生植物的根茎以及石块、木桩、软体动物的贝壳等坚硬而光滑的物体上产卵。卵具厚壳，卵的排列形式因种类而异，常常排成九行，借输卵管分泌的黏液固着在上述各种物体的表面，但不形成卵囊。排卵的多少与雌体吸收的养料以及所处的外界条件有关。受精卵发育的速度随着外界温度而不同。不形成卵囊，淡水种类通常产卵于池塘中的石块、竹竿、木桩、蚌壳和水生植物茎上。在30 ℃水温时，卵粒经10～14 d孵出幼体；降到15 ℃水温时，要40～50 d孵出。刚孵出的第1期幼体的背甲呈提琴形。幼体一经孵出，立即寻找鱼体寄生，在平均水温23.3 ℃时，如在48 h内找不到宿主，即行死亡。幼体的身体随蜕壳而逐渐长大。

第四节　甲壳动物分类

甲壳动物是节肢动物门内形态结构和栖息环境差异、多样性最高的动物类群（刘瑞玉，2003）。目前有学者估计甲壳动物可能达52 000种（Monod & Laubier，1996），但有专家认为该预估值应比实际值低（Martin & Davis，2001）。由于在甲壳动物中，许多虾蟹类都是渔业捕捞和养殖的对象，浮游甲壳动物在水域环境的食物链（网）中扮演着十分重要的角色，因此无脊椎动物中甲壳动物的研究相对较多。但甲壳动物各类群由于栖居环境差异导致的形态特化现象十分普遍，因此甲壳动物的系统分类问题始终争议不断（Martin & Davis，2001）。近年来，由于分子生物学技术在动物系统分类学研究中的不断深入，有关甲壳动物与六足类动物为单系群——“泛甲壳动物”的观点得到了越来越多的支持（尹文英，2003），这使得原来并不明了的甲壳动物分类问题更加复杂化。由于“泛甲壳动物”概念仍存争议，本书对此不作讨论。

目前，在我国影响最广泛的仍是已故甲壳动物学家堵南山1993年所著的《甲壳动物学》，该书中甲壳动物的分类系统主要基于Chace（1962）和椎野季雄（1965）等的分类系统，把甲壳动物分为6亚纲。但近几十年来，国外许多学者已对甲壳动物的分类系统进行了多次修正，譬如在国际上影响最为广泛的Bowman & Abele（1982）分类系统，及Martin & Davis（2001）分类系统等。其中Martin & Davis（2001）分类系统是在

Bowman & Abele（1982）分类系统基础上提出的。我国甲壳动物前辈刘瑞玉（2003）曾特意将 Martin & Davis（2001）分类系统介绍给国内从事科研和教学工作的同行。但遗憾的是，刘瑞玉（2003）在介绍该分类系统时，借鉴了 Brusca（2002）的观点，对介形类（Ostracoda）的地位进行了调整，将介形类置于颚足纲（Maxillopoda）中。但本书作者基于对介形类动物多年的研究（禹娜，2014），并结合目前已有报道，仍支持 Martin & Davis（2001）将介形类作为甲壳动物中独立分类单元的观点。本书甲壳动物的中文译名主要依据刘瑞玉（2003），部分重复略有修改（表 2-1）。

表 2-1　甲壳动物分类系统

（Martin & Davis，2001；刘瑞玉，2003）

甲壳动物亚门 Subphylum Crustacea Brunnich，1772	
鳃足纲 Class Branchiopoda Latreille，1817	
萨甲亚纲 Subclass Sarcostraca Tasch，1969	
无甲目 Order Anostraea Sars，1867	
叶足亚纲 Subclass Phyllopoda Preuss，1951	
背甲目 Order Notostraca Sars，1867	1 科
双甲目 Order Diplostraca Gerstaeeker，1866	15 科
桨足纲 Class Remepedia Yager，1981	
泳足目 Order Nectiopoda Schram，1986	2 科
头虾纲 Class Cephalocarida Sanders，1955	
短足目 Order Braehypoda Birsteyn，1960	1 科
颚足纲 Class Maxillopoda Dahl，1956	
鞘甲亚纲 Subclass Thecostraca Gruvel，1905	
带甲下纲 Infraclass Faeetoteeta Grygier，1985	
囊胸下纲 Infraclass Ascothoraeida Laeaze-Duthiers，1880	
长囊虱目 Order Laurida Grygier，1987	3 科
树囊虱目 Order Dendrogastrida Grygier，198	3 科
蔓足下纲 Infraelass Cirripedia Burmeister，1834	
尖胸总目 Superorder Acrothoracica Gruvel，1907	
有肛目 Order Pygophora Berndt，1907	2 科
无肛目 Order Apygophora Bemdt，1907	1 科
根头总目 Superorder Rhizoeephala MueUer，1862	
有刺胞（幼体）目 Order Kentrogonida Delage，1884	3 科
无刺胞（幼体）目 Order Akentrogonida Haefele，1911	6 科
围胸总目 Superorder Thoracica Darwin，1854	
有柄目 Order Pedunculata Lamarck，1818	14 科
无柄目 Order Sessilia Lamarck，1818	15 科
微虾亚纲 Subclass Tantulocarida Boxshalt&Lincoln，1983	5 科
鳃尾亚纲 Subclass Branchiura Thorell，1864	

（续）

鱼虱目 Order Arguloida Yamaguti，1963	1科
五口亚纲 Subclass Pentastomida Diesing，1836	
头节目 Order Cephalobaenida Heymons，1935	2科
孔头目 Order Porocephalida Heymons，1935	7科
须虾亚纲 Subclass Mystacocarida Pennak&Zinn，1943	
须虾目 Order Mystacocaridida Pennak&Zinn，1943	1科
桡足亚纲 Subclass Copepoda Milne-Edwards，1840	
原裸甲下纲 Infraclass Progymnoplea Lang，1948	
扁桡足目 Order Platycopepoda Fosshagen，1985	1科
新桡足下纲 Infraclass Neocopepoda Huys&Boxshall，1991	
裸甲总目 Superorder Gymnoplea Giesbrecht，1882	
哲水蚤目 Order Calanoida Sars，1903	43科
足甲总目 Superorder Podoplea Giesbrecht，1882	
小虱水蚤目 Order Misophrioida Gurney，1933	3科
剑水蚤目 Order Cyclopoida Burmeister，1834	15科
凝水蚤目 Order Gelyelloida Huys，1988	1科
摩门水蚤目 Order Mormonilbida Boxshall，1979	1科
猛水蚤目 Order Harpactieoida Sars，1903	34科
鞘口目 Order Poecilostomatoida ThoreU，1859	61科
管口目 Order Siphonostomatoida Thorell，1859	40科
怪水蚤目 Order Monstrilloida Sars，1866	1科
介形纲 Class Ostracoda Latreille，1802	
壮肢亚纲 Subclass Myodocopa Sars，1866	
壮肢目 Order Myodocopida Sars，1866	5科
吸海萤目 Order Halocyprida Dana，1853	3科
尾肢亚纲 Subclass Podocopa Müller，1864	
分肢目 Order Platycopida Sars，1866	1科
尾肢目 Order Podocopida Sars，1866	33科
古肢目 Order Palaeocopida	1科
软甲纲 Class Malacostraca Latreille，1802	
叶虾亚纲 Subclass phyllocarida Packard，1879	
狭甲目 Order Leptostraca Claus，1880	
真软甲亚纲 Subclass Eumalacostraca Grobben，1892	
掠虾总目 Superorder Hoploearida Caiman，1904	
口足目 Order Stomatopoda Latreilie，1817	17科
合虾总目 Superorder Syncarida Packard，1885	
地虾目 Order Bathynellacea Chappuis，1915	2科
山虾目 Order Anaspidaeea Caiman，1904	4科
囊虾总目 Superorder Peracarida Caiman，1904	

（续）

穴虾目 Order Spelaeogriphacea Gordon，1957	1科
温泉虾目 Order Thermosbaenacea Monod，192	4科
疣糠虾目 Order Lophogastrida Sars，1870	2科
糠虾目 Order Mysida Haworth，1825	4科
混足目 Order Mictacea Bowman，1985	2科
端足目 Order Amphipoda Latreille，1816	155科
等足目 Order Isopoda Latreille，1817	115科
原足目 Order Tanaidacea Dana，1849	21科
涟虫目 Order Cumacea Kroyer，1846	8科
真虾总目 Superorder Eucarida Caiman，1904	
磷虾目 Order Euphausiacea Dana，1852	2科
异虾目 Order Amphionidacea Williamson，1973	1科
十足目 Order Decapoda Latreille，1802	50科

第三章 长江口甲壳动物组成

第一节　长江口甲壳动物类群组成特点

长江口水环境独特，该水域内栖息的动物种类包括淡水种、半咸水种和咸水种，生活方式主要有底栖和浮游，少数种类行陆栖生活，但行陆栖生活的动物其栖息环境为靠近水边或者是潮湿的陆地。长江口记录的甲壳动物种类较多，这里对已报道的物种进行较为详细的总结，包括软甲纲、介形纲、鳃足纲和颚足纲中的桡足亚纲、鞘甲亚纲等。长江口的水环境十分复杂，它是淡水与咸水的交汇处，根据对温度、盐度等环境条件的适应性及生态习性、分布特点，长江口的甲壳动物可以分为以下几种生态类型：

1. 淡水型

主要分布在长江口的南支，但在长江口其他水域也有分布；淡水种基本上都是被长江径流携带入长江口，为分布于长江口的常见种类。

2. 暖温（水）低盐型

（1）河口半咸水型　主要分布在长江口的南北支和九段沙水域。该类型是长江口的主力军，代表种有火腿许水蚤（*Schmackeria poplesia*）等。

（2）近岸低盐型　适盐范围较河口半咸水型高，其出现和丰度一般受控于沿岸水，密集区大多出现于沿岸水和混合水峰面。该类型种类不是很多，但是丰度较大，主要的代表种有鸟喙尖头溞（*Penilia avirostris*）等。

3. 广温广盐型

在长江口广泛分布的广温广盐型动物种类较少但是数量大，四季均有出现，代表种有中华哲水蚤（*Calanus sinicus*）等。

4. 低温高盐型

种类很少，主要栖息于中、深层海域中，受水团的影响被携带入长江口区域，代表种有太平洋磷虾（*Euphausia pacifica*）等。

5. 暖温（水）高盐型

种类少，主要是外海种，受台湾暖流等影响被携带入长江口，代表种有精致真刺水蚤（*Euchaeta concinna*）等。

第二节　长江口软甲类

软甲纲是甲壳动物中数量最大，且被认为是进化速度较快的纲。软甲纲动物全球已报道约 21 000 种，占甲壳亚门全部已知种类的 3/4。软甲纲动物身体由 21 节组成，头部 6 节，胸部 8 节，腹部 6 节及 1 尾节。除头尾 2 节外，每体节有 1 对附肢，共 19 对，即：头部 2 对触角，3 对颚；胸部 1～3 对颚足，其余为步足；腹部 6 对。雌性生殖孔开口在第 6 节，雄性生殖器在第 8 胸节。在长江口，软甲类是底栖动物中的主要类群。对长江口软甲类组成起主导作用的环境因素包括盐度、沉积物类型等。随着河口盐度梯度的变化，软甲类等较大型底栖无脊椎动物的种数也在不断地变化，其规律一般为种类随着盐度的升高而增多（袁兴中 等，2002）。长江口是以细颗粒沉积物为主的软泥底质区，该区域沉积速率高，大量泥沙快速沉降，使底质处于强烈的扰动中，限制了多毛类环节动物、棘皮动物和腔肠动物等类群的生存繁衍（袁兴中，2001），进而影响以这些生物为食的软甲类的数量。

本书记录了分布于长江河口的软甲类中的口足目（Stomatopada）、糠虾目（Mysidacea）、端足目（Amphipoda）、等足目（Isopoda）、涟虫目（Cumacea）、十足目（Decapoda）和磷虾目（Euphausiacea）等目中的物种 100 余种。

一、口足目（Stomatopada）

口足目通称虾蛄或螳螂虾，俗称濑尿虾、琵琶虾。为中等大小的海产种类，目前报道有 300 余种，其中我国记录有 80 余种。迄今长江口记录仅有 1 种（刘文亮 等，2007）。

口虾蛄［*Oratosquilla oratoria*（de Haan，1844）］

口虾蛄为广温低盐型种类，栖息水温为 6～31 ℃，最适水温为 20～27 ℃；适盐范围 12～35，最适盐度 23～27；适宜 pH 6～10。口虾蛄系小型凶猛捕食的肉食性甲壳动物，主要靠第 2 颚足捕捉甲壳类、贝类及鱼类等为食，嗜食大小为其全长 1/2 左右的车虾类、磷虾类，成体间有互残现象。不同季节的捕食习惯和摄食量不同，一般冬季捕食量少，摄食量最少；春秋季在夜间捕食，夏季昼夜捕食，摄食量相对较大（王波 等，1998）。

当前种在西太平洋和西北太平洋均有分布，在我国主要分布于渤海、黄海、东海和南海。根据刘文亮和何文珊（2007）报道，当前种发现于长江口九段沙下沙、崇明东滩及顾原沙潮下带等水域，主要栖息在水深为 5 m 左右、盐度为 29、底质为沙质环境中。

有报道显示，口虾蛄体内氨基酸含量全面，组成合理，易于被人体消化吸收，尤其是赖氨酸等必需氨基酸含量较高；同时，因其富含谷氨酸、甘氨酸，故食用口感味道鲜美（王波 等，1998）；此外，口虾蛄的成体及幼体是许多经济鱼类和梭子蟹的天然饵料。

二、糠虾目（Mysidacea）

糠虾目全世界报道有 120 属 800 多种，中国约有 100 种。迄今长江口记录有 5 种。糠虾目动物大多数生活在浅水环境，少数种栖于大洋表层、中层或深层，它们取食很杂，种类之间有显著的差异，胃内可见栖息环境中各类不同的有机物及细颗粒物。

1. 短额刺糠虾（*Acanthomysis brevirostris* Wang & Liu，1997）

短额刺糠虾为近岸低盐型，主要分布在温度 15～28 ℃、盐度 10～20 范围内，最适生活温度为 27 ℃左右（顾孝连 等，2008）。当前种是东海西部和黄海南部海区的特有种，其体形较纤细，表面光滑；额板呈窄三角形，顶端尖，约伸至第 1 触角柄第 1 节中部，侧缘稍覆盖眼柄的基部；头胸甲背面后缘不覆盖末 2 胸节，前侧角和后侧角皆为圆形；眼较小，角膜显著短，眼柄显著长；上唇前缘中央刺突显著较长，短于上唇本身的长度。

当前种于我国主要分布在黄海南部和东海；曾于长江口顾园沙潮下带有分布（刘文亮 等，2007）。

当前种产量很大，常被作为鱼类的天然饵料，也可被制成食品供人类食用。

2. 长额刺糠虾（*Acanthomysis longirostris* Li，1936）

长额刺糠虾为近岸低盐型，为近岸河口的常见种，主要分布在温度 5～28 ℃、盐度 10～28 范围内，在 7～10 ℃低温下的出现率和丰度较高（顾孝连 等，2008），与短额刺糠虾生理上的主要区别在于当前种额角较长，尾节末端窄且尾节长三角形。

当前种在日本、朝鲜和我国沿海有分布，其中我国主要分布于辽宁、河北、山东、江苏、浙江和南海等的沿海近岸带。在长江口混浊带水域中数量较多，常随沿岸流入侵，在大潮期间及涨潮时尤多（徐兆礼 等，1995b）。依据 2003 年 7 月（丰水期）和 2004 年 1 月（枯水期）对长江口北支水域环境调查的资料，当前种在长江口北支水域中常出现，为北支的优势种（徐兆礼，2005）。

当前种常被作为鱼类的天然饵料，也可制成食品供人类食用。

3. 漂浮囊糠虾［*Gastrosaccus pelagicus*（Ii，1964）］

漂浮囊糠虾为广温广盐型，属于亚热带近海种，主要分布在温度 8～28 ℃、盐度 5～34 的水域内。

当前种主要分布在近海水域，长江口近海（122°00′—123°30′E、29°00′—32°00′N）有分布，且在 15～20 ℃的出现率与丰度最高，在春、秋、冬 3 个季节对浮游动物总丰度的贡献较大（顾孝连 等，2008）。

4. 儿岛囊糠虾（*Gastrosaccus kojimaensis* Nakazawa，1910）

儿岛囊糠虾为近岸低盐系指示种，适宜盐度范围为 10～30，当前种向东部水域的扩展分布可反映出长江径流向东延伸的范围和强度（陈亚瞿 等，1995b）。

当前种在日本、朝鲜和我国沿海有分布。在长江口的沿岸带常分布，其中徐韧等（2009）对长江口的调查发现，当前种在长江口南支中出现，平均丰度为 2.68 个/L，优势度为 0.02。

5. 日本新糠虾（*Neomysis japonica* Nakazawa，1910）

日本新糠虾为近岸低盐型，也是温带种，能适应温度较大幅度的变化，所以分布范围较广。当前种体表光滑，头胸甲前缘突出为宽圆形额板，额板背面中部稍凹下；眼较细长；上唇前缘中部刺很小；第 2 触角鳞片窄而长，末端尖锐；尾节三角形，长约为基部宽的 2 倍；末缘平截，具有 1 对中央小刺和 1 对外侧大刺。日本新糠虾体长小于 1 cm，周年均可采集到。

当前种于渤海至南海的沿岸河口水域均有分布，国外分布于日本。在长江口崇明岛以北海域曾有报道（刘文亮 等，2007）。

当前种主要的应用价值包括作为鱼类的天然饵料、制成食品供人类食用、作为国际上一种很好的海水环境指示生物等（杨筱珍 等，2009）。

三、端足目（Amphipoda）

端足目生活在海洋、半咸水以至淡水中，个别物种还栖息在陆地上，但以海洋为主。浮游种类出现在各种深度的水层中，而底栖种类从潮间带一直到 10 000 m 深的海底均有发现（任先秋，2006）。

1. 强壮藻钩虾（*Ampithoe valida* Smith，1873）

强壮藻钩虾为广温广盐型，一般栖息于盐度范围为 4～40 的水域。当前种于一年四季均有发现，夏季幼体多于成体；主要生活在有机物丰富的大型水草周围，在天然水体中，以大型藻类和水体中的有机质碎屑为食（韩永望 等，2012）。当前种体躯光滑，略侧扁，绿色或灰绿色，常具黑色斑点；头部前缘圆拱，额角不明显，侧叶方形突出，眼呈卵圆形；第 1～4 底节板较大，第 5 底节板前叶与第 4 底节板几乎同深；尾肢双肢，第 1、第 2 尾肢柄部长于 2 分肢，柄与分肢都具有小刺（任先秋，2006）。

当前种分布于朝鲜半岛、日本、美国、大西洋东岸和东北太平洋海岸，在我国主要分布在黄海、渤海和东海海岸。当前种曾于长江口盐度约 25、水深 5～7 m 的泥质中有发现（刘文亮 等，2007）。

2. 中华蜾蠃蜚（*Corophium sinensis* Zhang，1974）

中华蜾蠃蜚俗称虾虱或海跳蚤，半咸水种，栖息环境盐度范围为 5～30，穴居，以第 2 触角摸食洞口四周的覆盖物。当前种主要以海底沉积的有机碎屑为食，有时也以海水中悬浮有机碎屑和硅藻为食。

当前种在我国主要分布于渤海、黄海、东海及广东万山群岛。有报道显示当前种常见于长江口南岸、崇明岛和九段沙附近，但未见于横沙岛（袁兴中 等，2002；刘文亮 等，2007）。

当前种容易培养，生活周期短，可以连续生殖，生存力较强，是鱼虾养殖的优质活饵料。

3. 硬爪始根钩虾［*Eohaustorius cheliferus*（Bulycheva，1952）］

硬爪始根钩虾为半咸水种，穴居，食碎屑。体形背腹扁平，柔弱，无眼；活体头胸部至第 1 胸节背面有 1 棕色线纹；触角多羽状毛，第 2 触角的第 2 柄节宽，形成翼状突；前两对步足结构明显不同；第 4、第 5 步足宽扁，多羽毛状毛；尾节完全分为 2 叶，着生于末 1 腹节的左右各侧。

当前种分布于日本海及我国黄海、东海。长江口曾见于横沙浅滩潮间带及九段沙下沙潮间带之光滩，栖息环境为潮间带 5 m 左右的沙底质中，盐度为 19～20，该水域硬爪始根钩虾的密度极高（刘文亮 等，2007）。

4. 尖叶大狐钩虾（*Grandifoxus cuspis* Jo，1989）

尖叶大狐钩虾为半咸水种，适宜盐度为 0～25。体形偏扁，头胸部前端有宽大的吻，掩盖第 1 触角的柄部，第 1 触角内鞭发达，几乎与外鞭等长，两鳃足形状相似，第 5 步足短于第 4 步足，基节板有大的侧翼，后缘有齿，尾节基部分开。

当前种于朝鲜半岛和我国沿海均有发现，其中我国常见于黄海。曾于长江口横沙浅滩潮下带有发现（刘文亮 等，2007），该水域环境为水深 7 m 左右，泥沙底质（秦海明，2011）。

5. 日本大螯蜚（*Grandidierella japonica* Stephensen，1938）

日本大螯蜚为广温低盐型，适宜盐度范围为 5.3～30.8，最适盐度为 10～14，穴居，食碎屑。当前种体躯细长，背腹略扁平，雄性第 1 鳃足强壮，腕节螯状，雌性第 1 鳃足较小，第 2 鳃足长节与腕节正常连接。

当前种在日本、澳大利亚、东北太平洋皆有分布，在我国常见于渤海、黄海和东海。当前种长期生活在河口潮间带；曾于长江口的崇明东滩、九段沙之光滩等水域发现有分布，主要栖息在盐度为 18～25、潮间带至水下 8 m 的水域，栖息底质为软泥和泥沙（刘文亮 等，2007）。

6. 裂颏蛮蛾［*Lestrigonus schizogeneios*（Stebbing，1888）］

裂颏蛮蛾为暖温高盐型。当前种在长江口外侧海域出现较多，有报道显示当前种于 2002—2003 年在长江口 122°00′—123°30′E、28°00′—32°00′N，海域呈周年性出现，其中于春、秋、冬季贡献率较大（蔡萌 等，2008）。在长江口浮游端足类中，当前种与江湖独眼钩虾两者均为优势种，其中当前种比后者更适宜高温。

7. 江湖独眼钩虾（*Monoculodes limnophilus* Tattersall，1924）

江湖独眼钩虾为近岸低盐型，适宜盐度为 2～25，对较低的温度有一定的适应能力，四季均有分布。

当前种主要在长江口 122°00′—122°40′E、29°40′—30°30′N 海域分布，在舟山群岛分布也较多（蔡萌 等，2008）。一般栖息于潮滩和混浊区带。当前种为春季形成浮游动物高生物量区的优势种，也是长江口混浊带水域内浮游动物的优势种。

8. 中国周眼钩虾（*Perioculodes meridichinensis* Hirayama，1992）

中国周眼钩虾为淡水种，穴居，食碎屑，主要生活在温度较低的水域中，为狭温性种类，对生态环境和气候要求极为严格，常生活于地理交通不便的山区和洞穴中。

当前种此前曾在香港有报道，在长江口也曾于顾园沙潮间带的光滩被挖掘到（刘文亮 等，2007），在长江口的栖息环境为潮间带水面至水深 4 m 左右，盐度 1.2～2，底质为沙的水域中，带有少量泥。

9. 板跳钩虾［*Platorchestia platensis*（Krøyer，1845）］

板跳钩虾为半咸水种。当前种体形侧扁，眼黑色、较大；口器发达；第 1 触角短，第 2 触角长，均多短刺；第 3～5 步足底节渐宽，以第 5 底节最宽；尾节略凹，边缘具短刺。

当前种于太平洋、大西洋和地中海皆有分布，在我国分布于渤海、黄海、东海和南海。板跳钩虾在长江口的崇明西滩、横沙岛芦苇带底泥中都有发现，常生活于盐度约为 20，底质为泥的潮间带（刘文亮 等，2007；秦海明，2011；刘婧，2012）。

10. 东滩华蜾蠃蜚（*Sinocorophium dongtanense* Ren & Liu，2014）

东滩华蜾蠃蜚为长江口特有种，为半咸水种，栖息盐度为 0～27，穴居，繁殖季节常看到雌雄同居。当前种因形似软壳虾类，故命名为东滩华蜾蠃蜚（刘文亮 等，2007）。

当前种栖息于海洋的潮间带、潮下带、河口半咸水或者淡水中，常见于长江口潮间带的软泥中。

11. 大华蜾蠃蜚［*Sinocorophium major*（Ren，1992）］

大华蜾蠃蜚为近岸低盐型，栖息适宜盐度为 12～25，多栖息于软泥或粉沙底质，一年四季都可出现，冬春季较多。

当前种在我国主要分布于渤海、黄海和南海，在长江口的崇明岛北部沿岸有发现（刘文亮 等，2007）。

当前种为鱼虾养殖的优质活饵料。

四、等足目（Isopoda）

1. 崇西水虱［*Chongxidotea annandalei*（Tattersall，1921）］

崇西水虱为纯河口淡水种，仅在河口区近淡水环境内分布，因此它可作为指示河口淡水环境的重要指标，有助于研究全球气候变化对海底世界的影响。

当前种于韩国洛东江口、汉江口皆有分布，当前种在我国分布于长江口 2～8 m 深度的泥或沙中，栖息盐度为 0～7，崇西湿地潮下带是它的主要分布区。

2. 日本浪漂水虱（*Cirolana japonensis* Richardson，1904）

日本浪漂水虱为半咸水种。当前种比较适宜以细沙和粗沙碎壳为主的环境条件（吴

耀泉 等，2003）。

当前种主要分布于长江口以北苏北沿海水域（徐兆礼 等，1999）。

3. 安氏类闭尾水虱［*Cleantioides annandalei*（Tattersall，1921）］

安氏类闭尾水虱为典型的河口种。当前种体呈纺锤形，头部至腹部两侧几乎平行，自尾节至体末端渐尖。

当前种曾于韩国有报道。当前种在长江口东风西沙、青草沙、中央沙及九段沙潮下带等水域有分布。陈强等（2015）于2013—2014年对长江口及其邻近水域的多个航次的调查中发现，当前种常栖息于长江口潮下带，为河口区的常见种。

4. 凹尾棒鞭水虱（*Cleantioides emarginata* Kwon & Kim，1992）

凹尾棒鞭水虱为淡水种，栖息盐度为4～18。

当前种分布于长江口1.5～5 m水深的泥或沙中，朝鲜半岛也有分布。

5. 长角类闭尾水虱（*Cleantioides longicornis* Liu，2008）

长角类闭尾水虱体形类似软泥，体长约2 cm，圆筒形，两侧平行。

当前种为刘文亮和何文珊（2007）报道自顾园沙、新村沙及北港北沙潮下带。当前种在长江口的出现，增加了长江口物种的多样性，也证明了长江口高强度开发对物种多样性具有影响。

6. 中华著名团水虱［*Gnorimosphaeroma chinensis*（Tattersall，1921）］

中华著名团水虱通常栖息于淡水环境，可栖息的盐度为0～18，栖息底质一般为泥或沙。

当前种于朝鲜半岛和俄罗斯有分布，当前种也分布于长江口潮间带的软泥或沙中。

7. 雷伊著名团水虱（*Gnorimosphaeroma rayi* Hoestlandt，1969）

雷伊著名团水虱为广温广盐型，营自由生活，生活环境为木头中、泥沙里、礁石底下、海藻丛中以及海绵动物的孔隙中。当前种身体呈卵圆形，常滚卷成球形；头部额略突起，眼黑色，稍大；第2～7胸节具不明显的底节板；腹部2节，侧部具2道短区分线；第4、第5腹肢的内外肢均不具有皱襞；尾肢内外2肢均不超过腹尾节末端，内肢长且宽，外肢短小（刘文亮 等，2007）。

当前种于日本、韩国、俄罗斯、美国加利福尼亚等有分布，在我国主要分布于渤海近海和长江口。曾于长江口的崇明东滩、顾园沙光滩及潮下带等水域发现有分布（刘文亮 等，2007）。

8. 海蟑螂（*Ligia exotica* Roux，1828）

海蟑螂俗名海岸水虱、海蛆，以藻类、海带为食，常生活于沿海潮间带高潮线的岩石间或海滩附近的建筑物中，冬天常躲在岩石缝里，喜欢生活在肮脏的地方。当前种经常吞食紫菜等经济藻类，是海产养殖业敌害之一。

当前种全球皆有分布，在我国分布于渤海、黄海、东海、南海以及沿海各省份的近岸带。刘文亮和何文珊（2007）曾采自浦东国际机场外潮滩、奉贤碧海金沙旅游区潮滩的抛石及隔堤上。

在我国南方沿海，渔民常用当前种治疗跌打损伤以及小儿疳积症，已列入药用动物名单。

9. 罗司水虱（*Rocinela* sp.）

罗司水虱为淡水种。当前种体长 9.5 mm，头部具明显的额突，眼大；第 1 触角柄部前两节不肿胀；额叶通常窄小，腹部 6 节，包括腹尾节（堵南山，1993）。

当前种在长江口不常见，曾于崇明东滩潮沟中发现有分布，盐度约为 7（刘文亮 等，2007）。

10. 光背节鞭水虱［*Synidotea laevidorsalis*（Miers，1881）］

光背节鞭水虱在河口不常见，为半咸水种。当前种呈纺锤形，头部前缘后陷，后缘弧形，中央隆起，两侧具 1 对黑色复眼。

当前种在我国主要分布在东海和渤海。当前种曾于长江口南岸、潮滩湿地周围有发现，数量较少（袁兴中 等，2002），刘文亮和何文珊（2007）曾于顾园沙、南汇边滩、新村沙及九段沙潮下带等水域发现，常栖息于泥沙质环境。

11. 宽尾节鞭水虱（*Synidotea laticauda* Benedict，1897）

宽尾节鞭水虱为半咸水种，栖息盐度为 18～25。

当前种在美国西海岸和法国河口有分布。刘文亮和何文珊（2007）在长江口 1.8～5 m 水深的泥沙中曾发现过当前种。

五、涟虫目（Cumacea）

多齿和涟虫［*Nippoleucon hinumensis*（Gamo，1967）］

多齿和涟虫也称多齿半尖额涟虫，生活在泥沙中，穴居，以有机碎屑为食，栖息盐度为 17 左右。当前种头胸部极度膨大，腹部及尾窄而细长，背甲由两侧向前延伸并汇合成一假额角。

当前种曾在日本有分布，在我国主要分布于渤海海域，在长江口潮间带曾有报道（刘文亮 等，2007）。

六、十足目（Decapoda）

1. 中国毛虾（*Acetes chinensis* Hansen，1919）

中国毛虾别名毛虾、小白虾、糯米饭虾等，体长 26～40 mm，为小型虾类，体侧扁，甲壳甚薄，体色透明。当前种为半咸水种，适温范围为 11～25 ℃，适盐范围为 30～32，是一种繁殖力强、生长迅速、生命周期短、游泳能力较弱的小型虾类，常年生活于水质较肥的水域，经常随着潮流的移动而游动于沿岸、河口岛屿一带，具有昼夜垂直与季节水平移动的特性。

当前种为中国特有物种，中国南北海岸均有分布，尤以渤海沿岸产量最多。刘文亮和何文珊（2007）曾于长江口九段沙南部、崇明东滩及顾园沙潮下带采集到当前种。2013—2014 年也曾报道于长江口潮下带，但数量较少（陈强 等，2015）。

当前种制成的干制品称虾皮，滋味鲜美，营养价值高，风味独特。

2. 刺螯鼓虾（*Alpheus hoplocheles* Coutière，1897）

刺螯鼓虾俗名短腿虾，体呈棕红色或绿褐色，尾肢末半部深蓝色；尾节较宽，背面中央有窄而明显的纵沟；掌的内、外缘在可动指基部后方各有 1 条极深的缺刻；小螯粗短，长度为宽的 3～4 倍，指节与掌部长度相等。

当前种在日本有分布，在我国的黄海、渤海和南海均有分布。刘文亮和何文珊（2007）曾报道于长江口潮间带盐度约为 4 的泥中有当前种分布。

当前种肉可食用，产量较小。

3. 日本鼓虾（*Alpheus japonicus* Miers，1879）

日本鼓虾俗名强盗虾，体长 30～50 mm，体重 1.0～3.0 g，为小型虾类。属半咸水种，栖息于盐度为 25 左右的泥沙中。当前种身体颜色不鲜艳，呈棕红色或绿褐色；额角尖细，达第 1 触角柄第 1 节末端，额角后脊不明显；尾节背面圆滑无纵沟，具 2 对可动刺；大螯细长，长为宽的 3～4 倍。

当前种在日本南部、朝鲜半岛和俄罗斯远东均有分布，在我国于渤海、黄海、东海和南海均有分布。杨金龙等（2014）报道，当前种为长江口潮下带的优势种，特别是到了冬季，其贡献率可达到 63.5%。

当前种可鲜食或制虾米，也是鱼类的天然饵料。

4. 异足倒颚蟹（*Asthenognathus inaequipes* Stimpson，1858）

异足倒颚蟹栖息在水深为 2～5 m、盐度约为 20 的沙中。

当前种在日本有分布，为我国渤海、黄海和东海底栖动物常见种，在中国北方和东部海域常见，是我国倒颚蟹属（*Asthenognathus*）唯一记录种（蒋维 等，2007）。当前种在长江口顾园沙有发现（刘文亮 等，2007）。

5. 尼罗米虾细足亚种（*Caridina nilotica gracilipes* De Man，1908）

尼罗米虾细足亚种为淡水种，主要生活在湖泊、池塘、河流中，体色于生活时透明，额角、触角、腹部的腹侧及尾节的末半节常呈棕红色。

当前种在印度、孟加拉国、斯里兰卡和印度尼西亚均有分布，在我国主要分布于东南部沿海。刘文亮和何文珊（2007）曾报道于长江口崇明西沙定置网中发现当前种，其栖息于盐度约为 0 的泥沙中。

6. 双斑蟳［*Charybdis bimaculata*（Miers，1886）］

双斑蟳为广温广盐型，栖息环境为海水，生活环境为近岸水草间，水深20～430 m的泥质、沙质和泥沙混合的海底环境中。

当前种在印度洋到西太平洋有分布，在我国分布于黄海、东海和南海。当前种在长江口南汇边滩有分布，常栖息近岸浅海带，栖息于潮间带盐度为7的泥中（刘文亮 等，2007）。

7. 日本蟳［*Charybdis japonica*（A. Milne-Edwards，1861）］

日本蟳为半咸水种，栖息环境为海水，栖息于低潮线附近和浅海中，喜栖于有水草或泥沙的水底或潜伏石下。常捕食小鱼、小虾以及小型贝类动物。

当前种在日本、朝鲜半岛、马来西亚和红海均有分布，在我国分布于渤海、黄海、东海和南海。当前种在长江口的九段沙南部、崇明东滩、顾园沙潮下带及芦潮港有分布，栖息在水深为2～5 m、盐度约为20的沙中。

日本蟳的肉味鲜美，为重要的经济蟹类。

8. 无齿螳臂相手蟹（*Chiromantes dehaani* H. Milne-Edwards，1853）

无齿螳臂相手蟹穴居于河流的泥岸或田埂，以植物为食。

当前种在朝鲜和日本有分布，在我国分布于渤海、黄海、东海和南海。长江口的崇明东滩、九段沙和崇明西部潮滩均有分布。安传光等（2007）报道，当前种是长江口九段沙水域底栖动物中的优势种。

当前种为鼠类肺吸虫的第2中间宿主；此外，当前种因穴居生活危害农田水利。

9. 红螯螳臂相手蟹［*Chinomantes haematocheir*（De Haan，1835）］

红螯螳臂相手蟹穴居，以植物为食。常穴居于近海淡水河流的泥岸上。

当前种在朝鲜、日本和新加坡有分布，在我国分布于黄海、东海和南海。当前种在长江口南岸、崇明岛、金山石化潮滩的芦苇带及互花米草带均有分布（袁兴中 等，2002；刘文亮 等，2007），一般栖息于淤泥质底质中，能捕获的数量较少（袁兴中 等，2002）。

当前种因穴居生活危害水利。

10. 隐秘螳臂相手蟹［*Chiromantes neglectum*（De Man，1887）］

隐秘螳臂相手蟹栖息在潮间带至水深5 m、盐度为0～7的泥中，分布于我国北部沿海，在长江口崇明岛周围及长兴岛、九段沙附近都可发现。

11. 隆线背脊蟹［*Deiratonotus cristatum*（De Man，1895）］

隆线背脊蟹为植食性，常穴居于河口泥滩或在临海的泥池中。

当前种在日本和朝鲜半岛西岸均有分布，在我国分布于渤海、黄海和东海。当前种在长江口自崇明东滩到九段沙下沙之光滩有分布，其栖息在潮间带盐度为7～18的沙中。

12. 弯螯活额寄居蟹（*Diogenes deflectomanus* Wang & Tung，1980）

弯螯活额寄居蟹寄居于纵肋织纹螺壳内，为半咸水种。

当前种在我国分布于山东、福建、广东及海南的沿岸。刘文亮和何文珊（2007）曾发现于长江口顾园沙潮下带。

13. 拟脊活额寄居蟹（*Diogenes paracristimanus* Wang & Dong，1977）

拟脊活额寄居蟹寄居于纵肋织纹螺壳内，栖息于潮间带及水深为 30 m、盐度约为 20 的泥沙中。

当前种分布于我国渤海、黄海、东海和南海等海域。该种发现于顾园沙潮下带，寄居于纵肋织纹螺壳内。

14. 中华绒螯蟹（*Eriocheir sinensis* H. Milne Edwards，1853）

中华绒螯蟹俗名河蟹或毛蟹，穴居于江、河、湖荡泥岸，昼歇夜出，食动物尸体。秋季洄游到近海河口产卵交配，翌年春季幼体溯江河而上，在淡水中继续生长。

当前种在朝鲜半岛西岸，甚至欧洲、美洲北部沿海均有分布，在我国分布于 24°N 以北的沿海诸省。长江口为当前种的主要繁殖场所，其栖息在从潮间带至水深 5 m、盐度为 0～7 的软泥中。

15. 安氏白虾［*Exopalaemon annandalei*（Kemp，1917）］

安氏白虾俗名白虾、短腕白虾、小白枪虾，体长 25～45 mm，体重 0.2～1.4 g，为小型虾类，当前种甲壳较薄，体色透明，体表面有一些清淡的色斑，腹部每节后缘有较淡的红色纵斑横斑，尾肢上有红色纵斑（吴常文 等，1993）。当前种为广温低盐型，适宜盐度在 30 以下，主要栖息在河流及河口附近的浅海中。游泳能力弱，对环境的适应能力较强，杂食性，以底栖小型动植物为主，也吃有机碎屑。

当前种在朝鲜半岛有分布，在我国分布于辽宁、河北、山东、江苏、上海和浙江沿岸带。在长江口的扁担沙、东风西沙、中央沙、新村沙以及崇明岛东部均有分布，其栖息于水深为 1.5～18.0 m、盐度为 0～29 的泥沙中。杨金龙等（2014）报道，安氏白虾为长江口潮下带某些季度的优势种。

16. 脊尾白虾［*Exopalaemon carinicauda*（Holthuis，1950）］

脊尾白虾别名白虾、青虾，为河口性半咸水种，是我国特有种，适宜盐度 30 以下。当前种体长 50～80 mm，为中型虾类，甲壳薄，体色透明，微带蓝色或红色的小斑点；额角基部具鸡冠状隆起；头胸甲具鳃甲刺，无肝刺；腹部背面中央具有明显之纵脊；死后体呈白色，煮熟后除头尾稍红色外，其余部分呈白色，故名白虾。

当前种在西太平洋和朝鲜半岛有分布，在我国分布于东部海域沿岸带。当前种在长江口分布于九段沙、顾园沙、北港北沙、南汇边滩、横沙浅滩潮下带及崇明东滩等水域，通常栖息在深度为 5.0～5.5 m、盐度为 7～25 的泥或沙中。脊尾白虾为长江口半咸水区潮下带的优势种（吴耀泉 等，1991；庄平，2013），每年的 5—10 月为白虾的渔汛期，7—8 月是旺汛期（庄平，2013）。

当前种肉质细嫩、味美，可以加工干制成虾米，品质甚佳，其卵可干制成虾籽。脊尾白虾已经成为有开发价值的养殖新品种。

17. 秀丽白虾［*Exopalaemon modestus*（Heller，1862）］

秀丽白虾别名白虾，淡水种，通常生活在淡水湖泊、河流及河口中，杂食性。

当前种在俄罗斯远东有分布，在我国分布于东北至福建沿岸带。在长江口报道该种出现在盐度约为 7 的潮沟中。

18. 日本平家蟹［*Heikea japonica*（Von Siebld，1824）］

日本平家蟹通常生活在近海水深 50～130 m 泥质的海底。其常用末 2 对步足握住贝壳、木片等物置于背上保护自己。

当前种在日本、朝鲜及越南有分布，在我国分布于渤海、黄海、东海及南海。杨金龙等（2014）报道显示，在长江口和邻近海域当前种仅于春季秋季有发现；此外，刘文亮和何文珊（2007）也曾记录于长江口的顾园沙潮下带有当前种分布。

19. 日本拟平家蟹［*Heikeopsis japonica*（Von Siebold，1824）］

日本拟平家蟹为半咸水种，栖息在水深为 2～5 m、盐度约为 20 的沙中。

当前种在日本、越南和朝鲜半岛均有分布，在我国主要分布于渤海、黄海、东海和南海水域，在长江口的顾园沙附近有发现（刘文亮 等，2007）。

20. 侧足厚蟹（*Helice latimera* Parisi，1918）

侧足厚蟹是南海沿岸特别是虾塘常见的蟹类，主要生活在海岸的泥岸或虾塘的塘边泥土中，穴居，植食性。

当前种在越南有分布，在我国分布于东海和南海。当前种在长江口金山石化潮滩互花米草带及九段沙附近有分布，主要栖息于潮间带泥滩上盐度约为 18 的软泥中（安传光等，2007）。

21. 天津厚蟹（*Helice tientsinensis* Rathbun，1931）

天津厚蟹主要穴居于河口的泥滩或通海河流的泥岸上，植食性。栖息潮间带，栖息盐度为 4～18。

当前种在朝鲜半岛有分布，在我国分布于渤海、黄海和东海。当前种在长江口的崇明东滩、崇明北部潮滩之芦苇带及海三棱鹿草带有分布。

当前种沿海居民常捕之为食；为鼠类肺吸虫的第 2 中间宿主；此外，当前种因穴居打洞而危害农田水利。

22. 伍氏拟厚蟹［*Helicana wuana*（Rathbun，1931）］

伍氏拟厚蟹穴居于泥滩或泥岸上，植食性，生活环境为海水。

当前种在朝鲜半岛有分布，在我国分布于渤海和黄海。当前种在长江口崇明东滩海三棱鹿草带和芦潮港外边滩互花米草带有分布，其栖息在潮间带盐度约为 7 的泥中（刘文亮 等，2007）。

23. 颗粒六足蟹［*Hexapinus granuliferus*（Campbell & Stephenson，1970）］

颗粒六足蟹为海水种，栖息在深度为 2～5 m、盐度为 20 左右的沙底质中。

当前种在澳大利亚有分布，在我国分布于福建沿海。

24. 锯脚泥蟹（*Ilyoplax dentimerosa* Shen，1932）

锯脚泥蟹常穴居于低潮线的泥滩上。

当前种在我国分布于山东等地的沿岸带。周晓等（2007）曾在长江口九段沙发现有当前种的分布，但数量少。

25. 谭氏泥蟹［*Ilyoplax deschampsi*（Rathbun，1913）］

谭氏泥蟹穴居于河口泥滩上，植食性、分布广、密度大。

当前种在日本和朝鲜半岛东岸均有分布，在我国分布于渤海、黄海和东海。该种在长江口栖息在潮间带，盐度为0～18的泥或沙底质中（刘文亮 等，2007）。

26. 疣背宽额虾［*Latreutes planirostris*（De Haan，1844）］

疣背宽额虾俗名草虾，为河口半咸水种，栖息在水深为5～7 m、盐度约为25的泥沙中。

当前种在日本有分布，在我国渤海和黄海均有分布记录。刘文亮和何文珊（2007）曾发现于长江口崇明岛的北支中部，数量较少。

27. 细螯虾（*Leptochela gracilis* Stimpson，1860）

细螯虾俗名麦秆虾、钩子虾、铜管子，体甚透明，甲壳较硬，遍布稀疏的红色小点。喜栖于泥底或沙底的浅海中，常夹杂于毛虾、白虾和葛氏长臂虾中，夏季出现数量较多。

当前种在朝鲜半岛、日本和新加坡均有分布，在我国渤海、黄海、东海和海南岛等有分布。刘文亮和何文珊（2007）曾报道于长江口水深约为5 m、盐度约为29的沙中。

当前种因个体小且壳厚，一般都干制成硬壳虾皮。

28. 杂粒倒拳蟹［*Lyphira heterograna*（Ortmann，1892）］

杂粒倒拳蟹栖息在深度为2～5 m、盐度为14～20的沙中。

当前种在日本和朝鲜半岛有分布，在我国分布于渤海、黄海、东海和南海。在长江口顾园沙有发现。

29. 短身大眼蟹（*Macrophthalmus abbreviatus* Manning & Holthuis，1981）

短身大眼蟹俗名哨兵蟹，栖息环境为积水沙质高的滩地，栖息潮位为中低潮位。

当前种在日本和朝鲜半岛均有分布，在我国分布于渤海、黄海、东海和南海。当前种曾被报道自长江口潮间带盐度为14的泥中（刘文亮 等，2007）。

30. 宽身大眼蟹（*Macrophthalmus dilatatum* De Haan，1835）

宽身大眼蟹喜较高盐度，常穴居于近岸或河口的泥滩上。

当前种在朝鲜西岸和日本有分布，在我国分布于广东、台湾、福建、浙江、山东、渤海湾和辽宁半岛等地。当前种于长江口九段沙附近有分布。

31. 日本大眼蟹 [*Macrophthalmus japonicus* (De Haan, 1835)]

日本大眼蟹在长江口较常见，穴居于近海潮间带或河口处的泥沙滩上，植食性。

当前种在日本、朝鲜半岛、新加坡和澳大利亚均有分布，在我国分布于渤海、黄海、东海和南海。当前种在长江口的崇明东旺沙和芦潮港均有分布，其栖息在潮间带盐度为7～18的沙中（刘文亮 等，2007）。

32. 日本沼虾 [*Macrobrachium nipponense* (De Haan, 1849)]

日本沼虾俗名青虾或河虾，淡水种，为杂食性虾，栖息在水深为1～18 m、盐度为0～25的泥沙底质中，喜栖于湖泊、池塘和江河中。

当前种在日本、朝鲜和越南均有分布，在我国分布于淡水湖和河口带。杨金龙等（2014）报道显示，日本沼虾为长江口潮下带3个季度的优势种和特征种。

当前种肉质鲜美，为我国主要的淡水中食用虾类。

33. 异齿大眼蟹 [*Macrophthalmus simdentatus* (Shen, 1936)]

该种常穴居于近海潮间带或河口处的泥沙滩上，在长江口九段沙附近有分布（安传光 等，2007）。

34. 细螯沼虾 [*Macrobrachium superbum* (Heller, 1862)]

细螯沼虾为淡水种，杂食性，栖息在水深为4.5～5.0 m、盐度为0～18的泥质底质。

当前种在我国主要分布于东南部沿海和长江中下游。刘文亮和何文珊（2007）曾报道当前种于长江口崇明西沙有分布。

当前种肉质鲜美，可食用，但产量较少。

35. 日本囊对虾（*Marsupenaeus japonrirs* Bate, 1888）

日本囊对虾俗称竹节虾、花虾、斑竹虾、车虾等。当前种体长140～200 mm、体重30～80 g，属大型虾类，其体表具棕色和蓝色相间的黄斑，附肢呈黄色，尾肢蓝色和黄色。

当前种在非洲东海岸、红海和印度、马来西亚、菲律宾、日本均有分布，在我国分布于南黄海、东海和南海海域。夏秋季在长江口以南的东海近海有分布。

36. 红线黎明蟹（*Matuta planipes* Fabricius, 1798）

红线黎明蟹为半咸水种，主要栖息于潮间带浅水沙岸、盐度为20左右的环境中。当前种体色浅黄绿，甲壳上有紫红色线圈，干扁的步足可以助游泳，受惊时可在沙中掘穴藏身。

当前种自印度洋到西太平洋均有分布，在我国分布于渤海、黄海、东海和南海。在长江口的新村沙、横沙浅滩、顾园沙及崇明东滩潮下带有发现。

37. 胜利黎明蟹 [*Matuta victor* (Fabricius, 1781)]

胜利黎明蟹栖息于高、低潮间带沙质、泥沙质或在水深10～15 m的海底。

当前种自印度洋到西太平洋有分布，在我国分布于东海和南海。当前种曾被发现于长江口顾园沙潮下带，其主要栖息于潮间带至水深5 m处、盐度约为20的沙中。

38. 周氏新对虾［*Metapenaeus joyneri*（Miers，1880）］

周氏新对虾别名麻虾、黄虾，广温广盐型，广食性动物，以硅藻类、环节动物、桡足类等为食（黄美珍，2004），栖息底质以泥质和泥沙质为主。体形与中国明对虾相似，甲壳很薄，体长 70～110 mm，全身遍布棕蓝色斑点，尾肢半棕褐色，边缘红色；体表有许多凹下部分，上部生短毛，内脏清晰可见（叶建生 等，2007）。

当前种见于日本和朝鲜半岛，在我国分布于黄海、东海、南海、台湾和北部湾海域。在长江口曾采于南汇边滩定置网中，栖息盐度约为 7（刘文亮 等，2007）。

当前种壳薄肉嫩，食用美味，是可口的食用虾。

39. 长足长方蟹（*Metaplax longipes* Stimpson，1858）

长足长方蟹为潮间带常见种，栖息环境为海水，主要栖息于潮间带泥沙滩上。

当前种在我国分布于东海、南海和台湾海域。当前种在长江口崇明东旺沙北闸处潮滩、芦潮港外边滩有分布，其栖息在潮间带盐度约为 18 的软泥中。

40. 四齿大额蟹（*Metopograpsus quadridentatus* Stimpson，1858）

四齿大额蟹多见于长江口低潮线的岩石缝中或石块下，栖息在潮间带盐度约为 17 的泥抛石及隔堤上。

当前种在印度洋到西太平洋有分布，在我国分布于黄海、东海和南海。

41. 狭颚新绒螯蟹［*Neoeriocheir leptognathus*（Rathbun，1913）］

狭颚新绒螯蟹是长江口最常见的物种之一，喜爱栖居于积有海水的泥坑中，或在河口的泥滩上及近海河口地带，栖息在潮间带至水深 6 m、盐度为 0～25 的泥或沙中。

当前种在日本和朝鲜半岛均有分布，在我国分布于渤海、黄海和东海。杨金龙等（2014）发现当前种为长江口潮下带的优势种。

42. 日本和美虾［*Nihonotrypaea japonica*（Ortmann，1891）］

日本和美虾为穴居生活。

当前种在日本有分布，在我国渤海和黄海有分布。当前种在长江口顾园沙光滩有报道，其栖息在潮间带盐度约为 20 的沙中。

43. 东方长眼虾［*Ogyrides orientalis*（Stimpson，1860）］

东方长眼虾生活于泥底或沙底的浅海，通常潜伏于泥沙中，繁殖季在夏秋之交，栖息在水深为 2～5 m、盐度为 20～29 的泥或沙中。

当前种在日本有分布。在我国渤海、黄海、东海和南海均有分布。刘文亮和何文珊（2007）曾发现于长江口顾园沙、崇明东滩及南汇边滩潮下带。

当前种个体小，数量不多，经济价值尚待进一步开发。

44. 中华虎头蟹［*Orithyia sinica*（Linnaeus，1771）］

中华虎头蟹为近海温水型的蟹类，主要栖息在潮间带盐度约为 7 的沙中。

当前种在朝鲜半岛有分布，在我国分布于渤海、黄海、东海和南海，是中国和朝鲜的特有种。在长江口的崇明东滩及横沙浅滩之光滩有当前种的出现。

当前种肉可食用。

45. 细点圆趾蟹 [*Ovalipes punctatus* (De Haan，1833)]

细点圆趾蟹栖息在盐度为29左右的沙质、泥沙质或碎贝壳质海底。

当前种广泛分布于日本、澳大利亚、新西兰、马达加斯加、南非、秘鲁和智利等太平洋及大西洋沿岸，在我国分布于黄海南部和东海沿岸。当前种在长江口九段沙南部潮下带有报道（刘文亮 等，2007）；此外，陈强等（2015）报道显示，当前种栖息在长江口潮下带水域，数量少，较难发现，其中2014年冬季有发现。

46. 粗腿厚纹蟹（*Pachygrapsus crassipes* Randall，1840）

粗腿厚纹蟹为近岸低盐型，生活环境为海水，多栖息于潮间带岩滩石上。当前种的鳃腔中常寄生等足类动物；当前种捕食帽贝等小型潮间带无脊椎动物，也吃死亡的动物和藻类。

当前种在朝鲜、日本和美国太平洋沿岸有分布，在我国分布于东海和南海沿岸带。在长江口的金山石化潮滩有分布，常见于潮间带岩礁的岩石缝隙及岩洼内，爬行迅速。

47. 巨指长臂虾（*Palaemon macrodactylus* Rathbun，1902）

巨指长臂虾体长45～65 mm、体重1.5～4.0 g，为中小型虾类，体透明略带黄棕色斑纹。当前种为半咸水种，适宜盐度为0～9，通常生活在沙底或泥沙底的浅海中，一般多在低潮线附近浅水中的石隙间隐藏，退潮时极易采到。

当前种在日本、朝鲜半岛、越南、欧洲和美洲均有分布，在我国分布于辽宁、山东、江苏、浙江、福建和台湾的沿岸带。刘文亮和何文珊（2007）曾发现当前种在长江口北港北沙、横沙浅滩、崇明东滩、南汇边滩及九段沙南部潮下带地区。

48. 葛氏长臂虾 [*Palaemon gravieri* (Yü，1930)]

葛氏长臂虾俗名红虾、桃花虾、花虾，为混合高盐水种，适宜盐度为7～29，生活于泥沙底之浅海，河口附近也有，通常在距岸较远之处较多，繁殖季节在4—5月。

当前种在朝鲜半岛有分布，在我国分布于渤海、黄海和东海。当前种在长江口九段沙、新村沙、北港北沙、横沙浅滩和崇明东滩有分布（刘文亮 等，2007），为潮下带常年优势种和周年特征种。杨金龙等（2014）报道，葛氏长臂虾是长江口潮下带第一优势种，尤其是在冬季，其优势度最高。

当前种肉质鲜美，可鲜食或干制成虾米。

49. 太平洋长臂虾 [*Palaemon pacificus* (Stimpson，1860)]

太平洋长臂虾俗名秤钩虾，体长28～39 mm，栖息于岩礁间石隙内或者泥沙底的浅海中。

当前种从印度洋到太平洋均有分布，在我国分布于浙江、福建、广东、广西和海南岛的沿岸带。刘文亮和何文珊（2007）曾在长江口的潮间带发现有当前种，其分布于盐度约为7的软泥中。

当前种肉可食用。

50. 细指长臂虾（*Palaemon tenuidactylus* Liu，Liang & Yan，1990）

细指长臂虾为河口半咸水种，适宜盐度为0～19，底质为泥沙。当前种形态与葛氏长臂虾相似，主要区别是额角末端上扬不显著，第5步足指节长于腕节。

当前种在朝鲜半岛有分布，在我国黄河口、海河口和辽河口均有分布。刘文亮和何文珊（2007）曾在长江口顾园沙和九段沙潮下带发现此种。

51. 哈氏仿对虾［*Parapenaeopsis hardwickii*（Miers，1878）］

哈氏仿对虾俗名秤钩虾、滑皮、硬壳虾，广温高盐型，适宜盐度一般在32以上，低级肉食性，以底栖动物和浮游动物为主要饵料。

当前种在日本、巴基斯坦、印度东西海岸、新加坡、马来西亚、孟加拉国和加里曼丹岛均有分布，在我国分布于台湾海域、南海和北部湾。当前种在长江口通常栖息在水深为6 m、盐度为20的泥沙中（刘文亮 等，2007）。

当前种为中型虾类，产量大、肉质好，供鲜食或干制成虾米。

52. 斑点拟相手蟹［*Parasesarma pictum*（De Haan，1835）］

斑点拟相手蟹又称神妙相手蟹，栖居于低潮区石块下或其附近，或河口附近。

当前种在朝鲜半岛、日本和印度尼西亚均有分布，在我国分布于渤海、黄海、东海和南海。在长江口九段沙，当前种栖息在潮间带盐度为18～19的泥中，较为常见（安传光 等，2007）。

53. 细巧仿对虾［*Parapenaeopsis tenella*（Bate，1888）］

细巧仿对虾俗称红虾，广温广盐型，习惯于由深水越冬场向长江口附近移动进行产卵活动，但是成虾一般不进入河口低盐水区（吴耀泉 等，1991）。

当前种分布于印度、斯里兰卡、孟加拉国、马来西亚、印度尼西亚、菲律宾、日本、朝鲜半岛、新几内亚岛和澳大利亚北岸，在我国见于黄海、东海、南海和北部湾。在长江口通常栖息在水深为5 m、盐度约为25的泥或沙中。

54. 三疣梭子蟹［*Portunus trituberculatus*（Miers，1876）］

三疣梭子蟹常隐伏于泥沙或海底物体旁，常生活于水深10～30 m的泥沙质海底。产卵季节，抱卵亲蟹常喜居于河口附近，喜食动物的尸体，也常食水草嫩叶及小鱼、小虾。刘文亮和何文珊（2007）发现当前种栖息在水深为2～5 m、盐度约为20的沙中。

当前种在日本、越南和朝鲜半岛均有分布，在我国分布于渤海、黄海、东海和南海。杨金龙等（2014）的报道显示，当前种为长江口潮下带的优势种。

三疣梭子蟹的肉味鲜美，为重要的经济蟹类。

55. 隆线拳蟹（*Pyrhila carinata* Bell，1855）

隆线拳蟹栖息环境为海水，多栖息在高低潮线间有石块的泥滩上。

当前种在朝鲜、日本及马来群岛有分布，在我国的广东、福建、山东、辽东湾等地的沿岸带均有分布。当前种曾报道于长江口九段沙淤泥质底质中，数量较少（袁兴中 等，2002）。

56. 豆形拳蟹［*Pyrhila pisum*（De Haan，1841）］

豆形拳蟹为河口半咸水种，杂食性，一般生活于潮间带泥滩或海水中，其可以直行也可以横行。

当前种在太平洋周边有分布，在我国分布于渤海、黄海、东海和南海沿岸带。当前种在长江口崇明东滩、东旺沙北水闸处潮滩、九段沙下沙均有分布，其主要栖息于潮间带至水深 2 m、盐度为 7～20 的软泥中（刘文亮 等，2007）。

57. 绒毛细足蟹（*Raphidopus ciliatus* Stimpson，1858）

绒毛细足蟹栖息于低潮区沙泥上。

当前种在西太平洋有分布，在我国分布于黄海、东海、南海和台湾海峡等海域，其在长江口栖息在潮间带盐度约为 7 的泥中。

58. 圆球股窗蟹［*Scopimera globosa*（De Haan，1835）］

圆球股窗蟹常穴居于低潮线的泥沙滩上，宽广的沙质滩地为其栖息活动环境。当前种体型迷你，颜色与沙色相同，雌、雄蟹的体型及颜色一致，甲壳、步足、螯的颜色呈灰褐色，并密布着点点浅色斑。

当前种在日本和朝鲜半岛西海岸均有分布，在我国分布于渤海、黄海、东海和南海。在长江口当前种栖息在潮间带和九段沙附近盐度为 7～20 的沙中（安传光 等，2007）。

59. 拟曼赛因青蟹（*Scylla paramamosain* Estampador，1949）

拟曼赛因青蟹在长江口栖息在潮间带至水深 5 m、盐度约为 7 的泥中。

当前种在东南亚地区有分布，在我国东海和南海有分布。

60. 锯缘青蟹［*Scylla serrata*（Forskal，1775）］

锯缘青蟹比较常见，栖息于近岸或河口附近，主要出现在温暖而盐度较低的浅海。喜食腐肉，也捕食刚脱壳的软壳蟹、藻类及植物茎碎片等。

据陈强等（2015）的报道，当前种栖息于长江口潮下带水域，出现于夏季，数量较少。

锯缘青蟹肉味鲜美，营养价值高。

61. 中型相手蟹［*Sesarma intermedia*（De Haan，1835）］

中型相手蟹栖息于海岸或河口附近的沼泽及灌木丛中，有时能爬上附近的树干。

当前种在长江口崇明岛及横沙岛附近有分布，出现的数量少（袁兴中 等，2002）。

当前种在稻田中能伤害禾苗并损坏田埂。

62. 褶痕相手蟹［*Sesarma plicata*（Latreille，1806）］

褶痕相手蟹栖息环境为海水，一般生活于泥滩石块下（陈光程，2009）。

当前种在朝鲜、日本、马来群岛、印度、马达加斯加和非洲东海岸有分布，在我国分布于广东、福建、浙江、胶州湾等地的沿岸及台湾岛。当前种在长江口南岸和崇明岛有分布，栖息于淤泥质底质中，数量少（袁兴中 等，2002）。

63. 中华中相手蟹［*Sesarmops sinensis*（H. Mile-Edwards，1853）］

中华中相手蟹栖息在潮间带盐度约为7的泥中。

当前种在日本有分布，在我国分布于黄海北部、东海和南海。当前种在长江口的南汇嘴及南北支都有发现。

64. 中华管鞭虾［*Solenocera crassicornis*（H. Milne-Edwards，1837）］

中华管鞭虾俗名红虾、大脚红虾、红落头虾、毛竹节虾（舟山）。当前种体长50～90 mm、体重1.5～9.0 g，为中型虾类，甲壳薄而光滑，体橙红色，第1～6腹节后缘颜色较深，呈鲜红色带状。当前种为广温广盐型，低级肉食性，以小型浮游动物和底栖生物为食，硅藻为次要食物（黄美珍，2004），喜潜于沙泥内，水流可通过第1触角鞭形成的管道进入鳃腔以进行呼吸。

当前种在波斯湾、北婆罗洲、巴基斯坦、印度、印度尼西亚、阿拉弗拉海、新加坡、马来西亚和日本均有分布，在我国分布于黄海、东海、南海和北部湾。当前种在长江口主要栖息在水深为6 m、盐度约为20的泥沙中。

当前种供鲜食或干制成虾米。

65. 兰氏三强蟹（*Tritodynamia rathbunae* Shen，1932）

兰氏三强蟹常栖息于近岸泥沙底上，常与鳞沙蚕或柱头虫共栖。

当前种在日本和朝鲜半岛均有分布，在我国分布于渤海、黄海和东海。当前种于长江口顾园沙潮下带有分布，栖息于水深为2～5 m、盐度约为20的沙中。

66. 弧边招潮蟹［*Uca arcuata*（De Haan，1835）］

弧边招潮蟹为近岸咸水种，植食性，取食藻类，能吞食泥沙以摄取其中的有机物，将不可食的部分吐出；穴居于港湾中的沼泽泥滩上，雄性个体常以大螯竖立招引雌性或威吓其他海滨动物。

当前种在日本和朝鲜半岛均有分布，在我国分布于东海和南海北部。当前种在长江口崇明东滩、东旺沙北水闸处潮滩、九段沙下沙等水域有分布，其栖息在潮间带、盐度为7～18的泥中（刘文亮 等，2007）。

67. 屠氏招潮蟹（*Uca dussumieri* H. Milne Edwards，1852）

屠氏招潮蟹为近岸咸水种，多见穴居于港湾中的沼泽泥滩上，或栖息于海水，取食与弧边招潮蟹相同。

当前种曾被周晓等（2007）报道于长江口九段沙段。

68. 豆形短眼蟹（*Xenophthalmus pinnotheroides* White，1846）

豆形短眼蟹为海水种，一般潜居于水深约5 m近岸的泥沙底上。

当前种在日本、澳大利亚、印度尼西亚、菲律宾、泰国及印度有分布，在我国分布于广东、海南、福建、山东和渤海湾。有资料显示，当前种在长江口北部水深 10～30 m、底层盐度平均约为 31.9 的环境中分布较多（戴国梁，1991）。

七、磷虾目（Euphausiacea）

1. 尖额磷虾（*Euphausia diomedeae* Ortman，1894）

尖额磷虾是一种大型磷虾，又可称为超型磷虾，一般体长为 40～60 mm，该种是环极地寒带型，在长江口仅于秋季出现，且为非优势种（陈佳杰 等，2008b）。

2. 小型磷虾（*Euphausia nana* Brinton，1962）

小型磷虾为暖温高盐型，个体较小（8～12 mm），这种磷虾主要生活在海水表层。

当前种在我国分布于东海。在长江口，当前种是常见种之一，是春、秋季的优势种，也是东海重要的磷虾类优势种（陈佳杰 等，2008b）。

3. 太平洋磷虾（*Euphausia pacifica* Hansen，1911）

太平洋磷虾为低温高盐型，适宜水温为 9.0～16.5 ℃，是许多经济鱼类的重要饵料生物，是人类捕捞利用的对象。

当前种在我国主要分布在东海、黄海和南海。在长江口，当前种是常见种之一，是春、夏和秋季的优势种（陈佳杰 等，2008b）。

4. 短额磷虾（*Euphausia sibogae* Hansen，1908）

短额磷虾在长江口仅于春季出现，且为非优势种（陈佳杰 等，2008b）。

5. 软弱磷虾（*Euphausia tenera* Hansen，1905）

软弱磷虾一般生活于热带海区，数量较多，分布于我国台湾东部和南部、南海、太平洋和大西洋热带区；在长江口仅于秋季出现，且为非优势种（陈佳杰 等，2008b）。

6. 宽额假磷虾［*Pseudeuphausia latifrons*（G. O. Sars，1883）］

宽额假磷虾为暖水高盐型，分布在外海，长江口有发现的原因是该水域为外海水与长江口的交汇区。

当前种在我国主要分布在东海、黄海和南海。陈佳杰等（2008b）报道，当前种在长江口出现的数量较少，出现在外海水与长江口的交汇处，在春、夏、秋三季均有发现。

7. 中华假磷虾（*Pseudeuphausia sinica* Wang & Chen，1963）

中华假磷虾为河口及近岸低盐型。当前种在我国主要分布在东海、南海和黄海附近。有报道显示，在长江口当前种于冬季和春季数量较少，6 月开始增长，8 月分布最广（陈亚瞿 等，1985）；夏秋季节在长江口及其附近沿岸的丰度较高，成为磷虾类中的优势种（陶振铖 等，2013）；此外，当前种在长江口的盐度适应范围为 10～28（陈亚瞿 等，1995b）。

当前种是许多中上层鱼类，尤其是幼鱼的重要饵料，蛋白质含量高，具有较高的营养价值。

8. 三晶手磷虾（*Stylocheiron suhmii* G. O. Sars，1883）

三晶手磷虾为表层暖水型，在长江口仅于夏季出现该种，且为非优势种（陈佳杰 等，2008b）。

第三节　长江口鳃足类

鳃足类动物略呈虾形，身体小，节数因种类不同而异。胸肢大部分扁平似叶，无真正关节。大颚常无触须，第 2 小颚几乎已完全退化，大多数种类有尾叉。在长江口发现的鳃足类主要为鳃足纲中的枝角类。

枝角类广泛分布于淡水、海水和内陆半咸水中，身体短小［体长 0.2～1.0 mm，视具体种类而定，如大型溞（*Daphnia magna*）可达到 4.2 mm 左右］，长圆形，分为头部和躯干部，侧扁体节不明显。全身除头部裸露外，其余部分都包被在透明的介形壳瓣内。头部有两对明显的触角，第 1 对触角较小；第 2 对触角特别发达，可分为内肢和外肢，能在水中划动，为运动器官。胸肢 4～6 对，摆动时可产生水流，上有长刚毛，可将食物过滤后送入口中（堵南山，1993）。

本书记录的枝角类共 43 种。

一、仙达溞科（Sididae）

1. 缺刺秀体溞（*Diaphanosoma aspinosum* Chiang，1956）

缺刺秀体溞属于秀体溞属，为淡水种，其壳瓣的腹缘具有褶片，而且褶片发达，大概占壳瓣的全部腹缘；褶片后方的壳缘上无棘齿或刚毛。

当前种应是通过长江径流被带入河口区，在丰水期和枯水期均有发现，但数量都较少。

2. 短尾秀体溞［*Diaphanosoma brachyurum*（Liéven，1848）］

短尾秀体溞隶属于秀体溞属，为淡水种，一般栖息在湖泊的敞水区，沿岸区的水草丛中亦有，池塘和沼地较少见，初夏和仲秋季节繁殖旺盛。当前种壳瓣的腹缘没有褶片，第 2 触角向后伸展时，外肢的末端达不到壳瓣的后缘；壳瓣腹缘的后半部有刚毛和棘齿，相间排列，棘齿 20 个左右，长短较一致。

当前种在长江口南支和北支均有发现，均出现于秋季（彭建华 等，2008）。

3. 长肢秀体溞（*Diaphanosoma leuchtenberbianum* Fischer，1854）

长肢秀体溞属于秀体溞属，为淡水种，栖息于湖泊的敞水区，有时也大量出现在池塘内，夏秋两季的数量较多。当前种壳瓣的腹缘没有褶片，第 2 触角向后伸展时，外肢的末端超过或者达到了壳瓣的后缘。

当前种在长江口南支和北支均有发现（曾强，1993），除4月没采集到外，其余月份均有分布记录，而且于夏季密度达到最大（张宇 等，2011）。

4. 多刺秀体溞（*Diaphanosoma sarsi* Richard，1894）

多刺秀体溞属于秀体溞属，为淡水种，栖息于湖泊或池塘的敞水区和沿岸区，暖季数量较多。其壳瓣的腹缘具有褶片，褶片较不发达，仅占壳瓣腹缘的一部分；壳瓣腹缘仅有棘齿而无刚毛。

当前种主要出现在长江口南支水域，且数量较多，在北支中也有发现，但数量较少（曾强，1993）。

5. 鸟喙尖头溞（*Penilia avirostris* Dana，1852）

鸟喙尖头溞隶属于仙达溞属，为暖水高盐型，栖息于海洋中，属于海产种。

当前种8月主要分布于长江口122°20′E以东水域，在6—9月大量出现，这与海水的温度和盐度密切相关。当前种分布于盐度为25～30、温度为25～27 ℃的水域中（陈亚瞿 等，1995a）。当前种在长江口羽状锋区丰水期为优势种，分布在0～10 m水层，其垂直分布需适宜的温度和盐度，并与叶绿素a及浮游植物的高密度分布存在密切关系（徐兆礼 等，1995a）；此外，还有报道认为，当前种也出现于夏季，在表层水温26～29 ℃、盐度在11～24的水域带中分布相对集中（陈佳杰 等，2008a）。

6. 晶莹仙达溞［*Sida crystallina*（O. F. Müller，1776）］

晶莹仙达溞属于仙达溞属，为淡水种，习居于湖泊和池塘沿岸的水草丛中。当前种有15～20根游泳刚毛（蒋燮治 等，1979）。

在长江口，于20世纪80—90年代，当前种在南北支水域均有发现（曾强，1993）。目前有报道显示，当前种主要于秋季出现在北支中部（彭建华 等，2008）。

二、尖头溞科（Alininae）

1. 肋形尖额溞（*Alona costata* Sars，1862）

肋形尖额溞属于尖额溞属，为淡水种，栖息在湖泊沿岸或池塘和水坑中。当前种与点滴尖额溞不同的是后腹部有侧刚毛簇，壳面有清晰的条纹，有无分叉的肛刺且肛刺基部无细刚毛，唇脊光滑。

当前种在长江口的南支有发现，数量不多（曾强，1993）。

2. 点滴尖额溞（*Alona guttata* Sars，1862）

点滴尖额溞属于尖额溞属，为淡水种，习居于湖泊沿岸草丛中，池塘或泥潭里也有，每年的5—10月数量较多。当前种后腹部的末背角呈交角状，后腹部后缘平截，后缘与尾爪之间的角度较小且后腹部无侧刚毛（蒋燮治 等，1979）。

当前种在长江口南支有发现（曾强，1993）。

3. 矩形尖额溞（*Alona rectangula* Sars，1861）

矩形尖额溞属于尖额溞属，后腹部的末背角浑圆，尾爪与后腹部后缘之间的角度较大；体小，雌性体长通常在0.5 mm以下，肛刺在10个以下且排列并未结集成束。

当前种主要分布在我国四川和湖北。在长江口的南支和北支均有发现，但数量较少（曾强，1993）。

当前种可以作为环境指示物种，也可作为水产动物饵料。

4. 直额弯尾溞（*Camptocercus reciirostris* Schödler，1862）

直额弯尾溞属于弯尾溞属，为淡水种，栖息于湖泊或池塘沿岸的水草丛中。其壳瓣后缘很高，仅稍低于壳瓣的最高部位，体侧扁，长卵形，头部与背部都有隆脊；壳面有明显的纵纹，吻部尖。第2触角内外肢各分3节，共有7根游泳刚毛，尾爪凹面的中央具附刺列，后腹部有肛刺，形状较细长。壳瓣后腹角即使具有刻齿，一般也不超过3个；尾爪基部背侧的一列棘刺细小，刺列约占爪长的一半；后腹部有肛刺15～17个，各侧还有栉毛簇。

当前种在长江口的南支有发现（曾强，1993）。

三、盘肠溞科（Chydorinae）

1. 圆形盘肠溞［*Chydorus sphaericus*（O. F. Müller，1785）］

圆形盘肠溞为广温性淡水种，栖息于各类大小和深浅不同的水域中，在湖泊和池塘中以沿岸水草中的数量最丰富。当前种体小，长度在0.5 mm以下；壳瓣腹缘内面无拱形下陷且背缘均匀弧曲，无峰状隆起；唇片沿脊无齿，壳瓣后腹角浑圆，后腹部短而宽。

当前种在长江口分布较广泛（曾强，1993）。

2. 吻状异尖额溞［*Diaparalona rostrata*（Koch，1841）］

吻状异尖额溞为淡水种，体呈长卵形，背侧宽圆，腹侧扁平。壳瓣后腹角无刻齿，但有时可有1个小齿。吻长而尖，第2触角总共只有7根游泳刚毛；头甲向后背延伸，不能达到壳瓣的中部，头孔靠近头甲的后缘；后腹部有肛刺和侧刚毛簇。尾爪有1个或2个爪刺，肠管末端有1个盲囊。

当前种在长江口南支和北支均有发现，数量不多（曾强，1993）。

3. 三角平直溞［*Pleuroxus trigonellus*（O. F. Müller，1785）］

三角平直溞为淡水种，体侧扁，呈长卵形或椭圆形；壳瓣后缘很低，最高不超过壳高的一半；壳面大多有明显的纵纹，头部低，吻尖长，向内弯曲；单眼比复眼小很多；第1触角短小，第2触角内外肢各3节，共有8根游泳刚毛；后腹部末背角不凸起，无成束的肛刺，后腹角具有小齿（雌性第1胸肢无钩）；肛门陷显著短于肛门后方背缘的长度

（沈嘉瑞 等，1979）。

当前种在长江口南支和北支均有发现（曾强，1993）。

4. 球状伪盘肠溞［*Pseudochydorus globosus*（Baird，1843）］

球状伪盘肠溞为淡水种，体近乎圆球形。壳瓣宽厚，在正中央有 1 块暗黑色的斑纹，腹缘后半部内褶；吻部长而尖，向后弯曲；复眼显著大于单眼；第 2 触角内外肢各分 3 节，胸肢 5 对，后腹部狭长，第 1 触角短而粗。

当前种在长江口南支和北支均有发现（曾强，1993）。

四、象鼻溞科（Bosmina）

1. 简弧象鼻溞（*Bosmina coregoni* Baird，1857）

简弧象鼻溞属于象鼻溞属，为淡水种，大多栖息于大型湖泊或水库的敞水区，有时也出现于沿岸区。终年可见，但数量以春季最多。当前种的尾爪只有基部的 1 行栉刺，额毛靠近吻部末端着生；壳弧为 1 条隆线，库尔茨毛细长。

当前种在长江口的南支和北支为优势种（郑金秀 等，2011），全年均有分布，夏季平均密度较大（张宇 等，2011）。

2. 颈沟基合溞（*Bosminopsis deitersi* Richard，1895）

颈沟基合溞为淡水种。有颈沟，身体清楚地分为头和躯干；壳瓣后腹角不延伸成壳刺；腹缘后端部分列生棘刺，棘刺可随个体的成长而逐渐变短，甚至完全消失；雌体第 1 触角基端左右愈合，共有 2 根触毛；末端部弯曲；无三角形的棘齿，但有很多细齿；嗅毛着生于触角的末端；第 2 触角内外肢均分 3 节；胸肢 6 对，前 2 对呈叶片状，最后 1 对退化；后腹缘向后削细；肛刺细小；尾爪着生在 1 个大的突起上，有 1 个发达的爪刺。

当前种在长江口南支和北支均有发现（曾强，1993）。

3. 脆弱象鼻溞（*Bosmina fatalis* Burckhardt，1924）

脆弱象鼻溞属于象鼻溞属，为淡水种，主要栖息于湖泊与江河中，终年可见，数量以夏秋季较多。当前种的尾爪只有基部的一行栉刺，额毛靠近吻部末端着生；壳弧为 2 条平行而分叉的隆线，库尔茨毛粗短。

当前种在长江口南支和北支均有发现（曾强，1993）。

4. 长额象鼻溞［*Bosmina longirostris*（O. F. Müller，1785）］

长额象鼻溞属于象鼻溞属，为广温性淡水种，栖息于湖泊、池塘等各类大小不同的水域中，但以湖泊为主，尤其在富营养型水域中数量较多。当前种的尾爪与中部各有 1 行栉刺，额毛着生于复眼与吻部末端间的中央。

当前种在长江口南支和北支的浮游动物中为优势种（郑金秀 等，2011）。

当前种为水产动物的饵料，同时具有环境指示作用。

五、溞科（Daphniidae）

1. 角突网纹溞（*Ceriodaphnia cornuta* Sars，1885）

角突网纹溞属于网纹溞属，为暖性淡水种，生活于湖泊、池塘、水沟以及水稻田中，经常成为各类水域中的优势种。壳瓣上无角状突起，在吻的部位有一尖的突起。

当前种在长江口的南支出现。

2. 宽尾网纹溞（*Ceriodaphnia laticaudata* P. E. Müller，1867）

宽尾网纹溞为淡水种，壳瓣上无角状突起，在吻的部位无突起，尾爪上无栉刺，后腹部中部宽阔。

当前种在长江口的南支出现。

3. 美丽网纹溞（*Ceriodaphnia pulchella* Sars，1862）

美丽网纹溞为淡水种。壳瓣上无角状突起，在吻的部位无突起；尾爪上无栉刺；后腹部中部不增宽；头腹面向外膨凸；靠近肛刺列的前部有3～5个侧刺。

当前种在长江口的南支出现。

4. 方形网纹溞［*Ceriodaphnia quadrangular*（O. F. Müller，1785）］

方形网纹溞为淡水种，生活于浅水湖泊、池塘以及沼泽的水草丛中。壳瓣上无角状突起，在吻的部位无突起；尾爪上无栉刺；后腹部中部不增宽；头腹面不向外膨凸；只有肛刺列而无侧刺；壳弧无钩状突起。

当前种在长江口沿岸的碎波带有分布，常见于丰水期（张宇 等，2011）。

5. 隆线溞（*Daphnia carinata* King，1853）

隆线溞属于溞属，为淡水种，但也可生活在半咸水环境中，生活在湖泊、水库以及江河中，习居于富营养型水域中，夏季产量最高。体大，体侧扁但不明显，体形有向圆球形发展的趋势；头甲的背缝向前缩短，壳瓣背侧的脊棱伸进头甲；壳弧向外侧凸，呈角形；头部高，吻长而尖，后腹部背侧没有凹陷；卵鞍近乎矩形，冬卵的长轴斜向平行于卵鞍背面。

当前种在长江口南支出现（曾强，1993）。

6. 小栉溞（*Daphnia cristata* Sars，1862）

小栉溞为淡水种。体较小而侧扁；头甲的背缝向后伸进壳瓣部位；壳弧较不突出，多数种类不形成副壳弧；卵鞍近乎三角形；第2触角内肢的游泳刚毛共4根，尾爪凹面无栉状刺列。

当前种在长江口的南支有分布（彭建华 等，2008）。

7. 僧帽溞（*Daphnia cucullata* Sars，1862）

僧帽溞为淡水种，也可在半咸水环境下生活。体较小而侧扁；头甲的背缝向后伸进壳瓣部位；壳弧较不突出，多数种类不形成副壳弧；卵鞍近乎三角形；第2触角内肢的游泳刚毛有5根；吻短而钝，嗅毛末端超过吻尖；通常无单眼。

当前种在长江口南支和北支均有出现。

8. 透明溞（*Daphnia hyalina* Leydig，1860）

透明溞为淡水种，常作为实验研究的对象，与上述种不同的是壳瓣背侧的脊棱伸展到头部；季节性变异显著，夏季型有尖或钝的头盔。

当前种分布于长江口口门内水域。有记录显示，其在枯水期平均数量达14个/L，占浮游动物总数量的11.91%（郭沛涌 等，2008a）。

9. 长刺溞（*Daphnia longispina* O. F. Müller，1785）

长刺溞为淡水种，也可在半咸水环境下生活，食小环藻等藻类。体较小而侧扁；头甲的背缝向后伸进壳瓣部位；壳弧较不突出，多数种类不形成副壳弧；卵鞍近乎三角形；吻长而尖，嗅毛束不超过吻尖；具有单眼；壳瓣背侧的脊棱不伸展到头部；季节性变异不显著，夏季性无头盔（蒋燮治 等，1979）。

当前种在长江口的南支出现，常出现于秋季。

10. 鹦鹉溞（*Daphnia psittacea* Baird，1850）

鹦鹉溞为淡水种，有生长快、个体较大、成熟早、繁殖快和分布较广的特点，繁殖以夏季最为旺盛。当前种与隆线溞不同的是头部低，吻短而钝，后腹部背侧没有凹陷。

当前种在长江口北支出现。

11. 蚤状溞（*Daphnia pulex* Leydig，1860）

蚤状溞为淡水种，也可生活于咸淡水（盐度2～5）环境，栖息于水潭、水坑、池塘以及湖泊中。体较小而侧扁；头甲的背缝向后伸进壳瓣部位；壳弧较不突出，多数种类不形成副壳弧；卵鞍近乎三角形；第1触角部分被吻的下部掩盖，角丘长而低；壳瓣腹侧中部既不凹陷，又无刚毛列；尾爪凹面有栉状刺列。

当前种在国内外分布很普遍，其中我国除广西、贵州、宁夏、黑龙江外，各省份都有分布。当前种在长江口的南支和北支均有出现，属于常见型。

12. 壳纹船卵溞（*Scapholeberis kingi* Sars，1903）

壳纹船卵溞属于卵溞属，为淡水种。身体几乎呈长方形，不很侧扁，头短，约占体长的1/4。色较灰暗。壳瓣腹缘前端的棱角突起显著，靠近后缘；后腹角具有向后延伸的壳刺；头部大而低垂；颈沟虽浅，但很明显，吻短而钝；单眼点状；第1触角短小，在形状上雌雄两性几乎无差异；后腹部短而宽；尾爪粗短，无栉刺或只有篦毛列；腹突发达。

当前种在长江口常见于7、8月（张宇 等，2011）。

13. 平突船卵溞［*Scapholeberis mucronata*（O. F. Müller，1785）］

平突船卵溞为淡水种，其与壳纹船卵溞不同的是头长约占体长的1/3；棱角突起较不明显；靠近壳瓣后缘无与之平行的壳纹。

当前种在长江口的南支和北支均有发现。

14. 棘爪低额溞 [*Simocephlaus erspinosus* (Koch，1841)]

棘爪低额溞属于低额溞属，为淡水种，广温性，主要栖息在小型水域中。额浑圆，壳瓣背缘后半部具锯状小齿；肛刺15个以上；尾爪具栉刺。

在欧洲、北美洲、亚洲和非洲均有分布，在我国分布于台湾、江苏、河北、吉林、云南、内蒙古和甘肃等地。当前种在长江口沿岸碎波带有出现，11月有发现（张宇 等，2011）。

15. 拟老年低额溞（*Simocephalus vetuloides* Sars，1898）

拟老年低额溞为淡水种。额浑圆；尾爪无栉刺；壳瓣背缘的后端部分向外凸出。

当前种在长江口常见于南支和长江口碎波带（张宇 等，2011）。

16. 老年低额溞 [*Simocephalus vetulus* (O. F. Müller，1776)]

老年低额溞为淡水种，喜栖于水草茂密、泥土较深的湖岸边和池塘，通常用游泳刚毛攀附在水草上而不在水体中飘浮。额浑圆；尾爪无栉刺；壳瓣背缘的后端部分不向外凸出。

当前种在长江口南、北支和沿岸碎波带都有出现。

六、裸腹溞科（Moinidae）

1. 近亲裸腹溞（*Monia affinis* Birge，1893）

近亲裸腹溞为淡水种，适宜的盐度范围为0～6，但也可以经过短期的盐度驯化使盐度上升1～2（赵文 等，2006）。当前种后腹部的肛刺9～15个，复眼较大，靠近头部的边缘；壳瓣腹缘前端的长刚毛35～41根；雄性第1触角的触毛靠近基端，末端有4根钩状刚毛，卵鞍表面全部有网纹。

当前种在长江口北支的秋季较常出现。

2. 短型裸腹溞 [*Moina brachiata* (Jurine，1820)]

短型裸腹溞为淡水种。其尾爪基部背侧具有栉刺列；头部背面没有长的刚毛，头长超过壳长的一半；卵鞍内储冬卵2个。

当前种在长江口的南支和北支均出现（曾强，1993）。

3. 多刺裸腹溞 [*Moina macrocopa* (Straus，1820)]

多刺裸腹溞为淡水种，习居于小型水域中，尤其在间歇性小水域中最为常见，夏季大量出现。当前种尾爪基部背侧无栉刺列；卵鞍内储冬卵2个，雄性第1触角的触毛靠近中部，末端有5～8根钩状刚毛。

当前种在长江口有分布，但不多见。

4. 微型裸腹溞（*Moina micrura* Kurz，1874）

微型裸腹溞栖息于淡水或者咸水环境（彭建华 等，2008），嗜暖性，常生活于富营养的池塘和浅水湖泊中，对高温、缺氧和污染等不良环境具有较强的抗耐力。当前种头长，但其长度并未到壳长的一半；后腹侧的肛刺只有4～7个；卵鞍内储冬卵1个。

当前种遍布于中国各省份，在长江口南支和北支均有分布，一般出现在秋季。

5. 直额裸腹溞［*Monia rectirostris*（Leydig，1860）］

直额裸腹溞为广温淡水种，栖息于不同的淡水或咸水等小型水域中，大量出现于水质混浊而底部为淤泥的小型水域中。当前种壳瓣腹缘前端的长刚毛20～27根；雄性第1触角的触毛靠近中部，末端有5～6根钩状刚毛；卵鞍表面的后缘沿边和中央无网纹。

当前种在国内外分布广泛，其中国内分布在江苏、河北、吉林、云南、内蒙古、甘肃、宁夏、青海、西藏和新疆等地（蒋燮治 等，1979）。当前种在长江口的南支和北支均有出现（曾强，1993）。

七、粗毛溞科（Macrothricidae）

1. 肥胖三角溞（*Evadne tergeslina* Claus，1862）

肥胖三角溞为半咸水种，一般分布于海洋。当前种体短，头部大；复眼大，单眼与壳弧均无；第1触角很小，不能活动；后腹部短，有2个尖端；无尾爪。

在长江口主要分布在长江口低盐水域中，发现于122°30′—122°50′E、31°20′N水域附近，出现于夏季，具有暖水性，在表层水温26～29℃、盐度11～24的区域集中分布（陈佳杰 等，2008a），在枯水期未有分布（陈亚瞿 等，1995a）。

2. 底栖泥溞［*Ilyocryptus sordidus*（Liéven，1848）］

底栖泥溞为淡水种，栖息于湖泊、水库、池塘的底部以及水流缓慢或静止的河沟底部淤泥的表层，通常在淤泥中匍匐，很少活动于水层中，是典型的底栖种类。当前种肛门陷于尾爪基部和尾刚毛着生点的正中间。

当前种在长江口的南支出现。

3. 寡刺泥溞（*Ilyocryptus spinifer* Herrick，1884）

寡刺泥溞为淡水种。当前种第2触角的游泳刚毛较长；肛门陷靠近尾刚毛着生点，后腹部在肛门陷到尾刚毛着生点之间的各侧有肛刺5～7个。

当前种在长江口的北支出现。

4. 透明薄皮溞［*Leptodora kindti*（Focke，1844）］

透明薄皮溞为淡水种，大多栖息于大、中型湖泊或水库的敞水区，是典型的浮游种类。当前种昼夜垂直移动显著，原因是它们畏强光。体长，近乎圆柱形，分节；壳瓣短小，不包被躯干部和胸肢；复眼发达；第1触角细小；第2触角发达，内外肢各4节；胸肢6对，圆柱形，无外肢和内肢；腹部分4节，最末1节即后腹部，有1对大的尾爪；肠道直，无壳瓣；冬卵间接发育，先孵出后再经历无节幼体，然后变态而成幼溞；当前种体长，雌体3.00～7.50 mm、雄体2.00～6.85 mm。

当前种在长江口的南支较常见。

第四节 长江口桡足类

桡足类隶属于甲壳亚门颚足纲桡足亚纲，是浮游甲壳动物中最重要，且最具有经济意义的一类。桡足类不论在种类上还是丰度上都超过其他类群，营浮游与寄生生活；在所有水域，不论咸水、半咸水还是淡水中，该类群都有分布。温度和盐度是影响桡足类生存的最重要因素，与枝角类不同的是它们绝大多数栖息在海洋中。

长江口的桡足类主要是营自由生活的种类，包括哲水蚤目、剑水蚤目和猛水蚤目，它们可以作为长江口各种鱼类的饵料，也可以作为寻找渔场的标志，有一些桡足类也是水体污染的指示生物，当然某些桡足类［如台湾温剑水蚤（*Thermocyclops taihokuensis*）］会危害渔业，也是寄生虫的中间寄主（沈嘉瑞 等，1979）。

本书记录的长江河口桡足类包括哲水蚤目（Calanoida）、剑水蚤目（Cyclopoida）和猛水蚤目（Harpacticoida）等，共约80种。

一、哲水蚤目（Calanoida Sars，1903）

1. 太平洋纺锤水蚤（*Acartia pacifica* Steuer，1915）

太平洋纺锤水蚤为河口及沿岸低盐型，适盐范围为10～28，常随沿岸流入侵，在大潮期间及涨潮时尤多；夏季涨潮时的个体密度大于落潮时的密度，且涨潮时其规律不明显（徐兆礼 等，1995b）。

当前种广泛分布在中国近海及河口区。当前种的密集区主要分布在长江口外121°50′—122°20′E、31°00′—31°30′N范围内（陈亚瞿 等，1995a），其中在8月，当前种为该海域的优势种，涨潮时优势度约为0.13，落潮时约为0.30（张丹 等，2014）。

2. 克氏纺锤水蚤（*Acartia clausi* Giesbrecht，1889）

克氏纺锤水蚤为沿岸低盐型，适宜盐度为10～25，一般为近海种（陈亚瞿 等，1985）。在长江口北支，是落潮时刻的优势种（徐兆礼，2005）。

3. 纺锤镖水蚤未定种（*Acartia* sp.）

纺锤镖水蚤未定种为低盐近岸型，在长江口北支的春季和秋季都出现（彭建华 等，2008）。

4. 中华哲水蚤（*Calanus sinicus* Brodsky，1962）

中华哲水蚤食性为滤食型，主要滤食水中硅藻、细菌、有机碎屑等的悬浮颗粒。

在我国当前种分布于黄海和东海近海海区内。在长江口主要分布在122°30′—123° 40′E的羽状外缘盐度较高的水域内（陈亚瞿 等，1995a）；在长江口羽状锋区丰水期主要分布于30 m以上浅水层，枯水期则分布于10 m以上水层（徐兆礼 等，1995a）。该海域受长江淡水影响较小，个体数量为4.17～70.19个/m^3（纪焕红 等，2006）。

当前种个体大、数量多，是我国沿海及长江口渔场最重要的饵料生物，在渔业生产上具有重要意义。

5. 墨氏胸刺水蚤（*Centropages mcmurrichi* Willey，1920）

墨氏胸刺水蚤属于近岸低盐型。

当前种在长江口沿岸碎波带有分布（张宇 等，2011）。

6. 背针胸刺水蚤（*Centropages dorsispinatus* Thompson & Scott，1903）

背针胸刺水蚤为沿岸低盐型，适宜盐度为10～25（郭沛涌 等，2003）。

当前种在长江口主要分布在122°00′—122°40′E、31°05′—31°20′N水域中（陈亚瞿等，1995a），其中在122° E附近海域形成个体密度较高的高生物量区，个体数量为1.82～125.71个/m^3，是长江口混合区的优势种之一，在123°E以东海域无分布（纪焕红等，2006）。

7. 瘦尾胸刺水蚤（*Centropages tenuiremis* Thompson & Scott，1903）

瘦尾胸刺水蚤为近岸低盐型，杂食性。

当前种在长江口沿岸碎波带于1月有分布记录（张宇 等，2011）。

8. 中华胸刺水蚤（*Centropages sinensis* Chen & Zhang，1965）

中华胸刺水蚤属于低盐类型。

在1—3月和10—12月，当前种在长江口碎波带地区有发现（张宇 等，2011），且是长江口北支丰水期和枯水期的代表种之一（徐兆礼，2005；张丹 等，2014）。

9. 中华原镖水蚤［*Eodiaptomus sinensis*（Burckhardt，1913）］

中华原镖水蚤于每年5—11月较常见，在湖泊的沿岸带和敞水带都有，江河和鱼池中也常见，迄今仅见于长江的中下游（沈嘉瑞 等，1979）。

在我国分布于江西九江、湖北、江苏和上海等地。当前种在长江口南支出现。

10. 强真哲水蚤［*Eucalanus carssus*（Giesbrecht，1888）］

强真哲水蚤为高温高盐型。

在长江口出现的当前种一般由外海热带台湾暖流前锋带入，比例很小，通常适盐范围在25～34.5（徐兆礼 等，1995b）。

11. 亚强真哲水蚤（*Eucalanus subcrassus* Giesbrecht，1888）

亚强真哲水蚤为高温高盐型。

在长江口出现的当前种一般是由暖流前锋带入，比例很小，通常适盐范围在 25.0～34.5（徐兆礼 等，1995b），一般出现在长江口外水域。殷晓龙和徐兆礼（2015）报道，当前种在长江口南支、北支、北港和长江口外水域春季和秋季有出现，丰度达 15.13%。亚强真哲水蚤的优势度主要在夏秋季，且近年来当前种在东海浮游桡足类中的重要性有所提高，尤其在秋冬季特别显著，这可能与全球变暖有关（徐兆礼，2006）。

12. 精致真刺水蚤（*Euchaeta concinna* Dana，1849）

精致真刺水蚤为暖水高盐型，适宜盐度在 30 以上。

在长江口分布于东南部台湾暖流所控制的高温水域中（陈亚瞿 等，1995a）；此外，在长江口碎波带的 3 月和 11 月也有出现（张宇 等，2011）。

13. 平滑真刺水蚤（*Euchaeta plana* Mori，1937）

平滑真刺水蚤为暖水高盐型。

在长江口当前种分布于东南部台湾暖流所控制的高温水域中（陈亚瞿 等，1995a）。

14. 太平洋真宽水蚤（*Eurytemora pacifica* Sato，1913）

太平洋真宽水蚤属于近岸低盐型。

当前种在长江口碎波带占 0.02%，主要出现在 3 月（张宇 等，2011）。

15. 锯齿明镖水蚤（*Heliodiaptomus serratus* Shen & Tai，1962）

锯齿明镖水蚤为淡水种，通常生活于温暖区域的湖泊和小河中。

当前种为中国特有种，分布于广东（顺德）、广西（桂林）、湖北（黄冈）和江苏（无锡）等地（沈嘉瑞 等，1979）。当前种 7 月在长江口碎波带有发现（张宇 等，2011）。

16. 真刺唇角水蚤（*Labidocera euchaeta* Giesbrecht，1889）

真刺唇角水蚤为沿岸低盐型，适宜盐度为 10～25（陈亚瞿 等，1985）。盐度是影响当前种分布的主要因素，其分布的适宜温度约为 16 ℃。

当前种在杭州湾、长江口及苏北浅滩水域广泛分布，夏初至秋初数量甚大（陈亚瞿 等，1995a），密集区为盐度 10～25 的近海低盐水域，是长江口混合区的主要优势种类，其个体数量可达 1.67～88.14 个/m^3（纪焕红 等，2006）。当前种在长江口的枯、丰水期均为优势种，但在枯水期数量较少，丰水期数量大，更适宜在较高温度下生长。

17. 锥肢蒙镖水蚤［*Mongolodiaptomus birulai*（Rylov，1923）］

锥肢蒙镖水蚤为淡水种，生活于湖泊的敞水带及近岸、池塘内和河口咸淡水中。

在我国分布于广东、广西、台湾、福建、湖南、浙江、江苏、河北和黑龙江等地。当前种在长江口南支出现。

18. 长江新镖水蚤（*Neodiaptomus yangtsekiangensis* Mashiko，1951）

长江新镖水蚤为中国南方特有种，栖息于池塘、湖泊及河流中，常与右突新镖水蚤栖息于同一水域。

在我国分布于广东、广西、湖北武汉、浙江菱湖、江苏无锡和安徽巢湖等地。当前种在长江口北支有出现。

19. 右突新镖水蚤［*Neodiaptomus schmackeri*（Poppe & Richard，1892）］

右突新镖水蚤为近岸低盐型，多栖息于湖泊的近岸带及小河口，池塘内数量较多，并常与长江新镖水蚤生活于同一水域。

当前种在印度和俄罗斯（绥芬河口—小湖）有分布记录，在我国分布于各省份。在长江口流域的春季和晚秋时数量增多（沈嘉瑞 等，1979）。

20. 特异荡镖水蚤［*Neutrodiaptomus incongruens*（Poppe，1888）］

特异荡镖水蚤属于南方种，栖息于湖泊、河流和池塘中，通常4—5月开始出现（沈嘉瑞 等，1979）。

现在长江口的当前种主要是由长江径流带入的淡水种，其适宜于盐度5以下的水域（陈亚瞿 等，1985）。有报道显示，当前种在长江口碎波带的10月至翌年3月均有出现（张宇 等，2011）。

21. 针刺拟哲水蚤［*Paracalanus aculeatus*（Giesbrecht，1888）］

针刺拟哲水蚤为广温高盐型。

当前种在长江口，秋季主要分布在北支，偶尔在北港出现（高倩 等，2008）；但也有报道显示，当前种仅在8月为优势种（徐韧 等，2009）。

22. 强额拟哲水蚤［*Paracalanus crassirostris*（F. Dahl，1894）］

强额拟哲水蚤为半咸水种。

当前种在长江口南支的优势度为0.03，平均丰度为5.00个/L，在咸淡水交错区的平均丰度为17.14个/L，优势度也为0.03（徐韧 等，2009）。

23. 小拟哲水蚤［*Paracalanus parvus*（Claus，1863）］

小拟哲水蚤为半咸水种，也能在较高的盐度下生存。

当前种在我国分布于黄海、东海、南海和渤海。在长江口分布于咸淡水交错水域，且为该水域中的优势种（徐韧 等，2009）。

24. 舌状叶镖水蚤（*Phyllodiaptomus tunguidus* Shen & Tai，1964）

舌状叶镖水蚤为暖水性淡水种，栖息于湖泊和江河中。

当前种在我国分布于广东等地（沈嘉瑞 等，1979）。当前种在长江口南支和北支均有出现（曾强，1993）。

25. 鼻锚哲水蚤［*Rhincalanus nasutus*（Giesbrecht，1888）］

鼻锚哲水蚤为高温高盐型。

在长江口出现的当前种一般由台湾暖流前锋带入，比例很小，通常适盐范围在25～34.5（徐兆礼 等，1995b）。

26. 球状许水蚤［*Schmackeria forbesi*（Poppe & Richard，1890）］

球状许水蚤为广温性淡水种，栖息于湖泊、池塘和江河中，湖泊中以沿岸带较多，当前种于江河中多在中上层水中活动。春秋两季带卵的母体较多，个体也比较丰满，体内充满着金黄色的油点（沈嘉瑞 等，1979）。

当前种在日本有分布，在我国分布于广东、福建、湖南、湖北和浙江等地（沈嘉瑞 等，1979）。当前种在长江口春秋季的南支和北支均有发现。

27. 指状许水蚤［*Schmackeria inapinus*（Burckardt，1913）］

指状许水蚤为半咸水种，在淡水、咸淡水和低盐度海水中分布，主要在河口近岸处活动，春夏两季数量不多，到初秋，数量骤增，个体亦较大，带卵母体较多，体内布满金黄色的油点，入冬后数量较少。

当前种在日本和俄罗斯有分布，在我国分布于鉴江口、福建、浙江、长江口、黄河口、天津等河口或沿岸带。当前种在长江口南支和北支均出现。

28. 火腿许水蚤（*Schmackeria poplesia* Shen，1955）

火腿许水蚤为河口半咸水种，适盐范围较宽，适宜盐度为2～10。

当前种在我国分布于广东（珠江口、鉴江口）、福建（厦门）、浙江（杭州湾）、上海（长江口、奉贤近海）、山东（黄河口）和天津（大沽口）。在长江口主要分布于121°52′—122°20′E、31°20′N以南水域中（陈亚瞿 等，1995a），当前种常作为河口的指示种（陈亚瞿，1985）。当前种在长江口北支是绝对的优势种，其个体数范围为0.56～293.33个/m^3（徐兆礼，2005），而在长江口南支数量极少，主要位于南汇嘴附近，而当前种的个体数量在长江口从内到外逐渐增加（纪焕红 等，2006）；此外，当前种是长江口碎波带的第2优势种，优势度为0.22（张宇 等，2011）。当前种在丰水期为主要优势种，在枯水期数量较丰水期明显减少（郭沛涌 等，2008b）。

29. 缘齿厚壳水蚤［*Scolecithrix micobarica*（Sewell，1929）］

缘齿厚壳水蚤为半咸水种。

当前种在长江口的南支和北支均有发现。

30. 汤匙华哲水蚤［*Sinocalanus dorrii*（Brehm，1909）］

汤匙华哲水蚤为淡水种，种类数量少，一般出现在丰水期，对盐度的适宜范围在5以下，出现在落潮水体中（徐兆礼 等，1995b）。主要栖息于我国亚热带和温带的湖泊、池塘和河流中。

当前种广泛分布于东北和华中各省。殷晓龙和徐兆礼（2015）报道，当前种在长江口南支水域中比较多见，丰度达93.55%，是秋季南支水域中最主要的浮游动物种类；此外，在长江口碎波带也有分布，但所占比例较小（张宇 等，2011）。

当前种是淡水经济鱼类的良好饵料。

31. 中华华哲水蚤［*Sinocalanus sinensis*（Poppe，1895）］

中华华哲水蚤为近岸低盐型，适温范围为13～20℃（徐兆礼 等，1995b）。当前种的食性为滤食型，滤食水中硅藻、细菌、有机碎屑等的悬浮颗粒。

在长江口和浙闽沿岸河口水域有当前种分布（郭沛涌 等，2008b）。当前种在长江口外水域出现率最高，在南支、北支和北港水域各站位均有出现，是南支、北支和北港的重要种类，其丰度均高于50%，且出现率均为100%（殷晓龙 等，2015）；此外，在长江口碎波带也有发现，且为该水域的第1优势种，优势度约为0.52（张宇 等，2011）。当前种为长江口枯水期主要优势种，季节变化明显，适宜栖息在盐度10～25的河口区中，密集区与10的等盐线基本相同，可作为河口的指示种（陈亚瞿 等，1985）。

32. 细巧华哲水蚤［*Sinocalanus tenellus*（Kikuchi，1928）］

细巧华哲水蚤为河口半咸水种，适盐范围为0～29，适温范围为1～27 ℃，最适温度为15～20 ℃，最适盐度为12～18（林霞 等，2001），滤食水中的藻类、有机碎屑等。

当前种在日本有分布，在我国分布于福建、山东、河北和天津。在长江口当前种为多个季度的优势种（张丹 等，2014）。

33. 大型中镖水蚤［*Sinodiapyomus sarsi*（Rylov，1923）］

大型中镖水蚤为广温淡水种。

当前种在长江口沿岸碎波带有分布（张宇 等，2011）。

当前种为水环境的指示物种，同时可作为水产动物的饵料。

34. 虫肢歪水蚤（*Tortanus vermiculus* Shen，1955）

虫肢歪水蚤为河口及近岸半咸水种，适宜盐度为2～10。

当前种在长江口口门内没有发现，其只分布于121°52′ E以东水域（郭沛涌 等，2003），常作为河口的指示种（陈亚瞿 等，1985）。当前种为长江口南支和南汇嘴附近海域的主要优势种类，个体数量范围为0.33～420.00个/m^3，其中南汇嘴附近海域数量较多。当前种分布规律和火腿许水蚤相似，相关分析表明，虫肢歪水蚤和火腿许水蚤的相关系数可达0.997（纪焕红 等，2006）。有报道显示，当前种在枯、丰水期均为优势种，数量年际变化较大，其适盐范围比华哲水蚤较宽、较高（郭沛涌 等，2008b）。其在丰水期可分布至122.5°E，而枯水期仅分布于122°E以西水域（张锦平 等，2005）。

35. 歪镖水蚤（*Tortanus* sp.）

歪镖水蚤属于低盐近岸型。

当前种在长江口北支的秋季有出现，密度不大（彭建华 等，2008）。

二、猛水蚤目（Harpacticoida）

1. 短足叉额猛水蚤（*Cladorostrata brevipoda* Shen & Tai，1963）

短足叉额猛水蚤为淡水种。

当前种在我国分布于广东和福建。在长江口当前种只出现在秋季的北支（彭建华 等，2008）。

2. 短肢水生猛水蚤［*Enhydrosoma breviarticulatum*（Shen，1956）］

短肢水生猛水蚤为淡水种，分布在近海江河的淡水中。

当前种在我国主要分布在广东和江苏无锡。当前种在长江口南支出现。

3. 湖泊拟猛水蚤（*Harpacticella laustris* Sewell，1924）

湖泊拟猛水蚤为半咸水种，可生活于淡水及咸淡水中。

当前种在印度有分布，在我国分布于长江口和福建沿岸带（沈嘉瑞 等，1979）。当前种在长江口沿岸碎波带全年都存在（张宇 等，2011）。

4. 双节猎手猛水蚤（*Huntemannta biarticulatus* Shen & Tai，1973）

双节猎手猛水蚤为淡水种，生活在近海区的淡水中。

当前种在我国主要分布在福建泉州一带。当前种在长江口南支有发现。

5. 窄肢湖角猛水蚤（*Limnocletodes angustodes* Shen & Tai，1963）

窄肢湖角猛水蚤为纯淡水种，生活于江河中。

当前种为中国特有种，分布于广东、云南、江苏、河北和天津等地（沈嘉瑞 等，1979）。当前种在长江口北支出现。

6. 鱼饵湖角猛水蚤（*Limnocletodes behningi* Borutzky，1926）

鱼饵湖角猛水蚤为广温半咸水种，除在通海的河口地区发现外，也能适应于淡水中生活。

当前种在俄罗斯和罗马尼亚有分布，在我国分布于福建、广东、江西、云南、江苏、北京、河北、天津、内蒙古等地。当前种在长江口北支发现（曾强，1993）。

7. 绥芬跛足猛水蚤（*Mesochra surifunensis* Borutzky，1952）

绥芬跛足猛水蚤为半咸水种，但也可以在纯淡水中生活。

当前种在长江口南支和北支较常出现。

8. 四刺跛足猛水蚤（*Mesochra quadrispinosa* Shen & Tai，1965）

四刺跛足猛水蚤为淡水种。

当前种在我国分布在广东和福建等地。当前种在长江口南北支出现。

9. 秀刺小节猛水蚤（*Microarthridion litospinatus* Shen & Tai，1973）

秀刺小节猛水蚤属于半咸水种。

当前种长江口沿岸碎波带有发现（张宇 等，2011）。

10. 海滨小节猛水蚤［*Microarthridion littoralis*（Poppe，1881）］

海滨小节猛水蚤为半咸水种，广温性，习居于近海沿岸带的咸淡水中，有时亦分布在淡水中。

在俄罗斯、挪威、英国及北美洲有分布，在我国分布于广东和福建等地（沈嘉瑞 等，1979）。当前种在长江口碎波带全年都有（彭建华 等，2008；张宇 等，2011）。

11. 红小毛猛水蚤［*Microsetella rosea*（Dana，1847）］

红小毛猛水蚤为高盐型，生活于海洋。

当前种在长江口碎波带的1月、9月和10月有发现（张宇 等，2011）。

12. 透明矮胖猛水蚤（*Nannopus palustris* Brady，1880）

透明矮胖猛水蚤为半咸水种，多生活于沿海潮汐所及的淡水或咸水中。

当前种在日本、俄罗斯、瑞典、挪威、德国、法国、英国、加拿大和美国有分布，在我国分布于广东、广西、福建、河北和天津等地。当前种在长江口南支和北支均有出现。

13. 矮胖猛水蚤（*Nannopus* sp.）

矮胖猛水蚤为半咸水种。

在长江口当前种只出现在春季的北支（彭建华 等，2008）。

14. 湖泊美丽猛水蚤［*Nitocra lacustris*（Schmankewitsch，1875）］

湖泊美丽猛水蚤为半咸水种，广温性，常见于近海区的水域中，以及盐度稍高的水域中。

在印度、俄罗斯、英国、爱琴海群岛、法国、德国和罗马尼亚等有分布，在我国分布于广东、福建盐田和江苏无锡等地（沈嘉瑞 等，1979）。当前种在长江口沿岸碎波带有发现（张宇 等，2011）。

15. 模式有爪猛水蚤［*Onychocamptus mohammed*（Blanchard & Richard，1891）］

模式有爪猛水蚤为广温广盐型。当前种可栖息在咸水及淡水中，一般生活于湖泊的敞水区、通海的河流里以及沟渠中，分布广泛。

当前种在泰国、俄罗斯、罗马尼亚、法国、德国、波兰、意大利、荷兰、埃及、阿尔及利亚、加拿大、美国、墨西哥和巴西有分布，在我国分布于广东、福建、江苏、北京、天津、河北和新疆等地。在长江口沿岸碎波带有发现（张宇 等，2011）。

16. 沼泽叶颚猛水蚤（*Phyiiognathopus paludosa* Mrazek，1893）

沼泽叶额猛水蚤主要栖息于生有水藓的泥潭、沼泽及湖泊的沿岸带，江河中亦有分布。据记载，繁殖习性为多周期性，没有卵囊，卵产后1日左右即孵化成无节幼体（沈嘉瑞 等，1979）。

在欧洲、非洲中部和北美洲有分布，在我国分布于广东、广西和福建等地。当前种在长江口南支和北支均有发现。

17. 三角大吉猛水蚤（*Tachidius triangularis* Shen & Tai，1963）

三角大吉猛水蚤为淡水种，生活于近海区的淡水中，冬季可采获带卵母体。

当前种分布于我国广东、福建和天津。当前种在长江口南支和北支出现。

18. 近刺大吉猛水蚤（*Tachidius vicinospinalts* Shen & Tai，1964）

近刺大吉猛水蚤为淡水种，常生活于淡水及低盐度的咸水中。

当前种为我国特有种，分布于广东和福建。当前种在长江口南支和北支出现。

三、剑水蚤目（Cyclopoida）

1. 角突刺剑水蚤［*Acanthocyclops thomasi*（Forbes，1882）］

角突刺剑水蚤为半咸水种。

当前种在德国、英国和美国均有分布，在我国分布于福建、陕西、河北、黑龙江、内蒙古和新疆等地。在长江口碎波带的1—4月有出现（彭建华 等，2008；张宇 等，2011）。

2. 矮小刺剑水蚤［*Acanthocyclops vernali*（Fischer，1853）］

矮小刺剑水蚤为淡水种。

当前种在长江口只出现在南支（彭建华 等，2008）。

3. 日本角眼剑水蚤［*Corycaeus japonicus*（Mori，1937）］

日本角眼剑水蚤属于外海高盐型。

当前种在长江口沿岸碎波带有分布，可能由潮汐冲刷而来（张宇 等，2011）。

4. 小突大眼剑水蚤［*Corycaeus lubbocki*（Giesbrecht，1981）］

小突大眼剑水蚤为低盐近岸型。

当前种在秋季的长江口北支有出现，但数量不多（彭建华 等，2008）。

5. 英勇剑水蚤（*Cyclops strenuous* Fischer，1851）

英勇剑水蚤为淡水种，生活于小型的水域中，或是间歇性的水体中，亦分布于坑池及湖泊等的沿岸带。广泛分布于含氧量较低、碱性较弱的水中，为常年可见的种类。繁殖习性为单周期性，春季繁殖最盛，夏季数量较少（沈嘉瑞 等，1979）。

在日本、印度、巴勒斯坦、欧洲各国及非洲、美洲若干地区有分布，在我国分布于四川、云南、福建、浙江、江苏、湖北、北京和天津等地。当前种在长江口南支有出现（曾强，1993）。

6. 近邻剑水蚤（*Cyclops vicinus* Uljanin，1875）

近邻剑水蚤为淡水种，广温性，是湖泊、鱼池中常见的浮游性种类，在沿岸带的数量较敞水带的数量少，也生活于小型的静水中，如池塘、沟渠以及流速迟缓的河流中。对pH的适应范围是5.9～9.13，适应性较强，终年可见，冬季亦能很好地生长繁殖（沈嘉瑞 等，1979）。

当前种在日本、欧洲各国及美国有分布，在我国分布于各省份。当前种在长江口数量少，一般出现在落潮水体中，对盐度的适宜范围在5以下（陈亚瞿 等，1985）。

7. 胸饰外剑水蚤［*Ecticyclops phaleratus*（Koch，1838）］

胸饰外剑水蚤为淡水种，广温性，栖息于温度稍高的环境，繁殖习性为双周期性，一般生活于不同类型的小型静止水域中或是在湖泊沿岸带的水草丛中，为典型的底栖种类；与猛水蚤相似，当前种腹部粗壮，触角短小，善于在底层活动；对 pH 的适应范围是 7.2～9.2。

当前种在日本、印度、美国及欧洲有分布，在我国分布于广东、云南、湖南、江西、浙江、江苏和山东等地。当前种在长江口沿岸碎波带的 7 月和 12 月有分布（张宇 等，2011）。

8. 锯缘真剑水蚤［*Eucyclops serrulatus*（Fischer，1851）］

锯缘真剑水蚤为淡水种（彭建华 等，2008），是广温性底栖性种类，生活于湖泊沿岸带及流动性的江河、沟渠中，行动迅速，很少与浮游性种类同时被采获到。当前种对温度变化的适应幅度很广，终年可见，对 pH 的适应范围为 5.0～9.0。植食性，常以各种不同的藻类为食，主要是硅藻以及鞭毛绿藻（沈嘉瑞 等，1979）。

当前种为世界广布种，在中国分布于各省份。当前种在长江口南支和北支出现。

9. 如愿真剑水蚤［*Eucyclops speratus*（Lilljeborg，1901）］

如愿真剑水蚤为淡水种，与其他种的识别区别是：第 5 胸足内刺粗壮；尾叉的长度是宽度的 5 倍以上、8 倍以下。当前种主要分布于河、池等小型水域或者湖泊、河流的沿岸带的水草丛中，甚至生活于泉水中，但数量很少，为广温性种类，终年可见，对 pH 的适应范围是 4.8～9.0（沈嘉瑞 等，1979）。

当前种在长江口北支的春季出现。

10. 宽足咸水剑水蚤（*Halicyclops latus* Shen & Tai，1964）

宽足咸水剑水蚤为半咸水种，能在淡水环境下生存，适宜的生活条件为 pH 为 8，水温为 27 ℃（沈嘉瑞 等，1979）。

当前种在长江口南支和北支出现（曾强，1993）。

11. 中华咸水剑水蚤（*Halicyclops sinensis* Kiefer，1913）

中华咸水剑水蚤为半咸水种，通常生活于低盐咸水中及淡水中。

当前种在我国分布于广东、江苏及天津等地。当前种在长江口常出现在南支和北支。

12. 中华窄腹剑水蚤［*Limnoithona sinensis*（Burckhardt，1913）］

中华窄腹剑水蚤为淡水种，浮游性，在湖泊的敞水区带数量较多，但亦分布在沿岸带及河、江、沟、塘中。夏秋两季为其繁殖旺季，至 12 月底仍有不少个体出现。

当前种为中国特有种，主要分布在广东、福建、江苏、安徽及天津等地。当前种在长江口南支和北支均有出现。

13. 四刺窄腹剑水蚤（*Limnoithona tetraspina* Zhang & Li，1976）

四刺窄腹剑水蚤为半咸水种。

当前种为中国的特有种。在长江口为常见种，尤其对长江口北支的贡献率较大（杨吉强 等，2014）。

14. 广布中剑水蚤［*Mesocyclops leuckarti*（Claus，1857）］

广布中剑水蚤为暖温淡水种，适宜温度为 15～30 ℃，为肉食动物，主要掠食枝角类、桡足类、双翅目昆虫等（沈嘉瑞 等，1979）。当前种在水温15～20 ℃时繁殖最盛，4 ℃时无节幼体即可死亡，在25 ℃以上时尚可很好地繁殖，最适宜的酸碱度为6～8.5（Roy，1932）。

当前种在长江口九段沙附近有分布，可作为淡水系指示物种，主要分布在盐度小于2的水域中（张锦平 等，2005；张宇 等，2011）。

15. 北碚中剑水蚤（*Mesocyclops pehpeiensis* Hu，1943）

北碚中剑水蚤为淡水种，体型较大，雌性体长1.5 mm左右；尾叉的长度约为宽度的4倍。

当前种在越南、印度、马来西亚、斯里兰卡、乌兹别克斯坦、日本、美国和墨西哥有分布，在我国分布于中南部（陈非洲 等，2008）。当前种在长江口北支有出现（曾强，1993）。

16. 等形小剑水蚤［*Microcyclops subaequalis*（Kiefer，1927）］

等形小剑水蚤为嗜暖狭温型，淡水种，主要生活于小型水域及湖泊沿岸带的水草丛中。

当前种在非洲有分布，在我国分布于云南、浙江和新疆等地。当前种在长江口碎波带和南支均有发现。

17. 跨立小剑水蚤［*Microcyclops varicans*（Sars，1963）］

跨立小剑水蚤为淡水种，生活于小型水域和流速缓慢的河流中，在湖泊沿岸带的水草丛中数量较多。

在非洲、欧洲和美洲有分布，在我国分布于除西藏、青海、新疆外的各省份。当前种在长江口南支和北支出现。

18. 短角长腹剑水蚤（*Oithona brevicornis* Giesbricht，1891）

短角长腹剑水蚤属于近岸低盐型。

当前种在长江口碎波带有分布（张宇 等，2011）。

19. 近亲拟剑水蚤［*Paracyclops affinis*（Sars，1863）］

近亲拟剑水蚤为广温淡水种，为典型的底栖性种类，栖息于各种类型水域沿岸带的水草中，对pH的适应范围是4.7～9.2；当前种与其他种的区别为：第1触角分11节；尾叉的长度不超过宽度的3倍；第5胸足的内刺为节本部的3～4倍。

当前种在欧洲、非洲、澳大利亚、加拿大、日本、印度尼西亚、印度均有分布，在我国分布于广东、福建、云南、江西、山东、黑龙江和新疆等地（沈嘉瑞 等，1979）。当前种在长江口南支和北支均有发现（曾强，1993）。

20. 毛饰拟剑水蚤［*Paracyclops fimbriatus*（Fischer，1853）］

毛饰拟剑水蚤为淡水种，广温型，是一种典型的底栖性种类，一般生活于湖泊的沿岸带及亚沿岸带的植物丛中。善于在底部爬行。对水质及生境的适应力很强，能在深水、浅水或流水中生活，也能在高山湖泊中以及内陆咸水湖或岩洞泉水中生存。对pH的适应范围为 4.1～8.6。繁殖习性一般为双周期或多周期性，有时为单周期性，夏季为其繁殖盛期（沈嘉瑞 等，1979）。

当前种在亚洲和欧洲有分布，在我国分布于广东、广西、福建、台湾、云南、贵州、江西、湖北、江苏、陕西、北京、内蒙古、吉林、黑龙江、甘肃和新疆等地（沈嘉瑞 等，1979）。当前种在长江口南支和北支均有发现。

21. 粗壮温剑水蚤［*Thermocyclops dybowskii*（Lande，1890）］

粗壮温剑水蚤多生活于湖泊沿岸带的水草丛中以及植物丰富的池塘中。当前种为暖水狭温性种类。适应中性及弱碱性的水质；繁殖习性为双周期（沈嘉瑞 等，1979）。

当前种在长江口有分布，但较少见。

22. 透明温剑水蚤［*Thermocyclops hyaliuns*（Rehberg，1880）］

透明温剑水蚤为淡水种，为暖温狭温性种类，多分布于各种富营养型的水域中，对 pH 的适应范围为 5.9～8.4；繁殖习性为双周期性或多周期性（沈嘉瑞 等，1979）。

当前种在日本、越南、斯里兰卡、印度、挪威、瑞典、英国和北美洲均有分布，在我国几乎分布于各省份。当前种在长江口南支出现（彭建华 等，2008）。

23. 等刺温剑水蚤（*Thermocyclops kawamurai* Kikuchi，1940）

等刺温剑水蚤为淡水种，多生活于池塘及鱼塘中。夏季为其繁殖盛季，适于氯度较高的碱性水中生活。

当前种在我国分布于江苏、安徽、湖北、陕西、山西、河北、吉林、黑龙江和新疆等地。当前种在长江口有分布，但较少见。

当前种可作为鱼类饵料，但是有时亦会追击并噬食鲤鱼苗，甚至体长达 3 cm 的鲤鱼苗都有被它们噬食的危险。

24. 蒙古温剑水蚤（*Thermocyclops mongoticus* Kiefer，1937）

蒙古温剑水蚤为淡水种，栖息于不同类型的湖泊与池塘中。

当前种在蒙古国有分布，在我国分布于四川、广东、浙江、江苏和安徽等地。当前种在长江口见于秋季的北支（彭建华 等，2008）。

25. 台湾温剑水蚤（*Thermocyclops taihokuensis* Harada，1931）

台湾温剑水蚤为淡水种，广温性。在长江流域，当前种秋季较多，掠食性，能噬食鱼卵和鱼苗以及枝角类等其他小动物（沈嘉瑞 等，1979），在鱼池中最常见，侵袭鱼卵和鱼苗。

当前种在日本、俄罗斯有分布，在我国分布于各省份。当前种在长江口沿岸碎波带的夏季平均密度较大（张宇 等，2011）。

26. 虫宿温剑水蚤［*Thermocyclops vermifer*（Lindberg，1935）］

虫宿温剑水蚤为淡水种，栖息于各种不同类型的水域中。

当前种在印度有分布，在我国分布于四川、云南、江西、湖南、湖北、浙江、山东、河北和天津等地。当前种在长江口的南支和北支均有出现，秋季出现频繁，春季较少

(彭建华 等，2008)。

27. 微小近剑水蚤 [*Tropocyclops prasinus* (Kiefer，1931)]

微小近剑水蚤为淡水种，分布于小型水域中，7 月中旬带卵母体甚多。

当前种在危地马拉有分布，在我国分布于湖北等地。当前种在长江口北支出现。

第五节 其他类群组成

一、介形类

介形类隶属于甲壳动物亚门介形纲，该类群动物的整个身体包被于几丁质的壳瓣内，分为头与躯干两个部分，躯干部不分节，附肢最多 7 对，体长 0.1～23.0 mm，大多数种类只有 0.5～2.0 mm；通常行两性生殖，一些淡水种类也行孤雌生殖；摄食因种类不同而异，或为活的动物，或为动物尸体、植物、水中的悬浮物（堵南山，1993）。

浮游介形类常出现于长江口浮游生物群落中，有时丰度相当大，不但是经济鱼类的饵料之一，而且与长江口水团变化有一定的关系（陈华 等，2009）。长江口底栖介形类的丰度相对较少。

本书共记录了报道自长江河口的介形类 60 种。

（一）尾肢目（Podocopida）

尾肢目介形类主要涉及金星介、达尔文介和浪花介 3 个亚目的动物。

1. 三角辐艳花介 [*Actinocythereis triangulata* (Guan，1978)]

三角辐艳花介属于暖水半咸水种，主要见于南海中、外陆架区水深 50～100 m 处（汪品先 等，1988）。姚建刚（2018）对长江口的调查中发现，当前种较常见，属于夏季优势种，但春季数量较少。当前种高丰度区主要分布于台湾暖流控制区。

2. 射阳洁面介（*Albileberis sheyangensis* Chen，1982）

射阳洁面介为广盐型，在各种盐度中都能生存，常见种，喜栖于各种岩性基底。

当前种在长江口的河口近岸区数量丰富。姚建刚（2018）对长江口的调查中发现，当前种较早期报道（赵泉鸿，1990）其在长江口的丰度明显减少。

3. 中华洁面介（*Albileberis sinensis* Hou，1982）

中华洁面介为广盐型，广泛分布在河口区各种半咸水和海水中，栖息在各种岩性基底，在泥和粉沙中较为丰富。当前种分布在河口、潮间带和潮上带等真盐（盐度 30～40）

至少盐的各种水体，是我国常见的广盐海相种。

当前种广泛分布于渤海、黄海、东海近岸浅水。在长江口出现在水深浅于 50 m 的浅内陆架区，以河口近岸区最为富集，数量丰富。2015 年春季，当前种在沿岸流控制区域，主要是长江口外舟山群岛和嵊泗列岛附近为优势种（姚建刚，2018）

4. 舟耳形介［*Aurila cymba*（Brady，1869）］

当前种分布在日本和我国近海，少量见于河口滨岸带，适宜盐度在 25 左右（汪品先，1988）。姚建刚（2018）对长江口介形类的调查中发现，当前种为长江口、东海近岸大陆架及象山港的共同优势种，主要受沿岸流和暖流影响。

5. 美山双角花介［*Bicornucythere bisanensis*（Okubo，1975）］

美山双角花介为广盐型，在渤海、黄海、东海和南海都有大量分布。

当前种分布于长江口外的前三角洲至水深约 55 m 的陆架浅海区，该水域盐度为 18～33，当前种为长江口、东海近岸大陆架及象山港的共同优势种和广布种（姚建刚，2018）。

6. 舞阪深海花介（*Bythocythere maisakensis* Ikeya et Hanai，1982）

当前种为半咸水种，主要分布于日本和我国，在近期对长江口的调查中，在长江口 123°E、31°N 附近有出现（姚建刚，2018）。

7. 中国花花介（*Callistocythere sinensis* Zhao，1984）

中国花花介长 0.35～0.37 cm、高 0.17～0.18 cm。当前种主要产于多盐（盐度 18～30）至真盐水的潮间带和潮下带，少见于盐度为 5～18 的中盐水。

当前种在我国分布于东海和黄海，在长江口分布于水深浅于 20 m 的滨岸浅水区和潮间带，数量少。

8. 弯曲玻璃介（*Candona sinuosa* Yang，Hou & Chen，1982）

弯曲玻璃介主要产于淡水，但也见于盐度低于 3 的潮上带和河口滩。

当前种在长江口的河口滩有发现。

9. 中国茧花介（*Cocoonocythere sinensis* Zhao，1984 ）

中国茧花介为潮上带半咸水种，少见，喜泥性底质。

当前种在长江口有壳瓣出现（赵泉鸿，1985）。

10. 克氏丽星介［*Cypria kraepelini*（G. W. Müller，1903）］

克氏丽星介为淡水种，可见盐度小于 0.5 的水环境中；当前种喜栖于鱼塘、湖泊浅水区、溪流及运河中。终年出现，幼体常见于 3—9 月，不同地方幼体的出现时间有所差异。

当前种在欧洲和亚洲有分布，在我国分布于上海、浙江、江苏、云南、贵州、江西和海南等地（禹娜，2014）。当前种在长江口的滩涂、湖泊、滴水湖中有发现（魏超群，2015）。

11. 眼丽星介［*Cypria ophthalmica*（Jurune，1820）］

眼丽星介为淡水种，但也见于盐度低于 3 的潮上带和河口滩。

当前种在长江口边滩水生植物丛中有发现。

12. 无偶斗星介［*Cypridopsis vidua*（O. F. Müller，1776）］

无偶斗星介主要产于淡水，但也见于盐度低于3的潮上带和河口滩，喜栖于富氧的环境，游泳能力较强，常在浮萍叶下聚群栖息或游泳以躲避紫外线。

当前种为世界广布种，在我国分布于台湾、福建、青海、太湖、云南滇池、贵州、海南和上海等地（禹娜，2014）。在长江口的当前种是由上游来水携带而至，数量少。

13. 近球形金星介（*Cypris subglobosa* Sowerby，1840）

近球形金星介为淡水种，适宜于盐度小于0.5的水体，喜栖于水生植物繁茂的池塘或湖泊浅水区。

当前种为世界广布种，在我国的四川、江苏、北京、湖北、青海、江西和上海均有发现（禹娜，2014）。在长江口的当前种是由长江径流携带而至，数量少。

14. 英利小花形介（*Cytherelloidea yingliensis* Guan，1978）

英利小花形介为暖水半咸水种，主要产于南部台湾暖流控制的中陆架区。受台湾暖流的影响，在长江口比较多见当前种（姚建刚，2018）。

15. 史氏达尔文介（*Darwinula stevensoni* Brady & Robertson，1870）

史氏达尔文介隶属于达尔文介亚目，为淡水种，但是对盐度的忍耐力很强，最高可达15，常见于鱼塘、湖泊和小溪。

当前种为世界广布种，在我国的江苏太湖、云南、青海、海南、上海、浙江等地有分布（禹娜等，2005）。魏超群（2015）在长江中下游地区湖泊中有发现当前种。

16. 向岛薄丽星介（*Dolerocypria mukaishimensis* Okubo，1980）

向岛薄丽星介为广盐型，广泛分布在河口区各种半咸水和海水中。

当前种在长江口出现在河口边滩的人工坑塘中，为该区域的优势种之一（魏超群，2015）。

17. 网纹半美花介（*Hemicytheridea reticulata* Kingma，1948）

网纹半美花介为潮上带半咸水种，少见，适宜盐度为18～40。

当前种在长江口有发现。

18. 放射土星介（*Ilyocypris radiate* Yang，Hou et Zheng，1982）

放射土星介为淡水种，常见于我国东部各种淡水环境中。

在长江口的当前种是由上游来水携带而来，数量少。

19. 布氏土星介（*Ilyocypris bradyi* Sars，1890）

布氏土星介为淡水种，但也见于盐度低于3的潮上带和河口滩（赵泉鸿，1985），栖息于各种水体中，常在水底泥沙上爬行。

当前种在欧洲、北美洲、北非、印度和加那利群岛均有报道，在我国分布于四川、重庆、湖北、青海和上海等地（禹娜，2014）。当前种在长江河口区有出现，可能为河流搬运而至。

20. 隆起土星介［*Ilyocypris gibba*（Ramdohr，1808）］

隆起土星介为淡水种，可栖息于盐度小于 0.5 的水体，常见于我国东部各种淡水中（赵泉鸿，1985）。适宜温度为 4.0～19.5 ℃，一般在具有植物和流动性的水体中较多，在池塘和湖泊中数量较少。

当前种在长江河口区有出现，但数量较少。

21. 粗糙土星介（*Ilyocypris salebrosa* Stepanaitys，1960）

粗糙土星介为淡水种，多栖息于湖泊沉积物表层中。

当前种在英国肯特、日本和俄罗斯哈巴罗夫斯克有分布，在我国分布于新疆博斯腾湖、贵州红枫湖及上海等地（禹娜，2014）。在长江口区偶见其壳体，但较少见。

22. 近美丽土星介［*Ilyocypris subpulchra*（Ramdohr，1808）］

近美丽土星介为淡水种，能栖息于盐度小于 0.5 的水体。

当前种的个别壳瓣发现于长江口区，可能系长江径流搬运而至（汪品先 等，1988）。

23. 腹结细花介（*Leptocythere ventriclivosa* Chen，1982）

腹结细花介为广盐型，广泛分布在河口区各种半咸水和海水中，喜沙性底质。

当前种在我国分布于渤海、黄海、东海沿岸带，为广盐性海相种。当前种在长江口主要见于河口和滨岸带。

24. 眼点弯贝介（*Loxoconcha ocellata* Ho，1982）

眼点弯贝介为潮上带、潮间带半咸水种。

当前种出现在长江口的河口区，广泛分布于黄海、渤海、东海沿岸的浅海、潮间带、河口和潮上带半咸水，但相对于其他种，较少见于东海水深 20 m 以内滨岸带和潮间带。

25. 皱新单角介（*Neomonoceratina crispate* Hu，1976）

皱新单角介为潮间带常见种，适宜盐度为 18～40，喜沙性底质，广温性，分布于整个中国海岸带。

当前种在长江口的河口区出现。

26. 东台新单角介（*Neomonoceratina dongtaiensis* Yang & Chen，1982）

东台新单角介为半咸水种。

当前种主要分布于长江口及象山港等水域（姚建刚，2018），在长江口的滩涂湖泊滴水湖中有分布（魏超群，2015）。

27. 肿新明口介（*Neopellucistoma inflatum* Ikeya et Hanai，1982）

当前种属于新明口介属，肾形，壳面光滑，适宜半咸水环境。

当前种分布于我国、日本；在长江口，罕见于潮间带和 60 m 水深以浅内陆架区（汪品先 等，1988），在 2015 年对长江口介形类的调查中，当前种在长江沿岸有发现。

28. 长新中华花介［*Neosinocythere elongate*（Hu，1976）］

长新中华花介为半咸水种。

当前种在长江口的滩涂湖泊滴水湖中有分布，但数量较少（魏超群，2015）。

29. 闪光似异口介（*Paradoxostoma nitida* Ho，1982）

闪光似异口介为半咸水种。

当前种在长江口的滩涂、湖泊、滴水湖中有分布，为优势种（魏超群，2015）。

30. 布氏形纯艳花介［*Pistocythereis bradyformis*（Ishizaki，1968）］

当前种为广盐型，分布于渤海、黄海、东海和南海，为长江口和东海近岸海域优势种，分布广泛（姚建刚，2018）。

31. 滨岸海花介［*Pontocythere littoralis*（Zhao，1984）］

滨岸海花介喜沙性底质。

当前种分布于黄海、东海，本区仅可见于长江、钱塘江河口区，罕见，适宜盐度为18～40。姚建刚（2018）对长江口、东海近岸大陆架和象山港等水域的调查中没有发现当前种。

32. 大海花介（*Pontocythere spatiosus* Hou，1982）

大海花介为广盐型。

当前种分布于长江口外的前三角洲至水深约55 m的大陆架浅海区，该水域盐度为18～33。姚建刚（2018）对长江口、东海近岸大陆架和象山港等水域的调查中没有发现当前种。

33. 中国始海星介（*Propontocypris clara* Zhao，1988）

当前种零星分布在20～210 m水深区，比较少见（汪品先 等，1988）。在对长江口介形类的调查中，发现该种在长江口偏南部零星可见，而其他地方并未发现。姚建刚（2018）对长江口、东海近岸大陆架和象山港等水域的调查中没有发现当前种。

34. 广盐始海星介（*Propontocypris euryhalina* Zhao，1982）

广盐始海星介为潮上带半咸水种，为优势种，喜泥底质。

当前种在长江口的河口区有出现，但姚建刚（2018）对长江口、东海近岸大陆架和象山港等水域的调查中没有发现当前种。

35. 东台中华花介（*Sinocythere dongtaiensis* Chen，1982）

东台中华花介主要产于多盐至真盐水的潮间带和潮下带，少见于盐度为5～18的中盐水，属于常见介形虫。

当前种分布于我国诸海。在长江口分布较少，主要分布在外部与东海邻近的水域。2015年春季当前种于长江口有发现（姚建刚，2018）。

36. 典型中华美花介［*Sinocytheridea impressa*（Brady，1869）］

典型中华美花介为广盐型。

当前种广泛分布在长江口区半咸水和海水中。姚建刚（2018）对长江口、东海近岸大陆架和象山港等水域的调查中没有发现当前种。

37. 宽卵中华美花介（*Sinocytheridea latiovata* Hou & Chen，1982）

宽卵中华美花介为潮上带潮间带半咸水种，适宜盐度为18～40，喜各种岩性底质，但在泥和粉沙中较为丰富，广温种，分布在整个中国海岸带（赵泉鸿，1985）。

当前种分布于我国诸海，广布于近岸浅海、河口、潮间带、潟湖和潮上带半咸水，是我国最广布的现生海相种。在长江口的河口处见其壳瓣，但姚建刚（2018）对长江口、东海近岸大陆架和象山港等水域的调查中没有发现当前种。

38. 长中华美花介（*Sinocytheridea longa* Hou & Chen，1982）

长中华美花介喜岩性底质，高盐型，在半咸水中亦可生存，对盐度的适应能力较强。广温种，分布在中国整个海岸带。

当前种在长江口的滩涂、湖泊中有发现（魏超群，2015）。姚建刚（2018）对长江口、东海近岸大陆架和象山港等水域的调查中没有发现当前种。

39. 长中华海花介［*Sinopontocythere elongate*（Gou，1983）］

当前种在长江口的滩涂、湖泊、滴水湖中有发现（魏超群，2015）。姚建刚（2018）对长江口、东海近岸大陆架和象山港等水域的调查中没有发现当前种。

40. 古屋刺面介（*Spinileberis furuyaensis* Ishizaki & Kato，1976）

古屋刺面介为广盐型，栖息于河口和滨岸区，广泛分布在河口区各种半咸水和海水中。

当前种在日本有分布，在我国分布于东部沿岸带。在长江口有分布，但数量较少。姚建刚（2018）对长江口、东海近岸大陆架和象山港等水域的调查中没有发现当前种。

41. 美丽刺面介（*Spinileberis pulchra* Chen，1982）

美丽刺面介为广盐型，广泛分布在河口区各种半咸水和海水中，喜泥质基底。

当前种在我国主要分布在东海、黄海沿岸带盐度为1.8～37.2的潟湖和潮上带的沟、渠、池塘等水体。在长江口见于河口和潮间带，数量少（赵泉鸿，1985）。姚建刚（2018）对长江口、东海近岸大陆架和象山港等水域的调查中没有发现当前种。

42. 丰满陈氏介（*Tanella opima* Chen，1982）

丰满陈氏介体长0.49～0.55 cm、高0.26～0.28 cm，广盐型，栖息在河口区各种半咸水和海水中，适应于各种岩性基底，但在泥和粉沙中较为丰富。

当前种在我国广泛分布于渤海、黄海和东海潮间带、潮上带和河口，少见于滨岸浅海，是典型的喜低盐的广盐浅水种。当前种在长江河口区和滨岸带有分布，但数量少（姚建刚，2018）。

（二）壮肢目（Myodocopa）

浮游介形类均属于壮肢目，它们在长江口的出现可能是由于黄海冷水团及东海外海水的影响，浮游介形类主要集中在东海长江口以东水域，由内向外呈递减趋势。

1. 细齿浮萤（*Conchoecia parvidentata* G. W. Müller，1906）

细齿浮萤为低温高盐型。

当前种在东海、台湾北部和东南海域、巴士海峡以及南海有分布。在长江口仅出现在春冬季。

2. 尖尾海萤［*Cypridina acuminate*（G. W. Müller，1906）］

尖尾海萤为近岸低盐暖水种，适宜温度在 20～25 ℃，春夏季出现。

当前种在我国分布于黄海、东海、台湾海峡、南海、北部湾和香港邻近海域（陈瑞祥 等，1995）。当前种在长江口的入海区域有出现。

3. 齿形海萤［*Cypridina dentate*（G. W. Müller，1906）］

齿形海萤为近岸低盐暖水种，适宜温度在 20～25 ℃，具有亚热带大洋种的特征，夏秋季出现。

当前种在我国分布于东海近岸区、台湾海峡、北部湾、南海及香港邻近海域（陈瑞祥 等，1995）。当前种在长江口很少，一般位于外海处，有些壳瓣可能是随着暖水团带入。

4. 细孔海萤［*Cypridina punctat*（G. W. Müller，1906）］

当前种在长江口于春季能采集到（陈华 等，2009）。

5. 假异果双浮萤［*Discoconchoecia pseudodiscophora*（Rudjakov，1962）］

假异果双浮萤为高温高盐型。

当前种分布于台湾北部、东部和南部，在长江口的春季可采集到。

6. 针刺真浮萤［*Euconchoecia aculeate*（Scott，1894）］

针刺真浮萤为近岸低盐暖水种。

当前种在菲律宾沿海、马来西亚邻近海域、印度尼西亚的苏门答腊西部沿海、印度的东南沿海、斯里兰卡的东西部沿海、澳大利亚的新南威尔士以及非洲西海岸的几内亚湾均有分布。在长江口当前种为浮游介形类中的优势种，四季都有出现。

7. 短棒真浮萤（*Euconchoecia chierchiae* G. W. Müller，1890）

短棒真浮萤为暖温高盐型，适宜温度在 15～20 ℃，四季皆为优势种。

当前种在我国的东海、台湾海峡、台湾邻近海域、巴士海峡和香港海区有分布（陈瑞祥 等，1995）。在长江口当前种为浮游介形类中最主要的优势种，主要分布在温度为 15～20 ℃、盐度为 15～35 的水域。

8. 后圆真浮萤（*Euconchoecia maimai* Tseng，1969）

后圆真浮萤为广温广盐型，最适温度超过 25 ℃。

当前种南黄海、东海、台湾海峡、台湾邻近海域、南海和北部湾有分布。在长江口当前种主要出现在河口以南水域，春季对总介形类丰度贡献最大，其高丰度区往往出现在夏秋季的东海北部和南海近海（徐兆礼，2007）。

9. 双突猫萤［*Fellia bicornis*（G. W. Müller，1906）］

双突猫萤为暖温高盐型。

当前种东海和南海有分布，在长江口水域仅夏季有发现。

10. 球大额萤（*Halocypria globosa* Claus，1874）

球大额萤在东海、台湾海峡、台湾东部和北部海域、南海及香港邻近海域有分布。

当前种在长江口的最适分布温度为 21 ℃，最适盐度约为 33.6，仅春季有发现（徐兆礼，2007）。

11. 圆形后浮萤［*Metaconchoecia rotundata*（G. W. Müller，1906）］

圆形后浮萤为高温高盐型。

当前种分布于东海、台湾东南部、台湾浅滩、巴士海峡、南海北部、南海中部及南沙群岛。其在长江口于春季、冬季都有发现。

12. 斯氏后浮萤［*Metaconchoecia skogsbergi*（Iles，1953）］

斯氏后浮萤为高温高盐型。

当前种分布于东海海域，在长江口的春季有发现。

13. 平滑后浮萤［*Metaconchoecia teretivalvata*（Iles，1953）］

平滑后浮萤为高温高盐型。

当前种分布于东海和台湾邻近海域，在长江口仅春季有出现。

14. 短刺直浮萤［*Orthoconchoecia secernenda*（Vaávra，1906）］

短刺直浮萤为高温高盐型。

当前种分布于东海，台湾北部、东部和南部海域，南海北部和中部，在长江口于春、夏、冬三季都有出现。

15. 小型拟浮萤［*Paraconchoecia microprocera*（Angel，1971）］

小型拟浮萤为高温高盐型。

当前种在东海、台湾东南海域、巴士海峡、南海中部和南沙群岛有分布，在长江口仅冬季出现。

16. 斜突拟浮萤［*Paraconchoecia procera*（G. W. Müller，1894）］

斜突拟浮萤为高温高盐型。

当前种在东海、台湾东部和东南部海域、台湾海峡、巴士海峡、南海北部和中部、南沙群岛有分布，在长江口仅出现在春季。

17. 棘刺拟浮萤（*Paraconchoecia spinifera* Claus，1890）

棘刺拟浮萤为高温高盐型。

当前种分布于东海、台湾海峡、巴士海峡、台湾邻近海域、南海北部和中部、南沙群岛。在长江口其出现的最适温度为 27 ℃，最适盐度约为 34，冬季较多（徐兆礼，2007）。

18. 葱萤［*Porroecia porrecta*（Claus，1890）］

葱萤为高温高盐型，一般主要分布在东海外海，是典型的东海热带大洋种（徐兆礼，2007）。

当前种分布于东海、台湾邻近海域、台湾海峡、巴士海峡、南海北部和中部、南沙群岛。

在长江口当前种出现的最适盐度在 34 以上，在春季可采集到。

二、蔓足类

蔓足类隶属于颚足纲鞘甲亚纲蔓足下纲。目前蔓足类动物已报道有 900 多种，其遍布于全世界各海沿岸潮间带和潮下带浅海，以至深海和深海底，最高达潮上带 3 m 处，最深达 2 000 余 m 的深海底。也有一些种类能生长在近海河口的咸淡水沿岸区域。蔓足类动物多数营固着生活，少数营体外寄生生活或钻孔性生活。营固着生活的种类体壁成外套，分泌石灰质壳片，这与其他甲壳动物明显不同，但它们的发育与变态，须经过大多数甲壳类发生期中都有的无节幼体期，然后发育成特殊的外形类似于介形虫类的金星幼体期，或称腺介幼体期。

本书记录了分布于长江河口区的蔓足类动物 3 种，它们均属于无柄目（Sessilia）。

1. 网纹纹藤壶 ［*Amphibalanus reticulatus*（Utinomi，1967）］

网纹纹藤壶的周壳圆锥形；壳板表面光滑，略带玻璃光泽，底白色、奶油色到淡粉红色，有不明显的纵放射纹，生长线光滑；幅度较窄，顶缘斜；背板距较窄。当前种经常固着于抛石及隔堤上，常主要栖息于潮间带，栖息盐度约为 14。

当前种主要分布在日本、菲律宾、暹罗湾、印度洋、波斯湾和西印度群岛，在我国的东海和南海均有分布，在长江口九段沙码头水域有分布。

当前种常附着于浮标、船底等物体上，影响船的航行，是我国南方海域的主要污损生物之一。

2. 白脊管藤壶 ［*Fistulobalanus albicostatus*（Pilsbry，1916）］

白脊管藤壶的周壳圆锥形，每壳板表面具有粗细不等的许多白色纵肋，在基部的宽而显著，在靠近壳顶部分则细狭，肋间呈暗紫色；壳表常被钙藻侵蚀，呈绿色。当前种固着于抛石及隔堤上，栖息于潮间带，适宜盐度约为 27。

当前种在日本和我国有分布，是我国和日本的特有种，在我国分布于渤海、黄海、东海和南海。长江口的当前种采自长江北槽。

当前种栖于船底、浮标及贝壳上，常是养殖贝类的敌害生物，与贝壳竞争附着基，附着在贝壳外壳上影响其生长。

3. 泥管藤壶 ［*Fistulobalanus kondakovi*（Tarasov & Zevina，1957）］

泥管藤壶固着于牡蛎死壳上和船底或贝壳上，栖息于潮间带，生活盐度约为 7。

当前种主要分布于朝鲜半岛、日本、新西兰和印度洋等海域，在我国的渤海、黄海、东海和南海均有分布，当前种出现在长江口南岸和九段沙，数量较少（袁兴中 等，2002）。

第四章 长江口甲壳动物时空分布

第一节　长江口甲壳动物时空分布差异成因

一、空间分布差异成因

（一）自然地理条件差异

长江口水域受径流量和潮汐作用共同影响，决定了区域内甲壳动物生境的复杂性（寿鹿，2013）。浮游甲壳动物为长江口水域生态系统中的重要组成部分，长江口南、北支径流量和盐度等自然环境的差异及其变化，导致水域内该类群种类组成、优势物种、丰度和生物量等群落参数存在较为明显的空间分布差异。例如，大量的长江径流入海后与海水不断混合，在长江口海区形成了一个显著的低盐水舌，通常称为“长江冲淡水”。一般取盐度30等盐线作为长江冲淡水的外缘边界。长江冲淡水（盐度3～30）与自北而来的黄海水（盐度29～33）、南面的江浙沿岸水（盐度29～30）以及沿海区东南部北上的台湾暖流水（盐度33～34.7）在长江口海区混合，形成了复杂的水文结构：在水平方向，清水、混水犬牙交错，盐度锋面结构复杂；在垂直方向，水体存在显著的盐跃层（刘勇，2009）。又如，长江口南支水域流量大，受盐水入侵影响小；而北支水域流量小，潮汐作用对其影响大。此特点导致北支水体盐度高于南支，且变化幅度较大，盐度年均变化范围为1.4～15.2；南支盐度年均变化范围为0.22～2.99。两种生境下浮游甲壳动物空间分布差异多已被证实，例如，曾强（1993）根据1988—1990年调查资料发现，北支浮游甲壳动物优势种以中华哲水蚤（*Calanus sinicus*）等咸水种为主，而南支优势种则以广布种剑水蚤属（*Cyclops* sp.）等淡水种为主。

绝大多数海洋底栖甲壳动物为异养型生物，常在生态系统中扮演消费者角色。根据底栖动物与底质的关系，长江口区域底栖甲壳动物可被划分为多种类型，包括底上动物（epifauna）、底内动物（infauna）和游泳性底栖动物（swimming zoobenthos）（朱晓君和陆健健，2003）。底上动物主要包括固着或附生于岩礁、沉积物表面的藤壶类，以及匍匐爬行于基质表面的蟹类和部分虾类。底内动物主要生活于沉积物浅底表，一般是沉积食性者和滤食食性者。游泳性底栖动物主要指可在底层水体中游动的虾类、头足类。底栖甲壳动物在纯沙滩上分布很少，较多分布于泥沙滩。栖息于此的底栖动物大都需要挖掘洞穴或潜入沙中，常见优势种包括穴居生活的圆球股窗蟹（*Scopimera globosa*）、宽身大眼蟹（*Macrophthalmus dilatatum*）及善于潜沙的中华虎头蟹（*Orithyia sinica*）、红点黎明蟹（*Matuta lunaris*）和三疣梭子蟹（*Portunus trituberculatus*）等。长江口外海区沉积物的类型和分布季节性变化比较复杂，泥质沉积物分布广泛，向南经舟山群岛，与闽浙近岸浅滩泥质沉积物首尾相连。长江口东至西北为粉沙质黏土，其南北两侧粒度变粗，为黏土质粉沙。启东外附近为沙—粉沙—黏土，北支口外为细沙区（刘勇，2009）。不同底质类型的沉积物中物种组成也有较大区别。例如，粉沙型沉积物环境中主要优势种为小型甲壳动物，而沙质泥类型底质环境中主要优势种则为较大体型甲壳动物。砾石滩上面通常栖息有藤壶（*Balanus* sp.）、海蟑螂（*Ligia oceanica*）等，大小各异的砾石给蟹类提供了生存空间，尤其体形扁平、方便躲藏的斑点相手蟹（*Sesarma pictum*）、褶痕相手蟹（*Sesarma plicata*）等都有不小的种群量。盐沼多种滩涂植物如芦苇、互花米草和海三棱藨草等在泥沙滩上生长，可为各种底栖甲壳类提供较为适宜的食物和栖身之所，常见物种包括无齿螳臂相手蟹（*Chiromantes dehaani*）、天津厚蟹（*Helice tridens tientsinensis*）、弧边招潮蟹（*Uca arcuata*）等。潮间带不同潮区沉积物环境中生物群落也存在较多差异，例如方涛等（2006）研究表明，长江口崇明东滩中，沙质低潮滩较适宜双壳类底栖动物生长，腹足类底栖动物适宜生长在高潮滩的黏土质粉沙上，甲壳动物多栖息在高、中潮滩。上述底质类型在长江口区域均有分布，因此底质类型的多样性决定了区域底栖甲壳动物物种和群落具有较高的多样性。

（二）生态因子影响

河口甲壳动物与其栖息地环境特征具有极强相关性。近年来，北支流量在逐渐减小，南支流量在逐渐增大。径流量大，水体变化快，水体浊度值升高。水质浑浊在一定程度上影响藻类的生长，进而使浮游甲壳生物的有效食物减少，导致生物量降低。此外，浮游甲壳动物作为水生生物的重要组成部分，是水体生产力的次级生产者。滤食性鱼类对于浮游甲壳类数量影响较大，大个体甲壳类通常也以浮游甲壳动物为主要食物，因此甲壳动物的物种组成和群落结构还同时受捕食者数量影响。

在底栖甲壳类中，底上动物物种以捕食者和杂食者居多，而底内动物物种则多为沉积食性者和滤食食性者。部分物种对此两种食性兼而有之，如端足类日本旋卷蜾蠃蜚（*Corophium volutator*）可滤食自己挖洞过程中悬浮起来的表面沉积物颗粒（Meadows & Reid，1966）。底栖甲壳动物的食物来源主要包括微型生物（细菌、微藻、原生动物和真菌）、小型生物以及无生命的有机质，其中，沉积食性者主要摄取沉积物中吸附的颗粒有机物。由于大多数沉积物主要由无机颗粒组成，即使有机质含量很高的沉积物仍有95%的无机成分，而且这些有机质主要是腐殖质，所以沉积食性者的食物通常较为匮乏。此类生物已进化出可快速吞食和排出沉积物从而高效率地利用有限食物以迅速生长的能力。有报道指出，沉积食性者每天能处理高于自己体重几倍的沉积物（Lopez & Levinton，1987）。

（三）人类活动影响

作为长江流入海洋的汇集区，长江口是上海市乃至全国最为重要的水源地之一，同时兼具农业取水、运输、围垦等多种功能。因此在此区域内的各种人类活动对该区域环境有着较大影响。各种人类活动主要包括长江口治理工程、造陆工程、水利工程以及农业种植、养殖活动等。

（1）长江口治理工程　例如，1998 年，国家斥资 153 亿元在长江口北槽疏浚一条 12.5 m 的深水航道，以连接上海港和太平洋。

（2）造陆工程　例如，1996 年，上海市启动“芦潮港人工岛工程”项目，其中还包括九段沙人工岛和东横沙人工岛等。

（3）水利工程　例如，2006 年，上海市政府通过修建青草沙水库使青草沙成为上海的水源地。该工程于 2011 年 6 月全面建成通水，其水质要求达到国家Ⅱ类标准，占上海原水供应总规模的 50%以上。

（4）农业种植、养殖活动　例如，上海市周边农业种植以及浅海海水网箱养殖产生的化肥、肥料等氮磷污染。

这些人类活动都会对长江口环境造成破坏，改变底栖动物栖息环境，影响甲壳动物物种组成和群落结构。

二、时间分布差异成因

（一）自然地理条件差异

长江为我国第一大河，平均年径流量达 $9\ 240\times10^{8}\ m^{3}$。由于受长江径流量周年变化以及海洋潮汐作用的影响，长江口一带淡咸水交界区的等盐线经常发生移动，并形成一个复杂多变的交汇区。这也影响着栖息于此的生物随时间的变化呈现周期性变化，其中受影响最大的是浮游生物。

水温应是甲壳动物季节差异的主要决定因素。春夏季为丰水期，且水温较高，丰沛的水流带来丰富的淡水种类。特别是夏季径流带来了大量的浮游甲壳动物，如枝角类简弧象鼻溞（*Bosmina coregoni*）、长肢秀体溞（*Diaphanosoma leuchtenbergianum*）等（张宇 等，2011），较高的水温为这些物种的生存与繁殖提供了良好的条件（彭建华 等，2008）。冬季由于外海水团作用，高盐度海水侵入长江口，特别是给北支水域带来许多精致真刺水蚤（*Euchaeta concinna*）、克氏纺锤水蚤（*Acartia clausi*）等近岸低盐种（张宇 等，2011）。

（二）生态因子影响

甲壳动物的食物与其自身繁殖有很大的关系，食物颗粒的大小、形态、种类和营养价值等不仅会影响甲壳动物的捕食效率，而且会影响其生长效率，从而对浮游动物群落产生重要影响。甲壳动物能利用的有机碳源包括内源碳和外源碳，其中内源碳主要来自水体中的主要初级生产者——浮游植物、底栖藻类及大型水生植物碎屑等。在不同季节，浮游植物及底栖藻类数量均会存在时间差异，生态系统中的物种多样性也会随之发生变化。

鱼类等水生生物对甲壳动物的捕食行为也是影响浮游动物群落结构的重要因素之一。长江口水域中此类捕食者数量的时间变化已被证实，即施加于甲壳动物的捕食压力存在时间差异。同时，鱼类捕食时会优先选择个体较大的浮游动物，致使小型浮游甲壳动物在浮游动物群落中占优势。

第二节　长江口浮游甲壳动物的时空分布差异

一、长江口浮游甲壳动物的空间分布差异

目前针对长江口浮游甲壳动物空间分布的研究主要分为两类：一类是群落层次的空间差异研究，即研究甲壳类的物种组成、数量和结构空间分布及其环境影响因子等；另一类是种群层次的相关研究，主要针对浮游甲壳动物的优势种群进行物种数量、空间变化及环境影响机制的研究。种群层次甲壳动物数量时空变化研究多针对浮游甲壳动物，如区域生态系统中的优势种群中华哲水蚤、精致真刺水蚤等。基于上述背景，本部分主要针对长江口浮游甲壳动物及其优势类群的空间分布差异进行阐述。

（一）浮游甲壳动物物种数空间变化

长江口南、北支径流量分配不均。北支径流量仅占长江口入海径流的1%，其淡水流量小，盐度较高；南支径流量较大，占长江入海口径流的90%以上，盐度较低，呈现淡水特征（高倩 等，2008）。这是长江口南、北支浮游甲壳动物物种数空间差异的环境基础。彭建华等（2008）于2005年、2006年对长江口浮游甲壳动物进行调查，南支共采集到浮游甲壳动物枝角类12种、桡足类20种；北支共采集到浮游甲壳动物枝角类11种、桡足类38种。长江口水域典型区域甲壳动物物种数如表4-1所示。杨吉强等（2014）对

表 4-1　长江口及其邻近水域浮游甲壳动物物种数

采样时间	采样水域	样品采集站位数（个）	采样方式	甲壳动物物种数（种）	参考文献
1961 年 8 航次综合	河口区	28	垂直拖网	40	陈亚瞿 等，1985
1988—1990 年 4 航次综合	南、北支	6 断面 18 采样站位		77	曾强，1993
1988—1989 年 3 航次综合	河口羽状锋区	101		69	陈亚瞿 等，1995
2003 年 6 月	长江口及其邻近水域	34		144	陈洪举，2007
2004 年 2 月	长江口及其邻近水域	20		18	王金辉 等，2006
2004 年 5 月	长江口及其邻近水域	20		50	
2004 年 8 月	长江口及其邻近水域	20		74	
2004 年 11 月	长江口及其邻近水域	20		46	
2005—2006 年 2 航次综合	南、北支	6 断面 14 采样站位		81	彭建华 等，2008
2005 年秋季、2006 年春季 2 航次综合	南、北支	3 断面 20 采样站位	水采样品	120	郑金秀 等，2011
2006 年 6 月	长江口及其邻近水域	42	垂直拖网	162	陈洪举，2007；陈洪举和刘光兴，2009
2006 年 7—8 月航次综合	长江口及其邻近水域	150	垂直拖网	213	刘镇盛，2012；邵倩文 等，2017
2006 年 12 月—2007 年 2 月逐月航次综合	长江口及其邻近水域	150		107	
2007 年 4 月—2007 年 5 月逐月航次综合	长江口及其邻近水域	150		159	
2007 年 10 月—2007 年 12 月逐月航次综合	长江口及其邻近水域	150		227	
2006 年 7 月—2007 年 6 月逐月航次综合	长江口沿岸碎波带	13	水平拖网	63	张宇 等，2011
2010 年 8—9 月航次综合	南、北支	19	垂直拖网	29	杨吉强 等，2014

长江口南、北支浮游甲壳动物调查表明，长江口南支浮游甲壳动物种类数高于北支。曾强（1993）利用长江口南、北支 4 航次浮游动物定性、定量采集数据，记录南支水域浮游甲壳动物 63 种（枝角类 31 种、桡足类 32 种），北支水域浮游甲壳动物 56 种（枝角类 21 种、桡足类 35 种）。陈亚瞿等（1985）依据 1961 年 1—12 月在长江口区 8 个航次浮游生物调查样品，报道区域内浮游甲壳动物有 29 属 40 种，包括桡足类和糠虾类等优势类群。

就长江口及其邻近水域大尺度范围来看，现有的长江口水域浮游甲壳动物大面积采样数据显示，甲壳动物物种数总体呈现河口区低、口外区高的空间分布特征（刘镇盛，2012）。

（二）浮游甲壳动物栖息密度空间变化

长江口南、北支之间浮游甲壳动物栖息密度差异已较为明显，即北支高于南支。曾强（1993）研究数据显示，北支甲壳动物栖息密度为 22.04 个/L，而南支为 18.16 个/L。彭建华等（2008）明确指出，长江口北支浮游甲壳动物的密度明显高于南支，约为南支的 10 倍，这应与北支径流量比南支小、水域环境较南支稳定有关，但其中南支枝角类的平均数量高于北支，其数量是北支的 5.8 倍。杨吉强等（2014）研究结果表明，北支平均密度为 61.8 个/L，高于南支密度 1.7 个/L，北支主要贡献物种为桡足类。

较大尺度空间范围内浮游甲壳动物栖息密度空间差异讨论较少。徐韧等（2009）在 2004—2006 年各年 5 月、8 月于长江口水域设立 22 个定点测站采样数据表明，5 月浮游甲壳动物丰度总体呈现口外大于口内、近海略大于交错水域的空间差异，8 月口内和口外水域之间数量差距更加明显。

长江口水域典型区域浮游甲壳动物栖息密度如表 4－2 所示。

（三）浮游甲壳动物生物量空间变化

长江口南支与北支水域的浮游甲壳动物生物量存在差异，北支浮游甲壳动物生物量高于南支。但仅就枝角类而言，南支的平均生物量则高于北支，其平均生物量是北支的 6.8 倍。此类差异应与北支径流量较南支小、水域环境较南支稳定有关（陈亚瞿 等，1995b）。

较大面积采样数据显示生物量也存在空间差异。徐兆礼和沈新强（2005）研究显示，浮游甲壳动物生物量（浮游动物总生物量去除水母类和海樽类）高密集区通常位于长江口和舟山渔场 122°15′E 以东水域，杭州湾水域生物量水平年间波动较大，长江口区域生物量水平通常较低。刘守海等（2013）研究结论较为类似，其结论显示：2007—2008 年，5 月生物量高值区位于口外近海中部水域，即 122°30′E 附近；8 月生物量高值区位于口外近海的东南部水域。

长江口水域典型区域浮游甲壳动物生物量如表 4－2 所示。

表 4-2 长江口及其邻近水域浮游甲壳动物栖息密度和生物量

调查时间	区域	站位数（个）	栖息密度（个/L）	生物量（mg/L）	参考文献
1961 年 1—2 月航次综合	长江口大部数据	28		22.14	陈亚瞿 等，1985
1961 年 3 月	长江口大部数据	28		85.26	
1961 年 4 月	长江口大部数据	28		69.16	
1961 年 5 月	长江口大部数据	28		125.08	
1961 年 6 月	长江口大部数据	28		120.07	
1961 年 8 月	长江口大部数据	28		37.96	
1961 年 9 月	长江口大部数据	28		154.82	
1961 年 12 月	长江口大部数据	28		47.25	
2006 年 7—8 月航次综合	长江口大部数据		253.1		刘镇盛，2012
2006 年 12 月—2007 年 2 月逐月航次综合	长江口大部数据		11.8		
2007 年 4 月—2007 年 5 月逐月航次综合	长江口大部数据		214.1		
2007 年 10 月—2007 年 12 月逐月航次综合	长江口大部数据		107.2		
2010 年 8—9 月航次综合	北支		61.8		杨吉强 等，2014
2010 年 8—10 月航次综合	南支		1.7		
2005—2006 年 2 月逐月航次综合	南、北支		9.1	0.12	彭建华 等，2008

（四）浮游甲壳动物优势类群、物种空间变化

在长江口不同水域内，其优势类群组成结构较为不同。例如，陈亚瞿等（1985）指出，在长江口南、北支水域，枝角类成为仅次于桡足类的优势类群；而在长江口外，除桡足类为绝对优势类群外，糠虾类、磷虾类、端足类和十足类也可成为主要优势类群。郑金秀等（2011）研究表明，虽然在总体上南、北支主要受长江径流控制，浮游动物的种类组成以淡水种为主，但咸水种在靠近河口区断面出现频率显著较高。此外，张宇等（2011）对长江口沿岸碎波带浮游动物的调查发现，甲壳动物在长江口碎波带也占据绝对优势，以桡足类和枝角类为主。纪焕红和叶属峰（2006）对长江口混合区以及长江口外海区浮游动物的采样调查发现，桡足类在这两片区域都占据主要优势，长江口混合区优势种为真刺唇角水蚤、背针胸刺水蚤；长江口外海区优势种为中华哲水蚤、肥胖箭虫和亚强真哲水蚤。

邵倩文等（2017）根据浮游动物对温度、盐度和环境的适应性及其生态习性和分布规律，参考《海洋浮游生物学》（郑重 等，1984）等专著和文献，将长江口及其邻近水域浮游动物大体分为 5 种生态类群，这是物种空间分布差异最为直接的证据。

1. 近岸低盐类群

该浮游动物类群种类繁多，主要分布于近岸低盐水域和长江口内河段，是长江口水域主要的生态类群，代表种群有真刺唇角水蚤（*Labidocera euchaeta*）、针刺拟哲水蚤

（*Paracalanus aculeatus*）和太平洋纺锤水蚤（*Acartia pacifica*）等。在该类群中，有少数种类属河口低盐性种和淡水种，如火腿伪镖水蚤（*Pseudodiaptomus poplesia*）、虫肢歪水蚤（*Tortanus vermiculus*）等。

2. 广温广盐类群

该类群在长江口水域浮游动物数量上占优势，在长江口水系交汇混合区广泛分布，4个不同季节均有出现。常见种有中华哲水蚤（*Calanus sinicus*）、亚强次真哲水蚤（*Subeucalanus subcrassus*）和百陶带箭虫（*Zonosagitta bedoti*）等。

3. 低温高盐类群

该类群的浮游动物种类和数量较少，出现频率较低，主要出现在中层及深层水域，随着深层水的涌升和黄海冷水团的作用出现在东海区。代表种有芦氏拟真刺水蚤（*Paraeuchaeta russelli*）和太平洋磷虾（*Euphausia pacifica*）等。

4. 高温广盐类群

该类群浮游动物数量少，但分布广，常出现在温度较高的夏季和秋季。代表种有孔雀丽哲水蚤（*Calocalanus pavo*）和左突唇角水蚤（*Labidocera sinilobata*）等。

5. 高温高盐类群

这是一类适温、适盐性较高的浮游动物，广泛分布于受台湾暖流和黑潮影响的水域。该类群种类丰富，代表种有精致真刺水蚤（*Euchaeta concinna*）、平滑真刺水蚤（*Euchaeta plana*）等。

长江口水域典型区域浮游甲壳动物优势类群组成特点如表4-3所示。

表4-3 长江口及其邻近水域浮游甲壳动物优势类群

采样水域	采样年份	甲壳动物优势类群	文献来源
长江口区	1961	桡足类、糠虾类、端足类、磷虾类和十足类等	陈亚瞿 等，1985
长江口南支水域	1988	桡足类、枝角类	曾强，1993
长江口浑浊带	1988	桡足类、糠虾类、端足类、磷虾类和十足类	徐兆礼 等，1995
长江口河口锋区	1988	桡足类、枝角类、糠虾类、端足类、磷虾类和十足类等	陈亚瞿 等，1995
长江口北支水域	2003	桡足类	徐兆礼，2005
长江口南支、混合区	2002	桡足类、磷虾类	纪焕红和叶属峰，2006
长江河口区	1999	桡足类	郭沛涌 等，2008
长江口南、北支	2005	桡足类、枝角类	彭建华 等，2008
长江口区（内外）	2004	桡足类	张达娟 等，2008
长江口	2006	桡足类	陈洪举和刘光兴，2009
长江口南、北支	2005	桡足类、枝角类	郑金秀 等，2011
长江口沿岸碎波带	2006	桡足类、枝角类	张宇 等，2011
长江口南、北支	2010	桡足类、枝角类	杨吉强 等，2014
长江口南、北支	2009	桡足类	殷晓龙，2015

二、长江口浮游甲壳动物的时间分布差异

(一) 浮游甲壳动物物种数时间变化

1. 年际变化

长江口特定区域内浮游甲壳动物物种数年际变化已有部分较为确切的结论。例如郑金秀等(2011)明确指出，在长江口南、北支，2005—2006年栖息物种数显著低于1988年分布水平，尤其是枝角类。长江口水域大尺度范围内浮游甲壳动物物种数年际变化特征少有讨论，但已有相关讨论多针对整个浮游动物类群。虽然在长江口区域已有部分浮游甲壳动物物种数相关数据公开发表(表4-1)，但不同研究调查水域覆盖范围差异较大(南、北支至127°E水域)，相关数据可比性较差，难获较为可靠的结论。张达娟等(2008)对长江口桡足类1959—2006年物种数量长周期变化进行分析指出，虽然浮游动物种类数有所增加，但其中的桡足类种类数却在减少。考虑到桡足类为浮游甲壳动物中的主要类群，因此桡足类种类数的变化趋势应可表征整个类群的时间变化趋势。

2. 季节变化

综合已有相关明确结论及可比数据分析结果，长江口及其邻近水域浮游甲壳动物物种数季节总体呈现秋季＞夏季＞春季＞冬季的季节变化格局。王金辉等(2006)研究表明，长江口羽状锋区浮游动物的种类数夏季(74种)多于春季(50种)。陈亚瞿等(1995)指出，长江口南、北支夏、秋季浮游甲壳动物种类数多于冬、春季。刘镇盛(2012)不仅证实上述趋势，同时针对此种变化趋势进行相关分析，发现：春季水温回升，江浙沿岸径流逐渐增强，浮游幼体逐渐开始发育，水母类和桡足类物种明显增加，丰富了浮游动物群落物种的组成，浮游动物种类明显比冬季增多；夏季，由于长江和钱塘江等陆源径流增多，携带部分浮游动物淡水种进入河口区，台湾暖流的势力增强，驱使一些浮游动物暖水种和外海种进入长江口水域，导致在研究水域形成高多样性浮游动物群落，浮游动物种类数为4季峰值(317种)；秋季，浮游动物种类数为次高值(309种)；冬季，受北方冷空气和寒流的影响，研究水域水温明显下降，多种暖水性浮游动物种类(如水母类、桡足类等)消失，导致浮游动物群落结构简单，种类数明显下降。郑金秀等(2011)也提及上述季节变化，并通过环境因子与浮游动物群落结构的相关性分析指出，水温季节性决定浮游动物在时间分布上的变化。

(二) 浮游甲壳动物栖息密度时间变化

1. 年际变化

同浮游甲壳动物物种数年际变化的研究状况类似，浮游甲壳动物栖息密度的年际变

化已有较为确切的相关结论，但仅限于长江口特定区域，例如在长江口南、北支。

2. 季节变化

刘镇盛（2012）研究数据表明，长江口及其邻近水域浮游动物丰度水平分布有明显季节变化，其趋势为夏季＞春季＞秋季＞冬季，此种季节变化特征和浮游动物整个类群变化趋势一致。浮游动物丰度的季节变动与同步调查的叶绿素 a 和初级生产力的变动趋势一致，表明浮游动物的生长繁殖需要浮游植物提供充足的饵料基础，而浮游动物对浮游植物的摄食影响在近岸水域形成一种动态平衡，长江口及其邻近水域浮游动物丰度有明显的季节变化。徐韧等（2009）研究结果表明，夏季浮游甲壳动物丰度高于春季。王丽等（2016）研究结果表明，夏季浮游甲壳动物丰度高于秋季。

（三）浮游甲壳动物生物量时间变化

1. 年际变化

围绕浮游甲壳动物生物量年际变化的针对性讨论较少。徐兆礼和沈新强（2005）依据2000—2003 年各年 5—8 月监测数据显示，浮游甲壳动物生物量（浮游动物总生物量去除水母类和海樽类）各年 5 月生物量均值分别为 140.59 mg/m^3、481.06 mg/m^3、258.05 mg/m^{3}和 113.32 mg/m^3，即长江口水域内短周期内甲壳浮游动物生物量呈下降趋势。其中，2001 年起舟山渔场和杭州湾水域的浮游甲壳动物生物量急速下降，2003 年最低，分别为86.25 mg/m^3（舟山渔场）和 13.64 mg/m^3（杭州湾水域）。2000—2003 年，各年 8 月饵料生物量均值分别为 304.17 mg/m^3、429.96 mg/m^3、305.20 mg/m^3 和 140.69 mg/m^3，该数据在调查期间内自 2001 年起逐年下降。长江口、杭州湾和口外区域的浮游甲壳动物生物量年际变化趋势基本一致（刘守海 等，2013）。

2. 季节变化

长江口水域，由于四季水温、盐度等环境因子变化幅度大，对浮游动物的群落结构产生重要影响。浮游动物生物量季节变化显著，春季平均生物量约 5 倍于冬季，夏季比秋季高 85%，冬季生物量明显低于其他 3 季。中华哲水蚤、双生水母、百陶带箭虫、肥胖软箭虫、纳嘎带箭虫和中华假磷虾（*Pseudeuphausia sinica*）是长江口浮游甲壳动物生物量的主要贡献者，其种群丰度的变动影响着长江口甲壳动物类群生物量的季节变化。长江口及其邻近水域浮游动物生物量有明显的季节变化，平均生物量 4 季变化特征为春季＞夏季＞秋季＞冬季（刘镇盛，2012）。

（四）浮游甲壳动物优势类群、物种时间变化

1. 年际变化

传统上桡足类在长江口为绝对优势类群，糠虾类、磷虾类、端足类和十足类也可成为主要优势类群（陈亚瞿 等，1985），但至 1999 年，曾为长江口主要优势种类的糠虾类、

磷虾类、端足类和十足类均已是非优势种，可能是长江口某种环境因子发生很大变化所致（郭沛涌 等，2008b）。张达娟等（2008）在调查典型河口浮游动物种类变化趋势时发现，近年来长江口桡足类的比例在下降，而能够承受水体富营养化的水母类比例在升高。

2. 季节变化

浮游甲壳动物中的主要类群存在明显季节变化。刘镇盛（2012）研究表明，桡足类、水母类、浮游端足类、浮游多毛类和十足类为春、夏、秋季浮游动物的优势类群，此5类占浮游动物物种数的75%以上。除此以外，枝角类、尾索动物和毛颚动物在春季也相当丰富；枝角类、浮游软体动物和毛颚动物物种数量在夏季较多；枝角类、毛颚动物、浮游软体动物和糠虾类物种在秋季较为丰富；桡足类、水母类、端足类、十足类和毛颚动物则为冬季浮游动物优势类群。

长江口水域优势种的季节更替现象已被多篇文章证实。例如，邵倩文等（2017）研究指出，仅中华哲水蚤（*Calanus sinicus*）和百陶带箭虫（*Zonosagitta bedoti*）为长江口及其邻近水域4季优势种，此外优势物种季节更迭明显，针刺拟哲水蚤（*Paracalanus aculeatus*）为春季优势种，背针胸刺水蚤（*Centropages dorsispinatus*）为夏季优势种，亚强次真哲水蚤（*Subeucalanus subcrassus*）为秋季优势物种。王丽等（2016）研究显示，长江口水域夏季绝对优势种为太平洋纺锤水蚤（*Acartia pacifica*），秋季绝对优势种更替为针刺拟哲水蚤。刘守海等（2013）记录显示，长江口5月出现的优势种为虫肢歪水蚤和真刺唇角水蚤，主要分布于河口水域以及咸淡交错水域；8月的优势种背针胸刺水蚤（*Centropages dorsispinatus*）和太平洋纺锤水蚤分布于河口水域和咸淡交错水域，肥胖箭虫则多分布于口外近海水域。章飞燕等（2009）也指出，长期的历史监测数据表明，最近10年长江口及其邻近水域浮游动物群落结构发生明显变化。浮游动物的水母类丰度比例从2003年的3.5%逐渐上升至2005年的7.1%；同期，桡足类丰度比例从2003年的74.1%逐渐下降至2005年的55.9%。尤其是长江口水母类上升和桡足类下降趋势均很明显，水母类从2003年的3.0%上升至2005年的8.5%，而同期桡足类从2003年的85.0%下降至2005年的48.5%。

除了优势种随时间变化外，浮游甲壳动物物种组成也存在明显季节变化。例如，陈亚瞿等（1995）根据季节不同，将长江口羽状锋区浮游甲壳动物分为以下4种类型。

（1）终年出现的种类　该种类主要包括中华哲水蚤、海龙箭虫（*Sagitta nagae*）、真刺唇角水蚤（*Labidocera euchaeta*）、中国毛虾（*Acetes chinensis*）、小拟哲水蚤（*Paracalanus parvus*）、江湖独眼钩虾（*Monoculodes limnophilus*）等。

（2）夏、秋季出现的种类　该种类主要包括肥胖箭虫（*Sagittae enflata*）、精致真刺水蚤（*Euchaeta concinna*）、平滑真刺水蚤（*Euchaeta plana*）等热带性种类。

（3）春、夏季出现的种类　该种类主要包括中华华哲水蚤（*Sinocalanus sinensis*）、太平洋纺锤水蚤（*Acartia pacifica*）、近邻剑水蚤（*Cyclops vicinus*）、鸟喙尖头溞（*Penilia avirostris*）等。

（4）仅冬季出现的种类　该种类主要包括古氏伊凡涟虫（*Iphinoe gurjanovae*）。

三、长江口主要浮游甲壳动物的时空分布特征

（一）桡足类的时空变化

1. 桡足类物种数的年际变化

在河口浮游动物中，甲壳动物桡足类是种类最多、数量最大、分布最广的优势类群，其数量在浮游动物总数量中占绝对优势（汤新武 等，2015）。郭沛涌等（2008b）通过对1999年枯水期、丰水期以及2000年枯水期长江河口浮游动物桡足类的采样调查进行比较分析后发现，3个时期桡足类在整个河口区的平均数量相差不大，分别为75.6个/m^3、289.9个/m^{3}和103.8个/m^3，并分别占同期浮游动物平均数量的95.6%、84.3%和84.8%。这说明桡足类在长江口浮游动物数量组成中起关键作用。

从历史记载中可以看出，1985年长江口桡足类种类数记录最多，共记录62种（章飞燕 等，2009）。此后桡足类种类数记录有一定程度的减少，降低到2004年的48种和2006年的37种，桡足类种类数分别减少22.6%和40.3%。桡足类在浮游动物种类组成中所占的比例也由1982年的66.2%降低到2004年的40.3%和2006年的42.5%（张达娟 等，2008）。长江口桡足类及浮游动物物种数的年际变化如图4-1和表4-4所示。

图4-1　长江口桡足类及浮游动物物种数的年际变化

表 4-4　长江口桡足类及浮游动物物种数的年际变化

调查年份	调查区域	浮游动物种类数（种）	浮游甲壳动物种类数（种）	桡足类种类数（种）	桡足类种类数占浮游动物各类数的比例（%）	资料来源
1959		24		13	54.3	《全国海洋综合调查报告（1964）》
1961	长江口区	45	40	22	48.9	陈亚瞿 等，1985
1982		68		45	66.2	朱启琴，1988
1985		162		62	38.3	章飞燕 等，2009
1999	长江口区	87	59	31	35.6	汤新武 等，2015
2004	长江口区	119		48	40.3	张达娟 等，2008
2006	长江口区	87		37	42.5	张达娟 等，2008

2. 桡足类数量、优势种的季节变化

长江口桡足类优势种具有明显的季节更替特征，它们的盛衰对桡足类生物量有着显著的影响（陈亚瞿 等，1985），而桡足类作为浮游动物中的优势类群，其生物量的变化决定了浮游甲壳动物甚至是整个浮游动物的变化。在丰水期，桡足类主要在长江口门外形成高密度区，优势种类主要是河口半咸水种类火腿许水蚤和虫肢歪水蚤、沿岸低盐种类真刺唇角水蚤及沿岸暖水种类太平洋纺锤水蚤，这 4 种优势种的平均数量占桡足类平均数量的92.42%。在枯水期，桡足类在长江口门内形成一个高密度区，在长江口门外则无高密度区形成，此时优势种有淡水种类近邻剑水蚤和英勇剑水蚤（*Cyclops strenuus*），河口半咸水种类中华华哲水蚤和虫肢歪水蚤，沿岸低盐种类真刺唇角水蚤（汤新武 等，2015）。

桡足类在冬季（1—2 月）数量最低；3—4 月数量显著增加，此时为中华华哲水蚤的繁盛期；春末夏初（5—6 月），桡足类的种类和个体数量继续增加，优势种被虫肢歪水蚤和真刺唇角水蚤所代替；8 月数量显著减少；9 月再度上升，形成全年高峰，其中真刺唇角水蚤占 40.6%，此时为其繁盛期；12 月数量骤减，真刺唇角水蚤和其他桡足类的比例显著降低，而以火腿许水蚤为主（陈亚瞿 等，1985）。

桡足类的数量在丰水期高于枯水期，可达枯水期的 2 倍（汤新武 等，2015），推测原因可能包括 3 个方面：一是丰水期温度等条件适宜，浮游植物大量繁殖，为浮游动物提供了充足的饵料，浮游动物种类数及数量增多，而枯水期温度较低，浮游植物减少，浮游动物生长条件不适，种类数及数量减少；二是浮游动物不同种类本身具有不同生态特点，因而出现不同的季节分布特征；三是径流量、盐度等环境因子的变化可能是影响长江河口桡足类分布的重要因素，枯水期径流量小，冲淡水范围小，盐水入侵，导致盐度升高，营养盐较丰富，淡水与海水的充分混合使得环境相对较稳定，进而形成桡足类的高密度区。

3. 桡足类物种数的空间分布变化

北支桡足类种类多于南支，这与南、北支的水环境密不可分。北支从低盐海水到咸淡水甚至淡水，水体盐度呈梯度递减之势，而桡足类的物种数量较多，包括淡水种、半咸水种和低盐近岸类等物种，因此对栖息环境类型要求多样。而南支是长江径流入海的主通道，承担90%以上的径流量，桡足类可栖息的环境类型较少，因此桡足类种类中就缺少了低盐近岸类。此外，北支靠近口外水域，全年几乎处于低盐条件下，环境稳定，加上海水倒灌时可为桡足类提供丰富的饵料，因此北支桡足类现存量特别丰富，远远高于南支。

4. 优势桡足类的时空分布变化

（1）中华哲水蚤　中华哲水蚤是暖温带种，长江口栖息的该种主要来自外海高盐水域，适盐范围30以上（陈亚瞿 等，1995）。该物种在长江口主要分布于受长江冲淡水影响较小海区的东北部水域，全年出现（陈亚瞿 等，1985）。中华哲水蚤的季节变化明显，春季优势度明显高于其他季节，枯水期数量高于丰水期。冬季（12月至翌年2月）数量较少；3—4月随水温升高数量增加，至6月达到全年最高峰（15个/m^3）；8月随长江径流量的增加和盐度的下降，中华哲水蚤的数量骤减（陈亚瞿 等，1985）。

（2）真刺唇角水蚤　真刺唇角水蚤是沿岸低盐水系指示种，是长江口调查水域数量最多、分布最广的一种桡足类，终年出现。于春末夏初及秋季出现数量高峰，9月达到最高峰。在枯、丰水期均为长江河口浮游动物优势种，枯水期数量较少，丰水期数量较多，变化显著，更适宜在较高温时生长（徐兆礼 等，1995a）。真刺唇角水蚤的密集区为盐度10～25的近海低盐水域，密集区多见于长江口浑浊带及河口锋西侧水域，在122°40′E以东水域无踪迹（纪焕红和叶属峰，2006）。该物种向东部水域的扩散分布可反映出长江径流向东伸展的范围和强度（陈亚瞿 等，1985）。

（3）虫肢歪水蚤　虫肢歪水蚤是河口及近岸低盐型，适盐范围2～10（陈亚瞿 等，1995），该物种个体较中华华哲水蚤更宽、更高，广泛分布于长江口区，其丰度在桡足类中常居第一、第二位（徐兆礼 等，1995b）。该物种冬季数量稀少，常于早春3月开始增加，在长江口南、北入海口附近分别形成两个密集区（陈亚瞿 等，1985）；5月数量达到最高峰，分布区几乎占据整个浑浊带区，并在江口处出现大于100个/m^3的密集中心；8月数量减少；9月数量又回升（陈亚瞿 等，1985）。在枯、丰水期均为浮游动物优势种，枯水期数量多于丰水期。

（4）中华华哲水蚤　中华华哲水蚤是河口半咸水指示种及长江径流指示种，其适盐范围2～10。中华华哲水蚤主要是春夏季出现的种类（徐兆礼 等，1995b），其中在春季优势度明显高于其他季节（张宇 等，2011）。冬季少量出现于江口，数量从江口向外递减，等值线呈舌状从江口向外伸展；3月数量剧增，密集区在长江口东面广大水域，分布趋势与长江冲淡水向东南方向扩展的水舌走向基本一致；4—5月为中华华哲水蚤的繁盛期，江口区密集中心依然存在；6月数量骤减；8月后江口东南海区也会有少量分布；12月又在江口出现（陈亚瞿 等，1985）。

（5）火腿许水蚤　火腿许水蚤是河口低盐型，适盐范围2～10。该物种终年在长江南、北入海口分别形成两大密集中心。由于长江径流量的季节变化及南、北两个入海口径流量的差异，其密集中心于各月会发生位置上的变动，但主要分布在 122°30′E 以西水域，为长江口南支和南汇嘴附近水域的主要优势种类。长江口南支个体数量极少，其数量从长江口内到口门随着盐度的增加而逐渐增多（纪焕红和叶属峰，2006）。5 月和 12 月为火腿许水蚤的繁盛期，尤其是 12 月（陈亚瞿 等，1985）。该物种在枯水期数量少，在丰水期数量大，在较高温度时生长良好，春季的优势度明显高于其他季节，累积百分比超过 95%（张宇 等，2011）。火腿许水蚤与虫肢歪水蚤分布规律相似，相关分析表明虫肢歪水蚤和火腿许水蚤的相关系数可达 0.997。

（6）背针胸刺水蚤　背针胸刺水蚤是近岸低盐型，适宜盐度 10～25。在 122°E 附近水域形成了个体密度较高的高生物量区，也是长江口混合区的优势种之一。个体数量为 1.82～125.71 个/m^3，123°E 以东水域无分布（纪焕红，2006；郭沛涌 等，2003）。

（7）太平洋纺锤水蚤　太平洋纺锤水蚤为沿岸及河口种，广泛分布于我国近海及河口区（徐兆礼 等，1995a）。夏季大潮涨潮时的个体密度高于落潮时的个体密度。大潮时个体密度为 41.61 个/m^3，小潮时个体密度为 13.91 个/m^3。

（二）枝角类的时空变化

1. 枝角类物种数的年际变化

在长江口区域的分布中，枝角类表现出大幅波动的特点。2010 年枝角类种类数有 11 种，与 1988—1990 年和 2006 年的调查结果相比，枝角类种类数逐渐减少，这可能与采样区域、方式等不同以及未在枝角类出现高峰期采样等原因有关。枝角类年际变化如图 4-2 和表 4-5 所示。

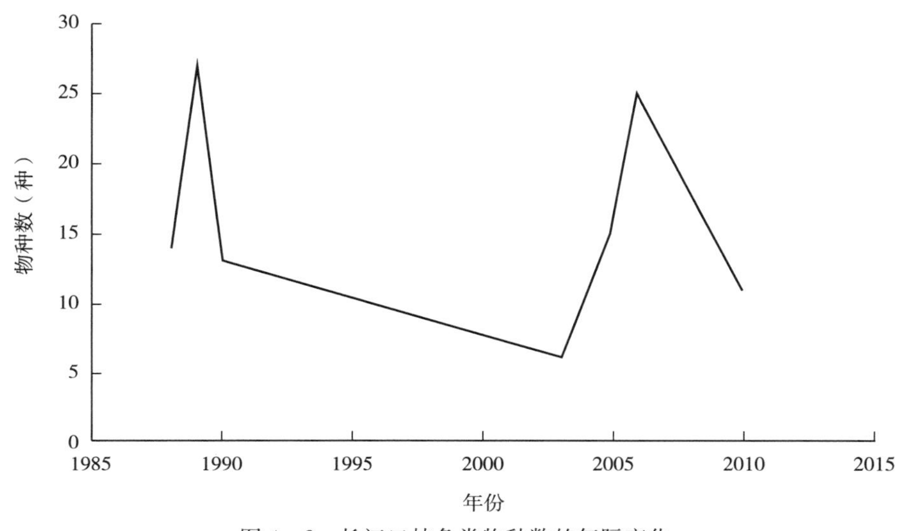

图 4-2　长江口枝角类物种数的年际变化

表 4-5　长江口枝角类物种数的年际变化

调查年份	调查区域	枝角类种类数（种）	来源
1988	长江口区	14	曾强，1993
1989	长江口区	27	曾强，1993
1990	长江口区	13	曾强，1993
2003	长江口区	6	陈洪举，2007
2005	长江口区	15	彭建华 等，2008
2006	长江口区	25	刘镇盛，2012
2010	长江口区	11	杨吉强 等，2014

2. 枝角类数量、优势种的季节变化

枝角类的物种一般适宜栖息于淡水水体中，长江口北支水体的盐度偏高，对其分布有一定的限制作用（张达娟 等，2008），例如，在枯水季节，北支下游断面未见枝角类出现，而南支的枝角类明显多于北支。且在调查的 3 个群落中，仅南支的主要贡献物种中出现枝角类。这说明北支盐度升高，对长江口浮游甲壳动物的空间分布产生一定程度的影响。

陈亚瞿等（1995）于 1989 年、1990 年对长江口河口区调查结果显示，长江口水域中分布的枝角类主要优势种为鸟喙尖头溞和肥胖三角溞。而王金秋等（1999）于 1996 年 9 月针对长江口的调查结果显示，长江口水域中分布的枝角类主要优势种为裸腹溞属、秀体溞属和象鼻溞属的一些物种，其中包括微型裸腹溞、短尾秀体溞、长肢秀体溞、简弧象鼻溞等，这与曾强（1993）的报道基本一致。

3. 优势枝角类的时空分布变化

（1）鸟喙尖头溞　该种系分布较广的近岸性海洋枝角类，常于 6—9 月大量出现，8 月数量可高达 250～2 500 个/m³，10 月后数量剧减。其分布趋势与生物量高值区分布颇为一致，并与海水温度、盐度存在密切关系，常分布于盐度为 25～30 及温度为 25～27 ℃的水域内（陈亚瞿 等，1995）。

（2）肥胖三角溞　该种为另一种海洋枝角类，在我国大量分布，但报道甚少。在长江口河口区主要分布于低盐水域中，数量达 150～400 个/m³，最高密度达 465 个/m³。该种枯水期间未见分布（陈亚瞿 等，1995）。

（三）糠虾类的时空变化

在长江口，糠虾类平均丰度的季节变化与温度密切相关，随着温度升高，糠虾类平均丰度在夏季达到最高，到冬季降到最低，丰度的季节变化曲线与温度季节变化曲线十分相似。此外，糠虾类丰度平面分布也受到盐度的影响，春季糠虾的高丰度区盐度为 32.0～33.0，夏季为 18.0～19.5，秋季为 16.0～20.0，冬季为 14.0～22.0，可见长江口糠虾类的高丰度都出现在咸淡交错的水域内。因为对温度、盐度的适应范围最广，所以漂浮囊糠虾是春、秋、冬3季的优势种；短额刺糠虾是夏、秋两季的优势种；长额刺糠虾是冬季的优势种。

（四）端足类的时空变化

端足类均栖息于海洋、半咸水以及淡水中，个别种类还栖息在陆地上，但以海洋为主。从沿岸水域到大洋都有浮游端足类的分布，尤其以热带种类多样性为高，因此端足类部分种类可作为水团和海流的指示生物。长江口及邻近水域浮游端足类丰度的季节变化与水域温度的季节变化基本一致，其中，夏季丰度最高，春秋季次之，冬季最少。而平面分布变化则与盐度相关。平均丰度在夏季最高（约2.75个/m^3），在冬季最低（0.10个/m^3）。2002—2003年对长江口水域4个季节的浮游端足类调查共发现49种，其中江湖独眼钩虾和裂颏蛮蝛（*Lestrigonus schizogeneios*）是最主要的优势种。江湖独眼钩虾在4季中均对端足类总丰度有很大贡献，在春、秋、冬3季也为第一优势种；而裂颏蛮蝛仅在春、夏、秋3季中有较高贡献，仅夏季贡献率高于江湖独眼钩虾。在空间分布方面，裂颏蛮蝛在长江口外侧水域出现较多，而江湖独眼钩虾则多出现在长江口近岸。可见在长江口水域，浮游端足类平面分布特征与盐度分布有密切的关系。

（五）磷虾类的时空变化

磷虾类的分布局限于海洋，绝对不入侵淡水，有时虽然被海洋带入半咸水中，但仅能继续存活，却不能生殖。绝大多数磷虾类都是外海动物（即远洋动物），近岸种类不多。因此，在长江口的调查记录中，磷虾类主要出现在长江口外区域，并成为优势种（陈亚瞿 等，1995）。长江口及邻近水域磷虾类丰度的季节变化主要受温度的影响，平面分布变化与盐度有关。平均丰度夏季最高，达10.46个/m^3，冬季最低，约0.32个/m^3。长江口水域中磷虾类的优势种主要为中华假磷虾（*Pseudeuphausia sinica*）、太平洋磷虾（*Euphausia pacifica*）和小型磷虾（*Euphausia nana*）。其中，中华假磷虾四季都为优势种，太平洋磷虾是春、秋、冬三季的优势种，小型磷虾仅仅是春、秋季的优势种。中华假磷虾在春、夏、冬三季对长江口磷虾类总丰度的贡献率较高，并占绝对优势，更适于栖息在夏季咸淡水交错水域的环境；而太平洋磷虾和小型磷虾更适于栖息在东海近海暖温高盐环境。长江冲淡水势力强弱和中华假磷虾的数量对磷虾类时空分布有重要影响，中华假磷虾对咸淡水环境的适应则是影响该种数量变化的另一个重要原因。

中华假磷虾为河口及近岸低盐种类，冬、春季数量稀少，6月开始数量显著增加，在北支口外成为优势种（陈亚瞿 等，1985）。到8月分布最广，8月之后其分布范围缩减，至冬季消失。9—11月，中华假磷虾是122°10′E东海区的优势种（徐兆礼 等，1995）。中华假磷虾对长江口水域咸淡水环境有广泛的适应，该物种可栖息于5～33的盐度环境中，因而该物种在长江口不同水域、不同季节都有较大的优势度，有最高的丰度和最高的出现率。尤其在夏季，该物种的平均丰度远远高于其他季节的平均丰度，因而成为近海磷虾类的首要优势种。中华假磷虾的 4 季丰度分布特征与磷虾类四季丰度分布趋势相似，基本反映东海近海磷虾类分布的概况，可作为东海近海磷虾类的代表种。

（六）浮游十足类的时空变化

浮游十足类主要分布于海洋，但内陆部分的半咸水中也栖息着不少种类，特别在热带，而淡水水域中种类较少。此外，还有少数种类暂时或终生在陆上生活。海洋十足类种类大部分生活在沿岸浅海，远洋种类并不多。沿岸浅海区各种不同的生境中，可以见到各种不同的浅海种类。浮游十足类种类虽然不多，但在海洋中丰度较高，是经济鱼类的主要饵料生物，有些种类如毛虾还是渔业的直接捕捞对象，因此海洋浮游十足类在海洋渔业上具有一定的意义（徐兆礼，2005）。浮游十足类在夏季平均丰度最高，达 10.42 个/m^3，主要集中在长江口羽状锋 122°40′—123°30′E 处；在冬季丰度最低，仅为 0.004 个/m^3；春季和秋季次之。中型莹虾（*Lucifer intermedius*）和细螯虾（*Leptochela gracilis*）是最主要的优势种。中型莹虾也是东海浮游十足类中唯一四季均是优势种的重要种类。

在空间分布上，浮游十足类在春季和秋季主要分布于长江口 31°00′N、122°30′E 和 29°00′N、122°30′E 水域，该水域盐度较高，为 20.77～31.62。夏季高丰度区也出现在盐度相对较高（>25）的水域，一般出现在盐度约 27 的水域，最高丰度可达 49.83 个/m^3。总体来看，浮游十足类丰度分布呈现自长江口由内向外、由北向南递增的趋势。在长江口及其邻近水域，盐度较高的水域往往会有较高的浮游十足类丰度分布。

第三节　长江口底栖甲壳动物的时空分布差异

一、长江口底栖甲壳动物的空间分布差异

（一）底栖甲壳动物物种数空间变化

针对长江口及其邻近水域潮下带采泥样品，长江口区域内大型底栖动物物种数量空间分布特征已有较为明确的研究结论，即物种数自西向东伴随栖息环境盐度增加而增加，物种数的高值区通常出现于长江口锋面附近（122.5°—123.5°E 水域，区域存在一定时间变化）（寿鹿，2013）。寿鹿（2013）研究结论所依据采样站位覆盖范围较广（121.2°—125.4°E），他将 95 个采样站位划分为河口区、近岸区和远岸区 3 种类型，河

口区大型底栖动物物种平均数分别为 1 种/站，显著低于其他 2 种类型站位（均值均为 8 种/站）。

针对长江口潮下带甲壳动物物种数尚未见针对性讨论，但已有相关研究数据公开发表（表 4－6）。对比分析采泥样品相关数据显示，长江口甲壳动物物种数量空间差异与底栖动物相似，即河口区数量较低，口外区甲壳动物物种数量显著较高。例如，徐兆礼等（1999）研究数据表明，在河口区未采集到甲壳动物；叶属峰等（2004a）研究也仅在河口区采集到甲壳动物 3 种。大面积水域采样甲壳动物物种数通常位于两者之间，已有数篇相关研究结论都是如此。

表 4－6　长江口及其邻近水域甲壳动物物种数空间差异（采泥样品数据）

采样时间	区域	样品采集站位数量（个）	甲壳动物物种数（种）	底栖动物物种数（种）	参考文献
1996 年 9 月	河口区	20	0	13	徐兆礼 等，1999
2002 年 5 月	河口区	25	3	19	叶属峰 等，2004
2002 年 9 月	口外区	20	30	154	李宝泉 等，2007
1982—1983 年 4 航次综合	长江口及其邻近水域	71	16	123	戴国梁，1991
1999—2001 年 3 航次综合	长江口及其邻近水域	40	22	181	吴耀泉和李新正，2003
2004 年 2 月	长江口及其邻近水域	40	12	127	吴耀泉，2007
2004 年 5 月	长江口及其邻近水域	15	8	50	孙亚伟 等，2007
2004 年 5 月	长江口及其邻近水域	40	14	114	吴耀泉，2007
2004 年 8 月	长江口及其邻近水域	40	15	83	
2004 年 11 月	长江口及其邻近水域	40	12	97	
2005 年 7 月	长江口及其邻近水域	49	27	86	王延明，2008
2007 年 2 月	长江口及其邻近水域	40	6	62	刘勇，2009
2007 年 5 月	长江口及其邻近水域	40	8	86	
2007 年 8 月	长江口及其邻近水域	40	16	100	
2007 年 11 月	长江口及其邻近水域	40	16	113	
2012 年 3 航次综合	长江口及其邻近水域	17	46	181	徐勇 等，2016

因口外区水深等客观因素限制采样可行性，已有的阿氏拖网样品公开发表数据多限于长江口南、北支和河口区（表 4－7）。数据显示，河口区和口外区甲壳动物物种数量未有显著空间差异，单航次甲壳动物采集数量 10 余种。虽目前因数据有限尚难对比长江口较大尺度阿氏拖网样品甲壳动物物种数空间差异，但如果参考口外区渔业资源调查相关数据（单拖网）可发现，口外区甲壳动物物种数应较为丰富。

长江口低氧区是区域内较为特殊的生境，针对低氧区对底栖动物群落演替和分布格局影响的研究表明，低氧区中甲壳动物物种数量显著较少。

表 4-7 长江口及其邻近水域甲壳动物物种数空间差异（阿氏拖网样品数据）

调查时间	区域	样品采集站位数量（个）	底栖动物物种数（种）	甲壳动物物种数（种）	参考文献
2011 年 3—5 月逐月航次综合	北支	5	48	13	刘婧，2012
2011 年 6—8 月逐月航次综合	北支	5	54	17	
2010 年 12 月至 2011 年 2 月逐月航次综合	北支	5	34	19	
2010—2011 年秋季 9—11 月逐月航次综合	北支	5	54	22	
2010—2011 年 12 月逐月航次综合	北支	5	86	32	
2010 年 10 月—2011 年 9 月逐月航次综合	北支	5	78	28	赵开彬 等，2015
2005 年 4 月	南、北支	10	38	15	章飞军 等，2007
2011 年 5 月	南、北支	19	48	13	刘婧，2012
2011 年 8 月	南、北支	19	54	17	
2011 年 2 月	南、北支	19	34	19	
2011 年 11 月	南、北支	19	54	22	
2009—2011 年 4 航次综合	南、北支	17	48	14	杨金龙 等，2014
2010 年 8 月	南、北支	19	68	24	刘婧，2012
1996 年 9 月	河口区	20	30	7	徐兆礼 等，1999
2004 年 4 季综合	河口区	15	47	19	罗民波 等，2008
2005—2006 年 4 季综合	河口区	15	41	13	

（二）底栖甲壳动物栖息密度空间变化

与上述物种数空间差异研究现状类似，目前围绕长江口甲壳动物丰度空间差异的针对性讨论较少。综合对比公开发表相关数据（表 4-8），甲壳动物丰度呈现出与底栖生物相似的空间分布格局，即高丰度区主要位于 122°E 以东长江口外盐度偏高的水域，特别是在 122.5°—123.5°E 水域即大型底栖生物高值区。而长江口附近 122°E 以西水域，甲壳动物数量均较少。徐兆礼等（1999）在河口区 20 个采样站位采泥样品中并未采集到甲壳动物，这表明该类群在河口区域内具有极低的栖息密度。此种现象曾被其他研究提及和证实（线薇薇 等，2004）。

表 4-8 长江口及其邻近水域甲壳动物丰度空间差异（采泥样品数据）

调查时间	调查区域	样品采集站位数量（个）	甲壳动物丰度（个/m²）	底栖动物丰度（个/m²）	参考文献
1996 年 9 月	河口区	20	0	36.88	徐兆礼 等，1999
2002 年 5 月	河口区	25		21.6	叶属峰 等，2004
2007 年 2 月	长江口及其邻近水域	40	3.24	71.47	刘勇，2009
2007 年 5 月	长江口及其邻近水域	40	10.88	143.18	
2007 年 8 月	长江口及其邻近水域	40	23.24	157.06	
2007 年 11 月	长江口及其邻近水域	40	30.29	185	
2004 年 5 月	长江口及其邻近水域	15		150	孙亚伟 等，2007

（续）

调查时间	调查区域	样品采集站位数量（个）	甲壳动物丰度（个/m²）	底栖动物丰度（个/m²）	参考文献
2004年2月	长江口及其邻近水域	40	10.7	375	吴耀泉，2007
2004年11月	长江口及其邻近水域	40	34	781.7	
2004年5月	长江口及其邻近水域	40	22.6	623	
2004年8月	长江口及其邻近水域	40	32.7	309.5	
2005年7月	长江口及其邻近水域	49	3	86	王延明，2008
2002年9月	口外区	20		231.5	李宝泉 等，2007
2012年3航次综合	长江口及其邻近水域	17	20.3	159.2	徐勇 等，2016
1982年8月	长江口及其邻近水域	71	23.5	84.8	戴国梁，1991
1982年11月	长江口及其邻近水域	71	17.5	47.9	
1983年2月	长江口及其邻近水域	71	9.5	20.1	
1983年5月	长江口及其邻近水域	71	11.0	27.8	
1999年5月	长江口及其邻近水域	40	13.46	333.24	吴耀泉和李新正，2003
2000年11月	长江口及其邻近水域	40	21.54	213.08	
2001年5月	长江口及其邻近水域	40	24.85	411.91	

已有长江口阿氏拖网样品甲壳动物丰度数据较为有限（表4-9），仅限于刘婧（2012）于河口区的相关工作。相关记录数据显示河口区域内甲壳动物丰度较低。

表4-9 长江口及其邻近水域甲壳动物丰度空间差异（阿氏拖网样品数据）

调查时间	调查区域	样品采集站位数量（个）	底栖动物丰度（个/m²）	甲壳动物丰度（个/m²）	参考文献
2011年2月	南、北支		5.91	2.14	刘婧，2012
2010年12月至2011年2月逐月航次综合	北支	5	5.91	2.14	
2011年11月	南、北支		13.93	2.89	
2010—2011年秋季逐月航次综合	北支	5	13.93	2.89	
2011年8月	南、北支		41.31	3.35	
2010—2011年夏季6—8月逐月航次综合	北支	5	41.31	3.86	
2010—2011年春季3—5月逐月航次综合	北支	5	26.68	4.33	
2011年5月	南、北支		26.68	4.97	
2010年8月	南、北支	19	1.87	8.48	

（三）底栖甲壳动物生物量空间变化

已有长江口采泥样品甲壳动物生物量数据显示，长江口区域内甲壳动物生物量总体呈现河口区低、口外区高的空间分布特征，但甲壳动物生物量在河口区以外水域中并未体现出较为显著的差异。例如，采样区域仅限于口外区研究记录的生物量均值和长江口及其邻近水域样品生物量均值并未体现出显著差异（表4-10）。这种底栖动物生物量呈不连续的斑块或镶嵌状分布特征也曾被其他学者提及（李宝泉 等，2007）。甲壳动物此种

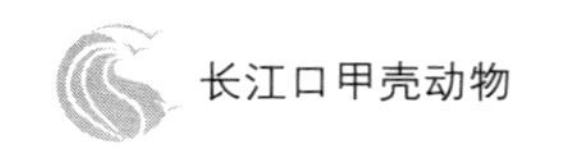

分布格局和底栖动物的分布格局略有差异，口外区域为底栖动物生物量绝对高值区。

表 4－10 长江口及其邻近水域甲壳动物生物量空间差异（采泥样品数据）

调查时间	调查区域	样品采集站位数量（个）	底栖动物生物量（g/m²）	甲壳动物生物量（g/m²）	参考文献
1982 年 11 月	长江口及其邻近水域	71	22.26	2.99	戴国梁，1991
1982 年 8 月	长江口及其邻近水域	71	23.27	6.65	
1983 年 2 月	长江口及其邻近水域	71	10.09	0.33	
1983 年 5 月	长江口及其邻近水域	71	12.1	1.02	
2005—2006 年 4 季综合	口外区	25	19.9	2.96	刘录三 等，2008
1985—1986 年 4 季综合	口外区		21.75	1.73	
2007 年 2 月	长江口及其邻近水域	40	3.11	0.24	刘勇，2009
2007 年 8 月	长江口及其邻近水域	40	4.71	0.35	
2007 年 5 月	长江口及其邻近水域	40	6.96	0.96	
2007 年 11 月	长江口及其邻近水域	40	20.25	11.58	
1959 年	口外区		21.95	0.81	《全国海洋综合调查报告》，1964 年
2006 年 8 月	长江口及其邻近水域		17.3	1.37	寿鹿，2013
2007 年 10 月	长江口及其邻近水域		9.36	0.52	
2007 年 4 月	长江口及其邻近水域		15.39	1.72	
2007 年 1 月	长江口及其邻近水域		12.38	3.9	
2009 年 6 月	长江口及其邻近水域		13.36	1.65	
2009 年 8 月	长江口及其邻近水域		33.43	4.35	
2011 年 7 月	长江口及其邻近水域		25.46	0.64	
2011 年 4 月	长江口及其邻近水域		19.17	1.27	
2004 年 5 月	长江口及其邻近水域	15	17.57	12	孙亚伟 等，2007
2005 年 7 月	长江口及其邻近水域	49	9.55	0.49	王延明，2008
2004 年 2 月	长江口及其邻近水域	40	19.7	0.4	吴耀泉，2007
2004 年 11 月	长江口及其邻近水域	40	19.6	0.6	
2004 年 8 月	长江口及其邻近水域	40	12.7	1.2	
2004 年 5 月	长江口及其邻近水域	40	23.4	1.5	
1999 年 5 月	长江口及其邻近水域	40	14.04	0.93	吴耀泉和李新正，2003
2000 年 11 月	长江口及其邻近水域	40	25.65	1.96	
2001 年 5 月	长江口及其邻近水域	40	28.14	3.22	
2012 年 6 月	长江口及其邻近水域	13	6.6	0.8976	徐勇 等，2016
2012 年 10 月	长江口及其邻近水域	14	6.9	0.9	
2012 年 3 航次综合	长江口及其邻近水域	17	8.6	2.5	
2012 年 8 月	长江口及其邻近水域	12	12.3	5.5965	
1996 年 9 月	河口区	20	8.66	0	徐兆礼 等，1999

已有长江口阿氏拖网样品甲壳动物生物量数据较为有限（表 4－11），仅限于刘婧（2012）于河口区的相关工作。相关记录数据显示河口区域内甲壳动物生物量较低。

多数研究均认同，在不同的底质栖息环境中底栖生物的种类、生物量和栖息密度有较大差异。由于长江口所处的特殊位置，各个站位受到长江径流量的影响不同，各种环境因子差异较大，在整个长江口附近水域形成不同的小生境，因此各个小区域的群落结构也有较大差异。

表 4-11　长江口及其邻近水域甲壳动物生物量空间差异（阿氏拖网样品数据）

调查时间	调查区域	样品采集站位数量（个）	底栖动物生物量（g/m²）	甲壳动物生物量（g/m²）	参考文献
2011 年 2 月	南、北支		1.06	0.29	刘婧，2012
2010 年 12 月至 2011 年 2 月逐月航次综合	北支	5	1.06	0.29	
2011 年 11 月	南、北支		0.55	0.48	
2010—2011 年秋季逐月航次综合	北支	5	1.62	0.54	
2011 年 8 月	南、北支		1.62	0.54	
2010—2011 年夏季 6—8 月逐月航次综合	北支	5	2.42	0.78	
2010—2011 年春季 3—5 月逐月航次综合	北支	5	2.42	0.78	
2011 年 5 月	南、北支		1.91	1.29	
2010 年 8 月	南、北支	19	1.91	1.29	

（四）底栖甲壳动物多样性空间变化

至今少有针对甲壳动物群落的研究见诸报道，因此无法比较不同区域内各典型群落多样性指数。典型区域内优势甲壳物种已有一定记录，由于采泥样品中甲壳动物通常不具有数量优势（表 4-12），至今此类样品中甲壳动物优势种仅见刘勇（2009）研究结论，其记录豆形短眼蟹、双眼钩虾和钩虾属未定种（*Amphithoe* sp.）为区域优势甲壳动物。阿氏拖网样品中甲壳动物通常较具优势，相对记录数量较多（表 4-13），河口区和口内区优势甲壳物种略有差异，不同区域内共有优势物种较多，包括狭颚绒螯蟹、安氏白虾和脊尾白虾等，而葛氏长臂虾、口虾蛄等较大个体甲壳物种通常仅为口外区域优势物种。

表 4-12　长江口及其邻近水域甲壳动物优势种（采泥样品数据）

调查时间	调查区域	样品采集站位数量（个）	底栖动物优势种	甲壳动物优势种	参考文献
2005—2006 年 4 季综合	河口区	21	多鳃齿吻沙蚕等		刘录三 等，2008
2005—2006 年 4 季综合	杭州湾	5	星虫		刘录三 等，2008
2005—2006 年 4 季综合	口外区域	25	不倒翁虫等		刘录三 等，2008
2005—2006 年 4 季综合	舟山海区	22	圆筒原盒螺等		刘录三 等，2008
2005—2006 年 4 季综合	近海区	12	胶州湾角贝等		刘录三 等，2008
2007 年 8 月	长江口及其邻近水域	40	足刺拟单指虫等	豆形短眼蟹、钩虾	刘勇，2009
2007 年 2 月	长江口及其邻近水域	40	足刺拟单指虫等	豆形短眼蟹	刘勇，2009
2007 年 5 月	长江口及其邻近水域	40	丝异须虫等		刘勇，2009
2007 年 11 月	长江口及其邻近水域	40	足刺拟单指虫等	双眼钩虾、钩虾	刘勇，2009

表 4-13　长江口及其邻近水域甲壳动物优势种（阿氏拖网样品数据）

采样时间	区域	站位数（个）	底栖动物优势种	甲壳动物优势种	参考文献
2010 年 8 月	南、北支	19		光背节鞭水虱、狭颚绒螯蟹、脊尾白虾、安氏白虾、细致长臂虾	刘婧，2012
2010—2011 年秋季 9—11 月	北支	5		脊尾白虾等	刘婧，2012
2010—2011 年夏季 6—8 月	北支	5		狭颚绒螯蟹等	刘婧，2012
2010—2011 年 12 航次综合	北支	5		狭颚绒螯蟹等	刘婧，2012
2010 年 12 月至 2011 年 2 月	北支	5		长额刺糠虾等	刘婧，2012
2010—2011 年春季 3—5 月	北支	5		中华蜾蠃蜚等	刘婧，2012
2005—2006 年 2 季综合	杭州湾	4	葛氏长臂虾等	葛氏长臂虾、安氏白虾	刘录三 等，2008
	口外区域	11	葛氏长臂虾等	葛氏长臂虾、安氏白虾、口虾蛄	刘录三 等，2008
	河口区	12	日本沼虾等	日本沼虾、狭颚绒螯蟹、安氏白虾	刘录三 等，2008
	舟山海区	13	中国毛虾等	中国毛虾、细螯虾、葛氏长臂虾、日本鼓虾	刘录三 等，2008
2005 年 8 月	河口区	15	中国毛虾等	中国毛虾、安氏白虾、葛氏长臂虾、狭颚绒螯蟹	罗民波 等，2008
2005 年 11 月	河口区	15	缢蛏等	中国毛虾、葛氏长臂虾	罗民波 等，2008
2006 年 2 月	河口区	15	缢蛏等	葛氏长臂虾、狭颚绒螯蟹	罗民波 等，2008
1996 年 9 月	河口区	20		狭颚绒螯蟹、安氏白虾、脊尾白虾	徐兆礼 等，1999

二、长江口底栖甲壳动物的时间分布差异

关于长江口底栖甲壳动物的专题研究较少，相关结论多包含于底栖动物类群整体研究结论之中。此类研究结论最早可追溯到 20 世纪 50 年代末，1958—1960 年开展的第一次全国海洋普查中便涉及区域内底栖动物群落。在此后数十年间，相关研究陆续在此区域开展，至今已有近 50 篇包含长江口潮下带甲壳动物群落数量信息（物种数、丰度、生物量和多样性指数等）的研究结论见诸报道。由于已有研究之间侧重点不同，调查船只、采样区域、方法等也存在差异，因此难以对相关研究结果进行较为确切的对比，本部分仅概述趋势性变化特征。

（一）底栖甲壳动物物种数时间变化

1. 年际变化

目前对于长江口及其邻近水域底栖甲壳动物物种数年际变化趋势尚无较为一致的结论。例如，Yan et al.（2017）依据中国科学院海洋研究所自 1959 年以来于长江口及其邻近水域 8 航次 72 采样站位大型底栖动物采泥样品数据，对水域内类群群落长周期变化特征进行分析。各航次总计记录底栖甲壳动物 134 种，占大型底栖动物物种总数的 21.47%。对比 1959 年、2000—2001 年、2011—2012 年和 2014—2015 年 4 个时间段内相关数据（卡方检验）显示，底栖甲壳动物物种总数在过去近 50 年中呈现较为明显的下降

趋势。刘录三等（2012）针对长江口大型底栖动物群落的演变过程及原因进行探讨时发现，底栖甲壳动物物种数呈现下降趋势。而寿鹿（2013）利用较为完整的底栖生物采样数据则获得物种数未有显著时间分布差异的结论。此外，针对长江口及其邻近水域采泥样品中甲壳动物物种数年际变化特征已有数篇研究（表4-14）显示，底栖甲壳动物的物种数量总体较为稳定，并未发现显著下降的趋势。典型年份长江口及其邻近水域底栖甲壳动物物种数采集数据如图4-3所示。

表4-14　长江口及其邻近水域甲壳动物物种数年际差异（采泥样品数据）

调查时间	调查区域	样品采集站位数量（个）	底栖动物物种数（种）	甲壳动物物种数（种）	参考文献
1982—1983年4航次综合	长江口及其邻近水域	71	123	16	戴国梁，1991
1999—2001年3航次综合	长江口及其邻近水域	40	181	22	吴耀泉和李新正，2003
1996年9月	河口区	20	13	0	徐兆礼 等，1999
2002年5月	河口区	25	19	3	叶属峰 等，2004
2002年9月	口外区域	20	154	30	李宝泉 等，2007
2004年5月	长江口及其邻近水域	15	50	8	孙亚伟 等，2007
2004年11月	长江口及其邻近水域	40	97	12	吴耀泉，2007
2004年2月	长江口及其邻近水域	40	127	12	吴耀泉，2007
2004年5月	长江口及其邻近水域	40	114	14	吴耀泉，2007
2004年8月	长江口及其邻近水域	40	83	15	吴耀泉，2007
2005年7月	长江口及其邻近水域	49	86	27	王延明，2008
2007年7月	长江口及其邻近水域	40	62	6	刘勇，2009
2007年5月	长江口及其邻近水域	40	86	8	刘勇，2009
2007年8月	长江口及其邻近水域	40	100	16	刘勇，2009
2007年11月	长江口及其邻近水域	40	113	16	刘勇，2009
2012年3航次综合	长江口及其邻近水域	17	181	46	徐勇 等，2016

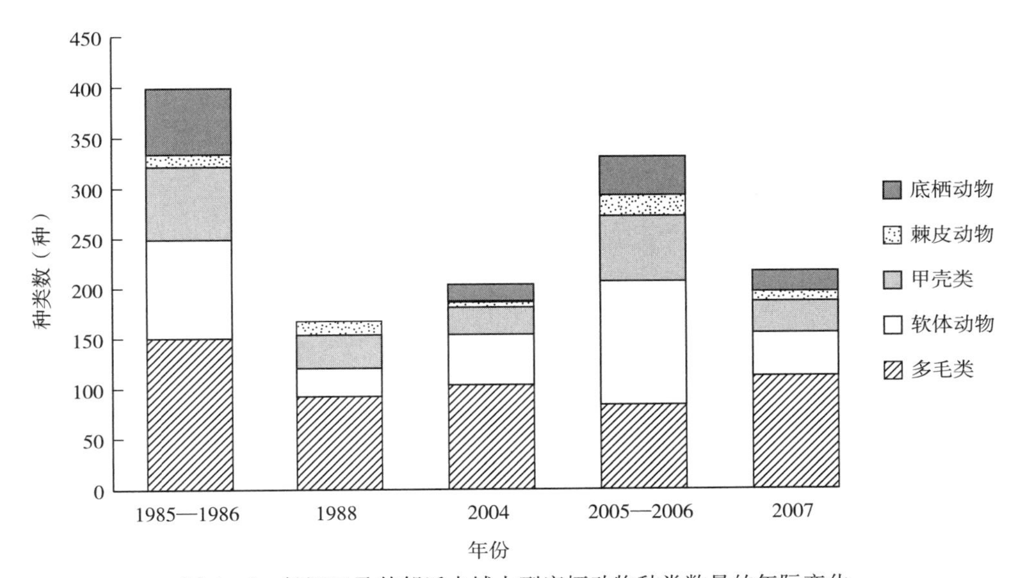

图4-3　长江口及其邻近水域大型底栖动物种类数量的年际变化

长江口及其邻近水域阿氏拖网样品甲壳动物物种数也未显示出降低趋势（表 4 - 15），甚至因为网具改善等原因可能导致研究报道的物种数呈现一定上升趋势。

表 4 - 15　长江口及其邻近水域甲壳动物物种数年际差异（阿氏拖网样品数据）

调查时间	调查区域	样品采集站位数量（个）	底栖动物物种数（种）	甲壳动物物种数（种）	参考文献
1996 年 9 月	河口区	20	30	7	徐兆礼 等，1999
2011 年 5 月	南、北支		48	13	刘婧，2012
2005—2006 年 4 季综合	河口区	15	41	13	罗民波 等，2008
2010—2011 年春季 3—5 月逐月航次综合	北支	5	48	13	刘婧，2012
2009—2010 年 4 季综合	南、北支	17	48	14	杨金龙 等，2014
2005 年 4 月	南、北支	10	38	15	章飞军 等，2007
2013—2014 年 4 季综合	南、北支		49	16	陈强 等，2016
2011 年 8 月	南、北支		54	17	刘婧，2012
2010—2011 年夏季 6—8 月逐月航次综合	北支	5	54	17	刘婧，2012
2004 年 4 季综合	河口区	15	47	19	罗民波 等，2008
2011 年 2 月	南、北支		34	19	刘婧，2012
2010 年 12 月至 2011 年 2 月逐月航次综合	北支	5	34	19	刘婧，2012
2013—2014 年 4 季综合	南、北支		40	21	陈强 等，2016
2011 年 11 月	南、北支		54	22	刘婧，2012
2010—2011 年秋季 9—11 月逐月航次综合	北支	5	54	22	刘婧，2012
2010 年 8 月	南、北支	19	68	24	刘婧，2012
2010—2011 年 12 航次综合	北支		78	28	赵开彬 等，2015
2010—2011 年 12 航次综合	北支	5	86	32	刘婧，2012

考虑到采样水域面积和样品数量与研究报道的甲壳动物物种数较为相关，选择采样区域相似且覆盖长江口主要水域类型但采样时间各异的相关研究结论进行对比分析较为重要。同时，数据来源采样站位和采样方法是否统一对于分析结果的科学性也至关重要。

2. 季节变化

相对于长江口及其邻近水域底栖动物物种数季节变化趋势研究，甲壳动物物种数季节变化趋势较为有限（表 4 - 16）。刘勇（2009）对长江口及其邻近水域内采泥样品大型底栖动物及各类群季节变化进行了较为详细的分析，其结论显示，区域内采泥样品甲壳动物物种数量夏、秋两季较高，均为 16 种/航次，约 2 倍于冬、春航次（分别为 6 种/航次、8 种/航次）。吴耀泉（2007）研究结论表明，采泥样品甲壳动物数量夏季最高，春季次之，秋季和冬季相同。表 4 - 16 所列研究综合分析结果较为支持上述结论。

长江口及其邻近水域阿氏拖网样品甲壳动物物种数季节变化和采泥样品略有不同，综合已有相关公开发表数据（表 4 - 17），可以发现不同季节之间并无显著差异。

表 4-16　长江口及其邻近水域甲壳动物物种数季节差异（采泥样品数据）

季节	调查时间	区域	样品采集站位数量（个）	底栖动物物种数（种）	甲壳动物物种数（种）	参考文献
春季	2002 年 5 月	河口区	25	19	3	叶属峰 等，2004
	2004 年 5 月	长江口及其邻近水域	15	50	8	孙亚伟 等，2007
	2004 年 5 月	长江口及其邻近水域	40	114	14	吴耀泉，2007
	2007 年 5 月	长江口及其邻近水域	40	86	8	刘勇，2009
冬季	2004 年 2 月	长江口及其邻近水域	40	127	12	吴耀泉，2007
	2007 年 2 月	长江口及其邻近水域	40	62	6	刘勇，2009
秋季	2004 年 11 月	长江口及其邻近水域	40	97	12	吴耀泉，2007
	2007 年 11 月	长江口及其邻近水域	40	113	16	刘勇，2009
夏季	1996 年 9 月	河口区	20	13	0	徐兆礼 等，1999
	2002 年 9 月	口外区域	20	154	30	李宝泉 等，2007
	2004 年 8 月	长江口及其邻近水域	40	83	15	吴耀泉，2007
	2005 年 7 月	长江口及其邻近水域	49	86	27	王延明，2008
	2007 年 8 月	长江口及其邻近水域	40	100	16	刘勇，2009

表 4-17　长江口及其邻近水域甲壳动物物种数季节差异（阿氏拖网样品数据）

季节	调查时间	区域	样品采集站位数量（个）	底栖动物物种数（种）	甲壳动物物种数（种）	参考文献
春季	2005 年 4 月	南、北支	10	38	15	章飞军 等，2007
	2011 年 5 月	南、北支		48	13	刘婧，2012
	2011 年 3—5 月逐月航次综合	北支	5	48	13	刘婧，2012
冬季	2011 年 2 月	南、北支		34	19	刘婧，2012
	2010 年 12 月至 2011 年 2 月逐月航次综合	北支	5	34	19	刘婧，2012
秋季	2011 年 11 月	南、北支		54	22	刘婧，2012
	2011 年 9—11 月逐月航次综合	北支	5	54	22	刘婧，2012
夏季	1996 年 9 月	河口区		30	7	徐兆礼 等，1999
	2010 年 8 月	南、北支	19	68	24	刘婧，2012
	2011 年 8 月	南、北支		54	17	刘婧，2012
	2011 年 6—8 月逐月航次综合	北支	5	54	17	刘婧，2012

（二）底栖甲壳动物栖息密度时间变化

1. 年际变化

典型年份长江口采泥样品大型底栖动物及各类群栖息密度如图 4-4 所示。总体来看，底栖甲壳动物栖息密度在近 20 年内基本稳定，但在不同年份之间存在较大波动。例如刘录三等（2012）探讨长江口大型底栖动物群落的演变过程及原因时指出，近年来底栖甲壳动物丰度呈现较大的年际间波动，自20世纪末以来丰度呈下降趋势，大约从2005年起丰度升高至较高水平，至2010年之后再次降低。

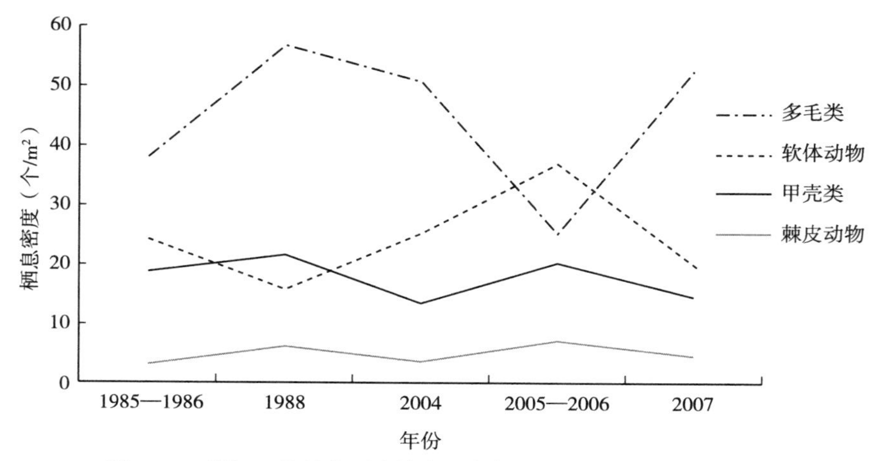

图4-4 长江口及其邻近水域大型底栖动物栖息密度的年际变化

2. 季节变化

关于底栖甲壳动物生物量季节变化的总体结论为：夏季和秋季较高，春季次之，冬季为一年中生物量最低季节（表4-18）。刘勇（2009）和吴耀泉（2007）等研究数据显示，长江口水域甲壳动物丰度的季节变化趋势为秋季>夏季>春季>冬季，其中冬季丰度显著低于其他3季。吴耀泉和李新正（2003）研究结论表明，长江口水域甲壳动物的秋季丰度高于春季。而寿鹿（2013）研究表明，长江口水域甲壳动物丰度在夏季和春季大致相当，秋季和冬季大致相当，夏季、秋季丰度相对较高。

表4-18 长江口及其邻近水域甲壳动物丰度和生物量季节差异（采泥样品数据）

季节	调查时间	区域	站位（个）	底栖动物丰度（个/m²）	甲壳动物丰度（个/m²）	底栖动物生物量（g/m²）	甲壳动物生物量（g/m²）	参考文献
春季	1983年5月	长江口及其邻近水域	71	27.8	11.0	12.1	1.02	戴国梁，1991
	2007年5月	长江口及其邻近水域	40	143.18	10.88	6.96	0.96	刘勇，2009
	2007年4月	长江口及其邻近水域		100	3	15.39	1.72	寿鹿，2013
	2009年6月	长江口及其邻近水域		134	12	13.36	1.65	
	2011年4月	长江口及其邻近水域		185	12	19.17	1.27	
	2004年5月	长江口及其邻近水域	40	623	22.6	23.4	1.5	吴耀泉，2007
	1999年5月	长江口及其邻近水域	40	333.24	13.46	14.04	0.93	吴耀泉和李新正，2003
	2001年5月	长江口及其邻近水域	40	411.91	24.85	28.14	3.22	
	2012年6月	长江口及其邻近水域	13	140.3	13.8	6.6	0.897 6	徐勇 等，2016
	2002年5月	河口区	25	21.6		5.68		叶属峰 等，2004

（续）

季节	调查时间	区域	站位（个）	底栖动物丰度（个/m²）	甲壳动物丰度（个/m²）	底栖动物生物量（g/m²）	甲壳动物生物量（g/m²）	参考文献
冬季	1983年2月	长江口及其邻近水域	71	20.1	9.5	10.09	0.33	戴国梁，1991
	2007年2月	长江口及其邻近水域	40	71.47	3.24	3.11	0.24	刘勇，2009
	2007年1月	长江口及其邻近水域		57	7	12.38	3.9	寿鹿，2013
	2004年2月	长江口及其邻近水域	40	375	10.7	19.7	0.4	吴耀泉，2007
秋季	1982年11月	长江口及其邻近水域	71	47.9	17.5	22.26	2.99	戴国梁，1991
	2007年11月	长江口及其邻近水域	40	185	30.29	20.25	11.58	刘勇，2009
	2007年10月	长江口及其邻近水域		59	6	9.36	0.52	寿鹿，2013
	2004年11月	长江口及其邻近水域	40	781.7	34	19.6	0.6	吴耀泉，2007
	2000年11月	长江口及其邻近水域	40	213.08	21.54	25.65	1.96	吴耀泉和李新正，2003
	2012年10月	长江口及其邻近水域	14	206.4	24.6	6.9	0.9	徐勇 等，2016
夏季	1976年8月	长江口及其邻近水域				11.8	1.1	刘录三和李新正，2002
	1982年8月	长江口及其邻近水域	71	84.8	23.5	23.27	6.65	戴国梁，1991
	2002年9月	口外区域	20	231.5		27.66		李宝泉 等，2007
	2007年8月	长江口及其邻近水域	40	157.06	23.24	4.71	0.35	刘勇，2009
	2006年8月	长江口及其邻近水域		87	3.9	17.3	1.37	寿鹿，2013
	2009年8月	长江口及其邻近水域		192	14	33.43	4.35	
	2011年7月	长江口及其邻近水域		396	46	25.46	0.64	
	2006年8月	非低氧区	146	86.43	8.85			王春生，2010
	2006年8月	低氧区	146	159.31	9.77			
	2005年7月	长江口及其邻近水域	49	86	3	9.55	0.49	王延明，2008
	2004年8月	长江口及其邻近水域	40	309.5	32.7	12.7	1.2	吴耀泉，2007
	2012年8月	长江口及其邻近水域	12	130.4	22.5	12.3	5.596	徐勇 等，2016
	1996年9月	河口区	20	36.88	0	8.66	0	徐兆礼 等，1999

（三）底栖甲壳动物生物量时间变化

1. 年际变化

近30年来长江口及其邻近水域底栖甲壳动物生物量基本上保持稳定（图4-5）。例如，Meng et al.（2007）对比1959年、1976年、2000—2001年和2006年4个较为典型时间段内底栖动物及各类群生物量变化特征，结果显示，尽管底栖动物生物量呈下降趋势，但甲壳动物生物量保持稳定。刘录三等（2012）研究数据显示，自1959年以来，长江口附近水域甲壳动物生物量存在较大波动，变化和波动的模式与底栖生物相似，即在20世纪90年代末之前数值较高，后逐渐降低，至2006年后重新呈现上升趋势。

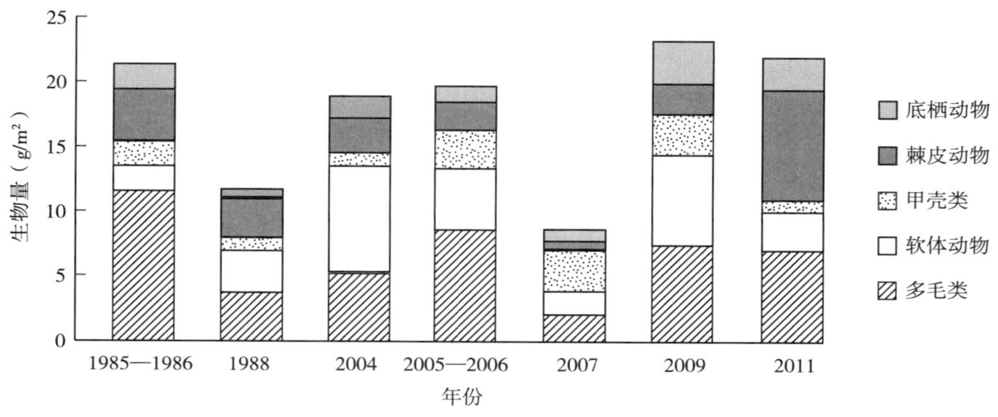

图 4－5 长江口及其邻近水域大型底栖动物生物量的年际变化

2. 季节变化

已有长江口水域甲壳动物生物量季节变化规律相关研究结论之间略有差异，大部分数据显示生物量在春、夏季较高（表 4－18）。刘勇（2009）认为，甲壳类的变化趋势和底栖生物存在不同，其趋势为秋季>春季>夏季>冬季，其中秋季的生物量极高，比其他三季的总和还要高出近 10 倍。吴耀泉（2007）研究数据显示，长江口水域甲壳动物生物量春、夏季大致相当，秋、冬季大致相当，春、夏季数量较高。吴耀泉和李新正（2003）研究结论表明，长江口水域甲壳动物春、秋季生物量大致相当。而寿鹿（2013）研究数据则显示，长江口水域甲壳动物生物量季节变化趋势为冬季>夏季>春季>秋季，其中冬季丰度显著高于其他三季。

值得提出的是，底栖甲壳动物生物量和栖息密度变化趋势在时间上并不同步。部分研究认为此种现象可能与调查季节有关。例如，在秋季 9 月，部分底栖生物经过春夏季快速生长期，个体体重增加，导致总体生物量增加，而由于捕食或其他原因导致的死亡可能致使栖息密度有所降低（李宝泉 等，2007）。在特定水域内，上述现象可能和优势物种的生活史相关。例如针对长江口水域优势物种豆形短眼蟹，戴国梁（1991）认为春末夏初，豆形短眼蟹已开始繁殖，8 月采到的标本幼蟹很多，11 月采到的标本大部分已长成到接近成体的大小，生物量明显升高。这种小蟹是大黄鱼、小黄鱼、带鱼、海鳗、宽体舌鳎等经济鱼类的重要捕食对象之一。在夏末，大黄鱼有大量摄食豆形短眼蟹的现象，豆形短眼蟹在大黄鱼胃中出现频率为 65.7%，其重量占大黄鱼胃含物总量的 89%（戴国梁，1991）。

三、长江口典型湿地主要底栖甲壳动物的时空分布差异

长江丰富的径流来沙使长江河口岸滩发育了广阔的潮滩湿地。长江口的湿地主要包

括沿江沿海潮滩湿地和河口沙洲湿地两种类型。其中，沿江潮滩湿地主要分布在长江口南岸，以南汇边滩为主。而长江口的沙洲岛屿，既有露出水面成陆地并被人类开发定居的沙岛，如崇明岛、长兴岛和横沙岛；也有已露出水面并发育有植被，但尚未被开发居住的沙岛，如九段沙、青草沙等。长江口主要的沙洲岛屿湿地有崇明岛东滩和北部潮滩、横沙岛西部潮滩、长兴岛北部潮滩及九段沙（刘文亮和何文珊，2007）。

长江河口湿地的甲壳动物具有种类数较少但优势种密度极高的特点。这主要由于长江河口区受潮汐、咸淡水影响，环境变化较大，使得能适应该环境的物种种类少；同时，饵料极为丰富，为能适应此环境的栖息者提供大量食物，导致其密度极高（刘文亮，2007）。此外，长江河口是以细颗粒沉积物为主的软泥底质区，区域内沉积速率高，大量泥沙快速沉降，使底质处于剧烈的扰动变化中，限制了腔肠动物、多毛类、棘皮动物等类群的生存和发展，而个体较小、取食沉积物为生的埋栖性动物占优势，因而甲壳动物、软体动物成为优势类群（刘文亮，2007）。

1. 九段沙

九段沙由上沙、中沙与下沙 3 个部分组成。其中，上沙形成时间最早，潮滩发育时间较长，但邻近排污口，且受长江径流扰动影响较大；下沙形成时间较晚，草滩面积较小，并且受盐度和潮汐扰动影响较大；中沙生境相对较为稳定，受上述环境因子的影响较小（朱晓君和陆健健，2003）。

九段沙潮滩湿地底栖动物的优势种群依次为甲壳动物和软体动物（周晓 等，2006）。根据严娟（2012）调查结论，甲壳动物与软体动物的种类数持平，均为 17 种，其次是多毛类；从平均丰度占比上来看，软体动物（80.82%）>甲壳动物（7.62%）>多毛动物（6.53%）；平均生物量占比为甲壳动物（56.43%）>软体动物（38.96%）>多毛动物（1.34%）。

上沙底栖甲壳动物的优势种包括宁波泥蟹和谭氏泥蟹，中沙底栖甲壳动物的优势种包括谭氏泥蟹，下沙底栖甲壳动物的优势种包括谭氏泥蟹和天津厚蟹（张玉平 等，2006）。谭氏泥蟹在一年的四个季节均为九段沙大型底栖动物中的绝对优势种，但四季其密度变化较小，其中在秋季达到最高峰，为 262 个/m^2（周晓和王天厚，2006）。九段沙底栖甲壳动物物种数年际变化如表 4 - 19 所示。

表 4 - 19　九段沙底栖甲壳物种数年际变化

调查年份	底栖动物种类数（种）	甲壳动物种类数（种）	甲壳动物种类占底栖动物种类数的比例（%）	参考文献
2002	38	20	52.6	朱晓君和陆健健，2003
2004	27	8	29.6	张玉平 等，2006
2006	30	12	40	周晓和王天厚，2006
2007	13	3	23.1	宋慈玉 等，2011
2011	50	17	34	严娟 等，2012

2. 崇明东滩

崇明岛东滩由于长江径流携带大量泥沙入海，形成了以细颗粒为主的软泥底质区，并且在滩涂上发育出了广阔的草滩，加上水文和沉积环境条件复杂多变，沉积速率很高，使底质处于剧烈的扰动变化中，限制了腔肠动物、多毛类、棘皮动物等底栖动物种群的生存和发展（方涛 等，2006）。

崇明岛东滩底栖动物的优势种分别隶属于甲壳类、双壳类和腹足类。其中，甲壳动物中主要有谭氏泥蟹和中华近方蟹，它们多栖息在高、中潮滩。一年的四个季节中，甲壳动物的生物量在秋季最高，夏季最低；而春季与冬季的生物量相当，介于秋季与夏季之间。甲壳类底栖动物在低潮滩几乎不生存，多集中于高、中潮滩。但在 9 月，低潮滩的甲壳类却占有相当的比重，甲壳类的生物量约占低潮滩底栖动物生物量的 51.6%（方涛 等，2006）。

崇明岛东滩潮间带中已报道的大型底栖动物有 83 种。其中，甲壳动物 29 种，占大型底栖动物总种数的 34.94%；软体动物 25 种，占大型底栖动物总种数的 30.12%；环节动物 23 种，占大型底栖动物总种数的 27.71%；其他底栖动物 6 种，占大型底栖动物总种数的 7.23%。在春、秋两季，崇明东滩潮间带底栖动物各类群的物种数按环节动物、甲壳动物、软体动物顺序递减，夏季按甲壳动物、环节动物和软体动物顺序递减（严娟，2012）。

3. 横沙东滩

2012—2015 年，吕巍巍（2017）于每年的 4 月、7 月、10 月、12 月对横沙东滩大型底栖动物进行采集和分析，设置 5 个样区：围堤内样区（RI）和对照区（RIC）、围堤外样区（RO）和对照区（ROC），以及恢复潮滩（R）。具体如图 4－6 所示。

横沙东滩共发现大型底栖动物 38 种。其中，甲壳动物最多，有 18 种；软体动物和环节动物分别为 10 种和 6 种；而纽形动物、星虫动物、脊椎动物和水生昆虫各采到 1 种。从物种数的年际变化来看，样区 RI 在 2012—2015 年物种数共减少了 13 种；样区 RO、RIC 和 ROC 在 2013 年收集到的大型底栖动物种类数较多，分别为 11 种、21 种和 13 种；而样区 R 在 2014 年的物种数较多，为 19 种。样区 RIC、ROC 和 R 在 2012 年的物种数最少，分别为 13 种、9 种和 15 种；而样区 RO 在 2015 年的物种数最少，仅为 6 种。具体如图 4－7 所示。

样区 RI 的优势种包括拟沼螺、绯拟沼螺、日本旋卷蜾蠃蜚、摇蚊幼虫和无齿螳臂相手蟹等 5 种。其中，日本旋卷蜾蠃蜚和摇蚊幼虫为 2012—2015 年 4 个年度的共有优势种，无齿螳臂相手蟹在 2012—2013 年优势度较高，拟沼螺和绯拟沼螺仅为 2012 年的优势种。样区 RIC 优势种包括拟沼螺、绯拟沼螺、堇拟沼螺、谭氏泥蟹和无齿螳臂相手蟹等 5 种，且均为 4 个年度的共有优势种，拟沼螺和谭氏泥蟹的优势度较高。样区 RO 优势种为谭氏泥蟹、河蚬、雷伊著名团水虱（*Gnorimosphaeroma rayi*）和中华绒螯蟹等 4 种。其中，河蚬为 4 个年度的共有优势种，雷伊著名团水虱在 2013—2015 年有较高优势度，谭氏泥蟹和中华绒螯蟹分别为 2012 年和 2013 年的优势种。样区 ROC 的优势种为谭氏泥蟹、缢

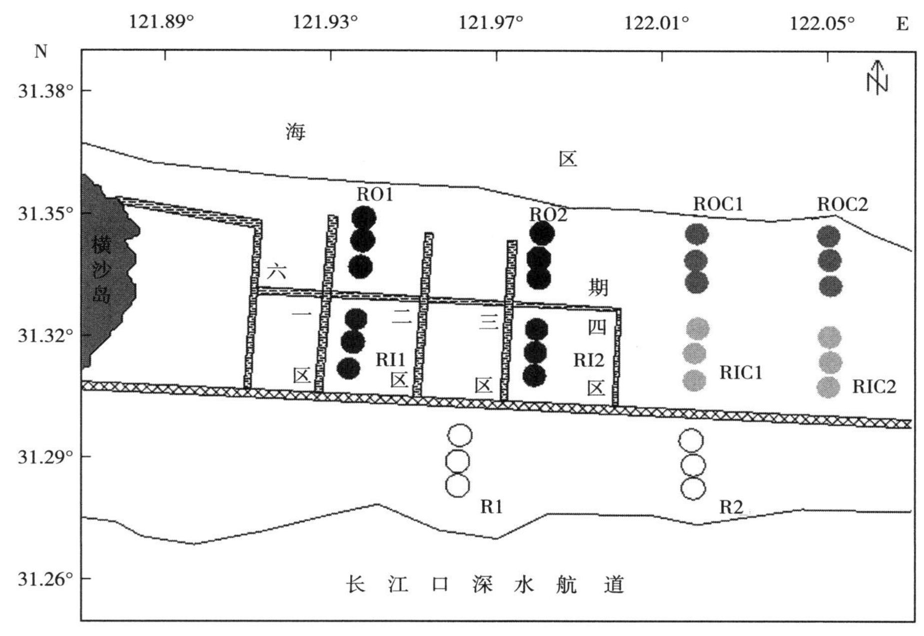

图 4－6　横沙东滩调查样点分布

（吕巍巍，2017）

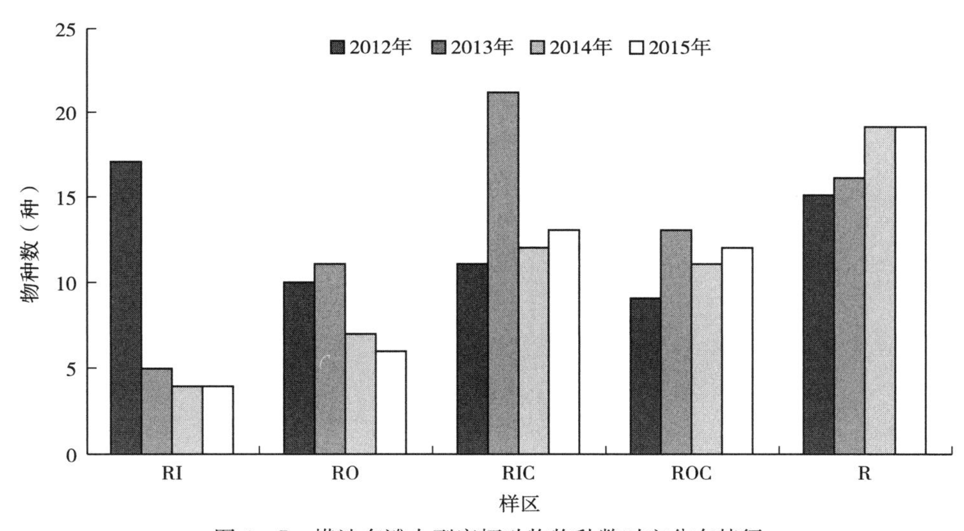

图 4－7　横沙东滩大型底栖动物物种数时空分布特征

（吕巍巍，2017）

蛭和河蚬等 3 种，且各年度的优势种和优势度构成比较相似。样区 R 的优势种为拟沼螺、绯拟沼螺、堇拟沼螺、谭氏泥蟹、河蚬和黑龙江河篮蛤等 6 种。其中，拟沼螺、绯拟沼螺和谭氏泥蟹为 4 年度的共有优势种，河蚬和黑龙江河篮蛤为 2012—2013 年的优势种，堇拟沼螺为 2014—2015 年的优势种。

大型底栖动物平均丰度呈现样区 RIC（248.13 个/m^2）＞样区 RI（152.25 个/m^2）＞样

区 ROC（109.25 个/m²）>样区 R（106.61 个/m²）>样区 RO（42.13 个/m²）的状况。样区 RI 的丰度在 2012 年最高，为 234.75 个/m²，2013—2015 年丰度变化较小，为 113.33～132.67 个/m²；摇蚊幼虫在群落中的丰度优势十分明显，占总体的 62%。样区 RIC 的丰度在 2012 年和 2014 年较高，分别为 266.50 个/m² 和 262.00 个/m²，2013 年最低，仅为 212.33 个/m²；软体动物是群落丰度的优势类群，其平均丰度占总体的 61%。样区 RO 丰度的年际变化呈先下降后上升趋势，其中，2013 年丰度最低，仅为 29.00 个/m²，2015 年丰度最高，可以达到 58.67 个/m²；甲壳类丰度优势比较明显，可以占到总体的 78%。样区 ROC 的丰度呈小幅波动，2012 年丰度最高，为 130.67 个/m²，2015 年丰度最低，为 88.33 个/m²；样区 ROC 软体动物和甲壳动物所占比例相差不大，分别为 42%和 52%。样区 R 的丰度呈明显的年际上升趋势，上升幅度达到 66%；软体动物平均丰度最高，可以占到 58%，甲壳动物其次，为 40%。

大型底栖动物平均生物量呈现样区 RIC（79.58 g/m²）>样区 ROC（59.37 g/m²）>样区 R（15.82 g/m²）>样区 RO（9.32 g/m²）>样区 RI（7.20 g/m²）的状况。样区 RI 生物量在年际间呈下降趋势，其中 2012 年生物量相对较高，为 37.32 g/m²；甲壳动物是生物量的优势类群，年平均生物量可达 26.85 g/m²，而 2015 年生物量最低，仅为 0.21 g/m²，生物量以摇蚊幼虫、日本旋卷蜾蠃蜚和雷伊著名团水虱等小个体物种为主。样区 RIC 生物量波动幅度较大，2013 年生物量最高，可以达到 94.54 g/m²，而 2014 年生物量最低，仅为 60.96 g/m²，甲壳类生物量占总体的 89%，是样区 RIC 生物量的主导物种；样区 RO 和 R 生物量呈明显下降趋势，下降幅度分别可以达到 88%和 47%。软体动物和甲壳动物生物量下降分别是导致样区 RO 和 R 生物量减少的主导因素，二者分别降低了 8.74 g/m² 和 15.15 g/m²；样区 ROC 生物量的波动幅度较大。其中，2014 年生物量最高，为 75.71 g/m²，2013 年生物量最低，为 33.41 g/m²。甲壳类是样区 ROC 的生物量主导类群，所占比例为 53%～79%。具体见图 4－8。

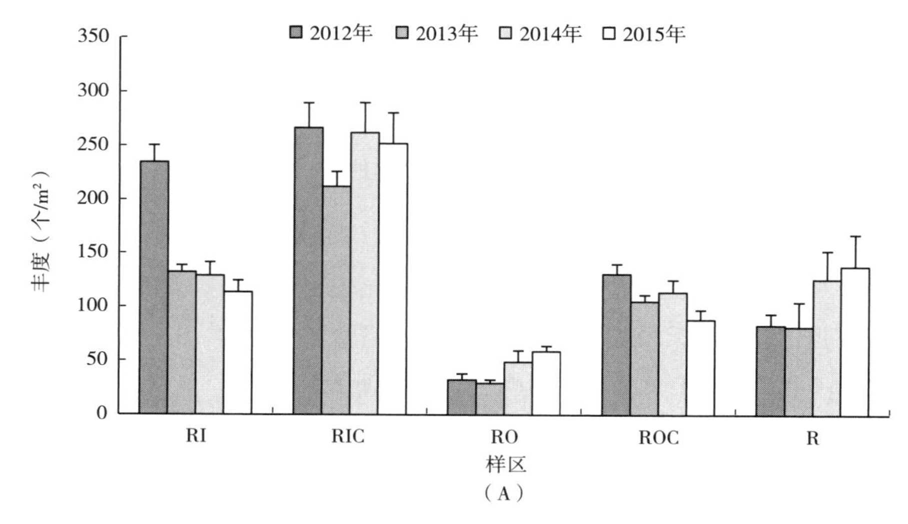

（A）

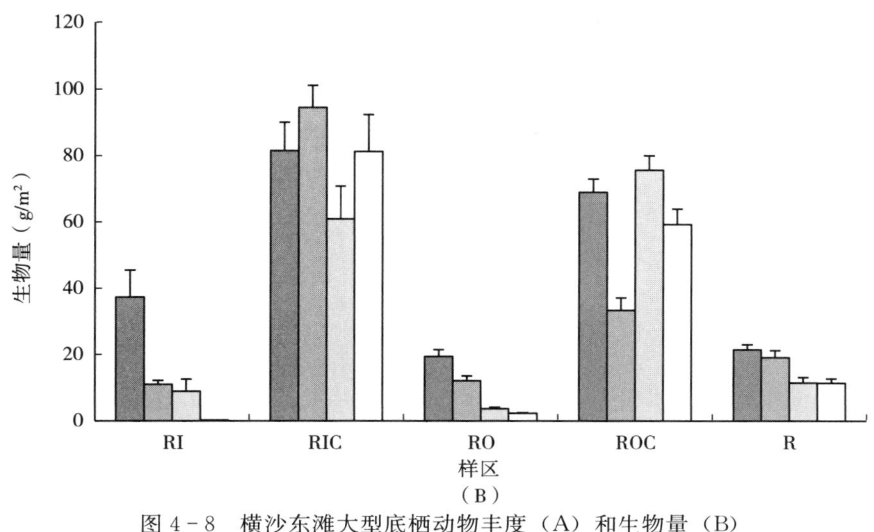

图 4－8　横沙东滩大型底栖动物丰度（A）和生物量（B）

（吕巍巍，2017）

第四节　长江口浮游甲壳动物的数量变化与环境因子的关系

长江口水域自然环境条件复杂多变，各环境要素时间和空间变化剧烈，区域内甲壳动物的数量变化无疑是多种环境因素共同作用的结果。已有相关研究表明，影响浮游甲壳动物数量变化的主要环境驱动因素包括温度、盐度和海流等。

一、浮游甲壳动物的数量变化与温度的关系

水温是影响浮游甲壳动物群落结构的重要因素之一，河口区域水深通常较浅，温度变化幅度较大，昼夜、季节变化皆是如此，故此类水域中水温对于浮游动物群落影响更为显著。通常在一定温度范围之中，伴随着水体温度升高，浮游甲壳动物的种类和密度均呈现上升趋势（郑金秀 等，2011）。生物量变化趋势也是如此，陈亚瞿等（1995）对东海近海及长江口羽状锋区内浮游动物生物量的研究发现，春、夏期间水温升高，导致生物量增加；7—8 月水温升至 22 ℃之后，部分物种滞育，致使生物量不再增加，处于高峰期或平衡期；9 月之后伴随水温下降，生物量呈降低趋势。

（一）桡足类动物的数量变化与温度的关系

长江口春季浮游桡足类动物种类数与表层水温具有显著正相关关系。大多数情况下，长江口南部和外海水域水温较高，桡足类动物物种数量较多。在特定时间段中，区域水

温分布差异主要受暖流影响，物种数量较多区域通常为暖流与沿岸水交汇区中靠近暖流部分的水体，此为长江口水域浮游桡足类动物与表层水温具有正相关关系的重要原因之一（徐兆礼，2005）。

（二）端足类动物的数量变化与温度的关系

长江口水域中端足类动物拟长脚蛾（*Parathemisto gaudichaudi*）数量变化和温度之间的关系已有研究。周进等（2008）研究结果表明，温度是长江口水域典型环境因子中影响拟长脚蛾数量季节变化和年间变化的主要因素。同时，长江口水域拟长脚蛾丰度和同步温度资料曲线拟合结果符合 Yield Density 模型，最适温度是 17.0 ℃，置信度分析和拟合统计结果均有非常高的置信度。综合拟长脚蛾最适温度和季节变化特征，可认为该物种为暖温种，其近年来春季在长江口水域丰度的降低应与全球气候变暖有关。

（三）浮游十足类动物的数量变化与温度的关系

郑金秀等（2011）对于长江口浮游十足类动物数量和温度变化关系进行针对性研究。相关研究结论表明，长江口水域夏季平均温度最高（27.26 ℃），春季和秋季的平均温度相差不大，分别为 17.53 ℃和 18.84 ℃，冬季的平均温度最低（10.36 ℃）；浮游十足类动物丰度呈现和水温季节变化基本一致的趋势，该类群在夏季平均丰度最高（10.42 个/m^3），冬季最低（0.004 个/m^3），春季和秋季丰度分别为 0.46 个/m^3 和 0.33 个/m^3。

（四）糠虾类动物的数量变化与温度的关系

郑金秀等（2011）于长江口邻近水域的研究结果表明，东海春季糠虾种类出现较多的海区为台湾海峡、东海北部外海和南部近海，同期调查数据显示，这些海区的水温较高，春季台湾海峡水温最高可达 26 ℃，而东海北部近海最低水温仅 10 ℃。因此，此现象表明春季糠虾种类数与水温呈正相关关系，即春季温度是影响糠虾种类分布的主要因子。就糠虾类物种数季节变化而言，随着温度升高，糠虾类平均丰度在夏季达到最高，到冬季降到最低，丰度的季节变化曲线与温度季节变化曲线十分相似。

二、浮游甲壳动物的数量变化与盐度的关系

在河口区，随着径流和潮流的变化，河口盐度变化幅度大，栖息水体盐度是决定河口浮游生物群落结构变化的关键性非生物因子。盐度影响浮游动物的生长、发育和繁殖，进而决定其种类和数量的时空分布格局。例如，杨宇峰等（2006）指出，在塞纳河河口，海水种类分布于河口外，而更多的寡盐种类分布河口内，混合区域主要分布的是沿海浅水种类。

长江口水域浮游甲壳动物的种类组成、数量分布具有明显的盐度梯度特征，区域内浮游甲壳动物包括半咸水河口群落、低盐近岸生态群落和高温高盐群落等类型各异的生物集群。长江口南支和南汇嘴附近水域生长的基本为半咸水河口群落，半咸水水域的生物群落在组成上虽较混杂，但由于盐度低、变化大，生物群落的特征表现在种类组成上较为贫乏。不少种类的数量分布与盐度的关系十分密切，如中华华哲水蚤主要分布于盐度 10 以下的河口区内，其密集区与等盐线的分布基本趋于一致，故其与火腿许水蚤、虫肢歪水蚤等分布特征较为类似物种被视为河口指示物种（陈亚瞿 等，1985）。低盐近岸生态群落物种数、个体数量以及生物量较半咸水河口群落有所增加。高温高盐类群落栖息于长江口外盐度大于 25 海区，该群落物种数、个体数量以及生物量较上述 2 个群落均有显著增加。此群落的优势种类也因盐度变化而较为独特，从半咸水河口群落的虫肢歪水蚤和火腿许水蚤，到低温近岸生态群落的背针胸刺水蚤和真刺唇角水蚤，再到高盐类的中华哲水蚤和肥胖箭虫（郑金秀 等，2011）。

长江口南北支虽位置邻近，但径流量影响两水域盐度水平，北支盐度高于南支（杨吉强 等，2014）。同时，北支盐度变幅较大，年平均盐度变化范围为 1.4～15.2，而南支年平均变化范围为 0.22～2.99。北支的优势种以中华哲水蚤等咸水种为主，南支优势种则以广布中剑水蚤等淡水种为主，说明南支以淡水种为主，北支以咸水种和广盐种为主。殷晓龙（2015）研究指出，长江口北支浮游甲壳动物密度明显高于南支，约为南支的 10 倍。

（一）浮游十足类动物的数量变化与盐度的关系

盐度是影响该水域浮游十足类动物丰度平面分布的主要因子。在春季和秋季，浮游十足类动物在长江口特定水域（29°00′—31°00′N、122°15′—122°30′E）丰度较高，而此区域正是长江口盐度较高水域（20.77～31.62）。夏季十足类动物丰度平面分布特点也是如此，高丰度区出现在盐度相对较高（>25）水域，最高丰度可达 49.83 个/m^3（郑金秀 等，2011）。

（二）桡足类动物的数量变化与盐度的关系

盐度也是影响长江河口桡足类动物分布的重要因素。枯水期径流量小，冲淡水范围小。盐水入侵，盐度升高，营养盐较丰富，淡水与海水的充分混合使得环境相对稳定，形成桡足类的高密度区（郑金秀 等，2011）。例如，彭建华等（2008）在研究北支桡足类浮游动物空间分布格局时，于研究水域设置 3 个断面（Ⅰ～Ⅲ断面，盐度递增），各断面内桡足类的栖息环境类型多样，覆盖淡水、咸淡水和低盐水体等类型。桡足类动物群落在断面之间也呈现较大差异，特别是北支Ⅲ断面靠近口外，全年几乎是低盐海水区域，断面桡足类现存量显著高于其他断面。

（三）枝角类动物的数量变化与盐度的关系

枝角类物种适宜生活于淡水水体，故其和桡足类等类群的空间分布差异相反。例如，长江口南支枝角类动物明显多于北支，而桡足类动物略少于北支。北支高盐水限制了枝角类动物分布，特别是枯水季节的北支下游断面没有枝角类动物出现。

（四）糠虾类动物的数量变化与盐度的关系

糠虾类动物丰度平面分布受盐度影响，春季糠虾高丰度区盐度为 32.0～33.0，夏季为 18.0～19.5，秋季为 16.0～20.0，冬季为 14.0～22.0，可见高丰度都出现在咸淡交错的水域内。徐兆礼等（2006）研究结果表明，夏、秋、冬季节内盐度对糠虾种类分布均有明显影响，但不同季节盐度对糠虾种类的影响不尽相同。冬、夏季糠虾种类分布主要受长江径流的影响。海洋糠虾主要是一类生活在河口的海洋浮游动物，许多糠虾可能由冲淡水携带到远离河口的海洋里，由于其适应河口低盐水团的环境，故冬、夏季糠虾种数与盐度呈负相关关系。而秋季东海南部外海和南部近海出现了较多的暖水种，这两个海区秋季糠虾种类数分别为 8 种和 9 种，仅次于东海北部外海。秋季东海南部外海受黑潮暖流影响，南部近海受台湾暖流影响，暖水种往往能够适应暖流较高盐度的环境。

三、浮游甲壳动物的数量变化与海流的关系

（一）端足类动物的数量变化与海流的关系

浮游端足类动物总丰度的变化与长江口水域水团也有密切的关系，春、夏、秋三季丰度较高的区域位于外海水和长江冲淡水交界偏外海水一侧，不同水团影响不同种类的分布，从而形成不同种类在不同水域的密集区。例如，春季长江冲淡水与外海苏北沿岸流和暖水团交汇，在交汇处偏冲淡水一侧水域，优势种主要由江湖独眼钩虾构成。在外海水团，其主要优势种为裂颏蛮蛾；夏季长江径流势力增强，与北面的苏北沿岸流和南面的外海暖水共同作用，形成几个咸淡水交汇的锋面，江湖独眼钩虾分布在锋面近河口的淡水水团一侧，裂颏蛮蛾则分布在外海水团一侧；秋季与春季相似，长江径流势力减弱，在长江口外侧北部，与苏北沿岸流形成锋面，南部与外海水团形成锋面，锋面外海水一侧以裂颏蛮蛾为主。另外，在近河口偏外的咸淡水交汇区域形成较大的高丰度区，基本上以江湖独眼钩虾为主；冬季的优势种为江湖独眼钩虾，高丰区出现在长江口河口。因此，长江口水域浮游端足类与水团格局有一定的关系（郑金秀 等，2011）。

（二）磷虾类动物的数量变化与海流的关系

在长江口水域，磷虾往往聚集在咸淡水交汇处。春季长江径流势力较弱，在口外形成三角状锋面，进一步与苏北沿岸流交汇，交汇区域与中华假磷虾高丰度区一致，夏季长江径流势力增强，在河口东南方形成狭长的冲淡水水团，北面与苏北沿岸流交汇，南面与外海暖水交汇，中华假磷虾高丰度区域在南北两个锋面的近外海水团一侧，秋季与春季相似，长江径流势力减弱，也在长江口外南部与苏北沿岸流和外海暖流形成三角锋面，这些磷虾高丰度区依旧以中华假磷虾为主（郑金秀 等，2011）。

（三）浮游介形类动物的数量变化与海流的关系

浮游介形类动物的丰度变化与季节有关外，也与水团消长有着密切的关系。影响长江口及邻近水域的水团主要是长江径流、台湾暖流及苏北沿岸流。在春、夏、冬三个季节，介形类高丰度区主要分布于长江口以南水域，即台湾暖流与长江口径流交汇的偏暖流一侧。由于台湾暖流从东南部接近长江口水域，介形类则随着暖流进入，遇到长江冲淡水之后在长江口南侧的 30°00′N、123°30′E 处聚集，这是介形类总丰度由外向内递增的原因（郑金秀 等，2011）。

台湾暖流形成受两股暖水势力推动，其一是来自黑潮的暖流，其二是来自台湾海峡北上的暖水。如上所述，较高分布区在春、夏季北上扩展，与台湾海峡北上的暖水加入台湾暖流有关。除了台湾暖流外，影响浮游十足类动物丰度分布的另一水团因子是大陆江河径流。近岸的高丰度区与注入东海的大陆径流有密切的关系。夏季位于台湾海峡的高丰度区出现在九龙江口外侧，而在浙江中南部高丰度区则在台湾暖流与浙江沿岸水的交汇处，该水域有椒江和瓯江等径流带来的丰富营养盐。同步资料显示，该水域也是东海夏季初级生产力较高的水域。秋季高丰度区北移到浙江北部近海的台湾暖流和长江冲淡水的交汇处，但丰度和范围明显缩小。冬季不同，北部外海丰度较高的水域在受黑潮暖流、对马暖流和黄海暖流影响的水域。可见，浮游十足类动物丰度分布与海流有密切的关系（郑金秀 等，2011）。

（四）涟虫类动物的数量变化与海流的关系

涟虫类动物大多适应沿岸水域。夏季长江径流势力增强，形成的冲淡水水团北面与苏北沿岸流交汇，长江口北部涟虫类动物高丰度区与咸淡水团交汇水域有密切的联系。秋季长江径流势力减弱，与苏北沿岸流交汇于近长江河口水域，在此形成较高的丰度区。长江冲淡水势力强弱对长江口涟虫类数量时空分布有重要影响，这与涟虫类动物对沿岸水域环境适应密切相关。对浮游枝角类而言，这类浮游动物在长江冲淡水影响的水域可以很好地生存，形成较高的丰度。无论是浮游涟虫类还是枝角类，它们在长江口的分布特征与长江冲淡水都有一定的关系，显示出这两大类浮游动物都具有咸淡水分布的特征，且涟虫类更加明显（郑金秀 等，2011）。

第五节　长江口底栖甲壳动物的数量变化与环境因子的关系

底栖生物类群生活于水体底层，其生存和繁衍受沉积物和底层水体环境因子协同作用，类群种类组成、区域分布及多样性等特征与栖息环境密切相关（韩洁 等，2004）。深入探究环境因子对底栖类群影响机制十分困难，包括需关注环境因子数量众多、各因子对生物类群作用差异性、因子之间协同和颉颃作用等问题。因此，关于长江口水域底栖甲壳动物类群和环境因子的关系至今尚未有较为全面的理解和认识，但针对如下典型环境因子和群落之间关系已有一定数量的讨论。

一、底栖甲壳动物的数量变化与非生物因子的关系

影响底栖甲壳动物数量的非生物因子较多，通常包括温度、盐度、pH、沉积物物理特征、溶氧量、沉积物、有机物以及无机元素（氮、磷、金属离子）含量等。

（一）水温对底栖甲壳动物的影响

已有研究表明，在食物和其他环境条件适宜的条件下，在一定温度范围内（通常为0～25 ℃），升高温度可加快底栖动物的生长发育速度，缩短周转率，提高次级生产水平（Rosenberg et al.，2001）。甲壳动物属变温动物，温度是制约底栖甲壳动物生理学特征的重要环境因子，其与底栖甲壳动物的生长、发育和繁殖等生命活动有密切相关性。底栖甲壳动物物种组成、数量、分布范围均会受到环境温度的影响。长江口潮间带湿地受到不规则半日潮影响，每日露滩时间相对较长且滩面上覆水较浅，区域水温变化较潮下带更为剧烈。同时，生活于潮间带的底栖甲壳动物通常对水温变化具有更强的耐受性，以及逃离低温逆境的能力。

已有相关研究结论表明，长江口潮间带区域内底栖甲壳动物的数量分布通常具有较为明显的季节特征（吕巍巍 等，2012；马长安 等，2012）。长江口春季水温逐渐回升，此时多数底栖甲壳动物处于恢复期，总体种类数和分布数量仍较少。但无齿螳臂相手蟹（*Chiromantes dehaani*）、褶痕相手蟹（*Sesarma plicata*）和天津厚蟹（*Helice tientsinensis*）等物种，因其生存和发展策略具有持续性和稳定性，物种平均数量可达到其他各季的2～3倍。夏季气温较高，绝大多数底栖甲壳动物在此季节生长良好，特别是谭氏泥蟹

(*Ilyoplax deschampsi*)、锯脚泥蟹（*Ilyrplax dentimerosa*)、日本旋卷蜾蠃蜚（*Corophium volutator*）和中华蜾蠃蜚（*Corophium sinensis*）等小个体甲壳动物的数量均出现较为明显上升。同时，由于夏季芦苇和海三棱藨草等盐沼植被生长旺盛，使得大个体甲壳动物的生存空间受到挤压而数量减少。因此，夏季底栖甲壳动物通常会出现高丰度低生物量的现象。秋季水温适中，饵料生物资源丰富，褶痕相手蟹（*Sesarma plicata*)、屠氏招潮蟹（*Uca dussumieri*）和弧边招潮蟹（*Uca arcuata*）等大型甲壳动物数量均呈上升趋势，而钩虾（*Gammarid* sp.)、蜾蠃蜚（*Corophium* sp.）等小个体甲壳动物受到捕食作用的影响，其种群数量未有显著变化。因此，秋季长江口底栖甲壳动物的物种数、丰度和生物量均明显高于其他季节。冬季长江口水域气温较低，长江口水温可低至 10 ℃以下，大型甲壳动物采取掘穴方式越冬，无齿螳臂相手蟹、天津厚蟹等蟹类洞穴可深至 1 m，且分布相对集中。因此，冬季甲壳类数量和生物量分布通常具有区域性和间断性（吕巍巍，2013)。吕巍巍等（2013）对横沙东滩大型底栖动物群落调查时共记录甲壳动物 11 种，其中仅秀丽白虾（*Exopalaemon modestus*）和狭颚绒螯蟹（*Eriocheir leptognathus*）2 种在四季均有分布。从季节变化来看，夏季和秋季自然滩涂底栖甲壳动物的物种数、丰度和生物量均明显高于春季和冬季，但甲壳动物的分布数量在群落中处于较低水平，仅中华绒螯蟹在秋季具有较高的优势度，而无齿螳臂相手蟹、谭氏泥蟹等长江口滩涂典型优势物种的分布数量则相对较少。马长安等（2011）对南汇东滩的调查结果表明，夏季底栖动物物种数和多样性总体高于其他季节，但甲壳动物在群落中所占比例较小，仅冬季有较高数量的独眼钩虾分布。

（二）盐度对底栖甲壳动物的影响

盐度是最为典型水体环境因子之一，特别是在河口地区。长江口水体盐度的周期性变化会对底栖甲壳动物群落的分布特征起重要作用。罗民波等（2010）基于长江口中华鲟保护区监测数据，通过对潮下带底内动物和底上动物与环境因子关系的 BIO - ENV 分析证实，盐度对长江口中华鲟保护区底上动物群落的分布起重要作用。吕巍巍等（2013）的研究结果表明，长江口牡蛎礁大型底栖动物多样性指数与水体盐度呈正相关关系，且在高盐度区底栖甲壳动物物种数较低盐度区高 3～5 种，肉球近方蟹（*Hemigrapsus sanguineus*)、特异大权蟹（*Macromedaeus distinguendus*）和日本鼓虾（*Alpheus japonicus*）等部分甲壳动物物种仅分布于高盐度区域。章飞军等（2007）将长江口潮下带底栖甲壳动物划分为广盐性种类、淡水种类、河口半咸水种类、混合高盐水种类等多个生态类型。其中，葛氏长臂虾主要出现在混合高盐水域，安氏白虾和秀丽白虾主要出现在河口半咸水区，狭颚绒螯蟹分布的盐度范围则相对比较宽泛，属于典型的广盐性物种。

对于具有生殖洄游习性的底栖动物来说，盐度是其繁殖的基础条件。例如，中华绒螯蟹的交配、产卵和幼体发育必须在河口地区完成（张列士 等，2002)。因此，在繁殖和发育季节，中华绒螯蟹可能成为长江口大型底栖动物群落中的优势物种（吕巍巍 等，2013）。

（三）溶解氧对底栖甲壳动物的影响

多数研究表明，低氧区的底栖生物丰度与溶解氧的含量与低氧的持续时间密切相关，且在缺氧的影响下，底栖动物群落特征通常表现为较低的物种多样性和较低的生物量。然而在对长江口低氧区的调查中，王延明等（2008）研究表明在长江口低氧区站位拥有着高生物量和栖息密度的底栖生物，但是对氧浓度敏感的钩虾属等甲壳动物只出现在底层溶解氧浓度较高的站位。寿鹿（2013）也认为长江口低氧区底栖生物不但没有减少，反而在种类数、丰度和生物量上，都有不同程度的增加，但仅限于多毛类和软体动物，而甲壳动物则无显著差异，甚至低于非低氧区。总的来看，在底栖动物丰度、生物量方面，长江口水域非低氧区不及低氧区；甲壳动物方面，低氧区群落中的甲壳类与非低氧区无显著差异，甚至低于非低氧区，但这种差异并不明显。

（四）底质对底栖甲壳动物的影响

底栖动物多样性并非完全取决于底质异质性程度，底质的适宜性仍然是决定底栖动物分布的最重要因素（Buss et al.，2004）。沉积物部分的物理特性（如中值粒径、沉积颗粒间隙、底质稳定性、沉积物表层结构和底质类型等）对于底栖动物组成和分布产生重要影响。甲壳动物的物种和数量构成也与底质异质性有密切的关系，底质的斑块状分布可能造成底栖甲壳动物空间分布产生差异性。沉积物作为底栖甲壳动物的直接栖息环境，不仅为甲壳动物提供了生存空间，而且对甲壳动物的产卵、繁殖等生活史的重要阶段均起着关键作用。

长江口及其邻近水域沉积物物理特征的空间差异已被证实，杨光复、吴景阳（1994）报道，长江口外水域（122°—123.5°E、30°—32°N）沉积物多为黏土质沉积物，主要由长江入海的悬浮泥沙沉积而成，包括 4 种类型：细沙、沙-粉沙-黏土、黏土质粉沙和粉沙质黏土，且各类型沉积物分布格局呈斑块状（杨光复，1994）。长江口水域已有相关文献表明，区域内不同底质类型沉积物中底栖动物优势种也有较大区别，例如，粉沙型底质中的主要优势种为小型多毛类和甲壳类动物，而沙质泥类型底质的主要优势种则为较大体型的多毛类或大型的棘皮动物和甲壳类动物等。同时，底栖动物的生物量、密度和多样性指数均存在显著的底质类型间差异，生物量从低到高排序依次是粉沙＜粉沙质沙＜沙质泥＜沙质粉沙，而丰度从低到高排序则依次是粉沙＜粉沙质沙＜沙质粉沙＜沙质泥（寿鹿，2013）。

（五）水体营养盐对底栖甲壳动物的影响

寿鹿（2013）研究结论表明，河口区内多毛类和棘皮动物的物种个体密度与温度、水深和硅酸盐含量的相关性较强，软体动物和其他类动物与盐度、溶解氧数值相关性较强，而甲壳类则与无机氮和磷酸盐的相关性较强；在近岸区，多毛类的物种个体密度与水深和盐度含量的相关性较强，软体动物与溶解氧数值的相关性较强，而甲壳类、棘皮动物和其他类动物则与温度、磷酸盐、硅酸盐和无机氮的相关性较强；在远岸区，软体动物与溶解氧数值的相关性较强，多毛类和其他类动物的物种个体密度则与盐度、水深和磷酸盐的相关性较强，而棘皮动物则与温度、硅酸盐和无机氮的相关性较强。由此可见，底栖甲壳动物数量除和上述讨论的温度、盐度等具有关系外，还与栖息水体营养盐水平呈较强相关性。

二、底栖甲壳动物的数量变化与生物因子的关系

（一）底栖甲壳动物数量与初级生产力的关系

长江口水域大型底栖生物分布的最重要特征是在 122°—123.5°E 区域存在大型底栖生物数量（生物量、丰度和种类数）高值区，并且随着时间的推移，这个大型底栖生物的高值区始终存在。考虑食物的质或量对底栖动物的生长有着直接的影响，并最终影响到生产力的大小，故此水域初级生产水平应处于较高水平。宁修仁等（2004）证实了此种推测，其研究表明，在离长江口门和杭州湾口约 100 km 的长江冲淡水中部水域存在着生物生产力的锋面，在这个区域，出现蓝细菌丰度、浮游植物现存量和初级生产力以及浮游动物的最大值，这与我们各航次所观测到的大型底栖生物的高值区重合。

（二）底栖甲壳动物数量与植被的关系

目前植被对长江口底栖甲壳动物影响研究主要集中在海三棱藨草（*Scirpus mariqueter*）、互花米草（*Spartina alterniflora*）和芦苇（*Phragmites australis*）3 种类型盐沼植物植被。其中，互花米草属于外来入侵种，其适应能力很强，正在大量取代土著的优势种海三棱藨草，改变了当地底栖动物的群落结构。在长江口潮滩湿地中，崇明东滩和九段沙的互花米草入侵现象相对比较严重，而入侵植物取代土著植物群落后，可能引起部分与底栖甲壳动物生存密切相关环境因素的改变，包括微生境、碎屑输入、土壤盐度和通气、水位、底栖微藻的生产力以及捕食压力等的改变，最终导致底栖甲壳动物群落结构和多样性发生改变。互花米草密集的根部结构对个体相对较小的中华蜾蠃蜚（*Corophium sinensis*）和光背节鞭水虱（*Synidotea laevidorsalis*）相对适合，不仅为其提供了丰富的食物来源，更可作为躲避敌害的场所。相反，活动能力较强的蟹类物种则更偏好生活于芦苇和海三棱藨草群落中，如谭氏泥蟹和无齿螳臂相手蟹（陈中义 等，2005）。在潮间带湿地不同演替阶段中，穴居型甲壳动物主要分布于芦苇-互花米草-海三棱藨草-藨草阶段，而游泳型甲壳动物主要分布于盐渍藻类阶段。

（三）底栖甲壳动物数量与其共生底栖生物的关系

生物间的相互作用对生产力的影响较为复杂，一般有竞争和捕食两方面的作用。竞争在种内或种间均可发生，其结果往往是造成低质量的摄食条件和生存空间、低下的生长发育速率，最终对生产力产生负面作用。在捕食对生产力的作用方面，一些研究结果往往不一致，目前尚处于争论阶段。

三、底栖甲壳动物数量与区域内典型人类活动的关系

针对长江口水域围垦活动对于底栖甲壳动物数量影响，部分于横沙岛和崇明东滩的相关研究已见诸报道。

（一）围垦对崇明东滩底栖甲壳动物的影响

吕巍巍（2017）于2014年4月至2015年12月对崇明东滩围垦潮滩的围堤内样区RI和围堤外样区RO，以及自然潮滩的对照样区RIC和ROC进行采样调查，并报道了较为详细研究结论。结果显示崇明东滩共收集大型底栖动物35种，隶属于5门7纲。样区RO的物种数、生物量和物种多样性指数，以及样区RIC的丰度和Λ^+指数均处于较高水平。相反，样区RI的丰度、生物量、物种丰富度和Δ^+指数，以及样区ROC的物种均匀度和Λ^+指数的空间分布水平较低。从年际变化看，样区RI的多样性指数明显下降，且摇蚊幼虫（chironomid larvae）的优势地位比较突出，而其他样区的群落变化不明显。聚类和非度量多维标度（MDS）分析显示，2015年样区RI的大型底栖动物群落结构与其他样区存在明显差异。SIMPER分析证实拟沼螺、光滑狭口螺（*Stenothyra glabra*）和摇蚊幼虫是导致群落差异性的主要贡献物种。

大型底栖动物的生物量在季节间差异显著（$P<0.05$），而丰度在季节和样区间均无显著性差异（$P>0.05$）。BIO-ENV和相关性分析显示，样区RI大型底栖动物群落的环境相关性相对较高，盐度、含水率和植被丰度是影响样区RI的主要环境因子，且与生物量呈显著正相关关系。ABC曲线分析显示，样区RI、RIC和ROC的底栖生境均受到不同程度的外界干扰，样区RO则未受到扰动。漏斗图分析证实，样区RI和RIC的生境受到人类扰动影响，而样区RO和ROC则未有人类干扰行为发生。综上所述，围垦导致崇明东滩大型底栖动物群落结构出现明显变化。其中，围堤内群落多样性出现明显退化，而围堤外的群落状况优于围堤内以及对照的自然潮滩。围垦湿地内盐度、含水率和植被丰度的变化可能是导致大型底栖动物群落退化的主导环境因子。

（二）围垦对横沙东滩底栖甲壳动物的影响

吕巍巍（2017）于2012年4月至2015年12月对横沙东滩大型底栖动物群落结构进

行采样调查，设置5个研究区域：围堤内样区RI和对照样区RIC，围堤外样区RO和对照样区ROC，以及恢复样区R。结果显示，横沙东滩共记录大型底栖动物38种。样区R和RIC的物种数、优势种数、丰度、生物量和多样性相对较高，而样区RI的群落相关指数处于较低水平。从年际变化看，样区RI的原始优势种，如拟沼螺（*Assiminea* sp.）和谭氏泥蟹（*Ilyoplax deschampsi*）在围垦1年后陆续消失，摇蚊幼虫取代原始物种成为群落的主导类群。样区RO的群落退化程度低于围堤内，但由于潮滩较窄且无植被覆盖，导致群落相关指数均处于较低水平。样区R的群落恢复趋势明显，且小个体物种的恢复水平较高。聚类和MDS分析显示，5个样区的大型底栖动物群落结构存在明显的差异。SIMPER分析显示，摇蚊幼虫和拟沼螺对群落差异的贡献率最高。

大型底栖动物的丰度和生物量均存在显著空间差异（$P<0.05$），而在季节间没有显著性变化（$P>0.05$）。BIO-ENV和相关性分析显示，样区RI、RO和R的大型底栖动物群落构成与环境因子变化关系比较密切，影响三个区域的主要环境因子分别为盐度和沉积物含水率，溶解氧、pH和沉积物沙含量、水温和植被丰度。ABC曲线研究显示，样区RI、RO和R的底栖生境总体上受到中等程度的外界干扰，而样区RIC和ROC的生境未受到外界扰动。漏斗图分析说明，样区RI受到一定程度的人类干扰，而样区RO、ROC和R未受到人为因素扰动。以上结果说明，围垦会引起横沙东滩大型底栖动物群落结构发生变化，而保留湿地的大型底栖动物群落存在自然恢复的可能性。盐度和沉积物含水率的降低可能是导致大型底栖动物群落退化的主要环境因子。

第五章 长江口经济甲壳动物

第一节　长江口主要经济甲壳动物类群及其资源量

一、长江口主要经济甲壳动物资源量变化

（一）历史报道

长江口渔业资源丰富，以盛产凤鲚、刀鲚、前颌间银鱼、白虾和中华绒螯蟹而闻名，它们与被誉为软黄金的鳗苗并称为长江口六大渔业。

据资料记载，20世纪70年代长江口主要鱼汛仍包括鲥、凤鲚、刀鲚、前颌间银鱼、中华绒螯蟹和白虾。至80—90年代，刀鲚和中华绒螯蟹的产量大幅下降，鲥和前颌间银鱼基本消失，仅凤鲚一种可形成鱼汛。长江口鱼汛资源减少可能是由于苗种产量降低引起的，在80年代，中华绒螯蟹的年均产苗量尚可达到每年11 773.8 kg，而在90年代蟹苗产量却出现大幅下降，每年仅为2 305.9 kg。至21世纪初，中华绒螯蟹的产苗量已经降至每年40 kg。中华绒螯蟹苗种资源出现严重衰退。近些年来，长江口渔获资源种类不断减少，规格日趋偏小，并且幼鱼增多，长江口渔业正承受巨大压力，加强对长江口渔业资源的监测及保护至关重要（李美玲，2009）。

安氏白虾，隶属长臂虾科，主要产于黄河和长江水系。在长江口地区，白虾的渔场作业范围较广，崇明岛南北沿岸、宝山沿岸小川沙以西、长兴岛和横沙岛南北沿岸及其夹洪皆有作业。同时，白虾的作业时间较为宽泛，自惊蛰到小雪均可生产，但春汛与前颌间银鱼、刀鲚和凤鲚生产时间冲突，并且与刀鲚和凤鲚还存在着作业上的矛盾，故大多在凤鲚鱼汛结束后才张捕，从立秋生产到小雪，以处暑至霜降产量较好。据中国水产科学研究院东海水产研究所（以下简称东海水产研究所）王幼槐和倪勇（1984）调查，1959—1982年安氏白虾的平均渔获量为285.43 t。其中，60年代年产量为251.81 t，70年代为245.83 t，1980—1982年年产量为412.45 t。在此期间，安氏白虾产量以1959年最高，为636.7 t，以1977年最低，仅为40.1 t（图5-1）。

中华绒螯蟹，俗称河蟹，隶属弓蟹科。在长江口地区，根据生产习惯不同，可将中华绒螯蟹分为冬蟹与春蟹。春蟹一般自立春前10 d起捕，生产约40 d；冬蟹自霜降生产到大雪，历时1个半月。王幼槐和倪勇（1984）的调查结果显示，1959—1982年中华绒螯蟹的平均年渔获量为66.70 t，60年代最高，年渔获量为81.54 t，70年代最低，年渔获量仅为46.51 t。其中，1959年中华绒螯蟹渔获量最高，可达141.05 t，而1978年渔获量降至最低，仅为18.15 t（图5-2）。在1964年以后，长江口中华绒螯蟹产量锐减，这

与长江中下游沿江各河口上建闸设坝，截断鱼类和虾蟹类的通道，以及水质污染等因素有关。然而，由于受到60年代后期的蟹苗放流的影响，内陆水域中华绒螯蟹资源量大增，自立夏到小暑，长江口均有蟹苗分布。

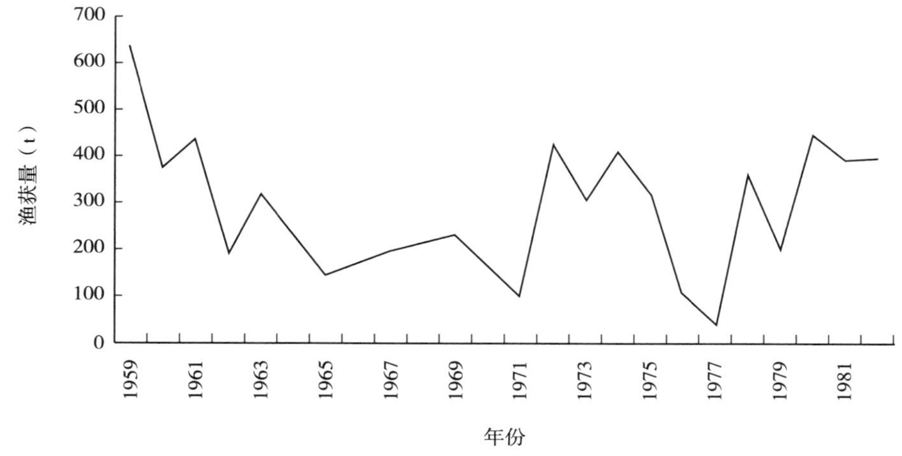

图 5-1　1959—1982 年长江口安氏白虾渔获量年际变化

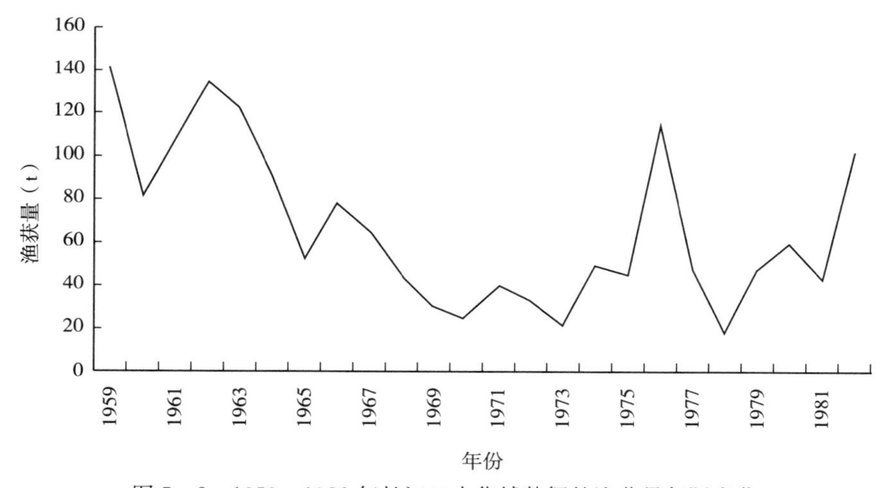

图 5-2　1959—1982 年长江口中华绒螯蟹的渔获量年际变化

（二）现状调查

近两年来，东海水产研究所持续对长江口虾蟹类进行监控，结合市场行情，认为目前具有重要经济价值的虾类主要有脊尾白虾（*Exopalaemon carinicauda*）、安氏白虾（*E. annandalei*）和日本沼虾（*Macrobrachium nipponense*）3 种；经济蟹类主要有中华绒螯蟹（*Eriocheir sinensis*）、三疣梭子蟹（*Portunus trituberculatus*）、日本蟳（*Charybdis japonica*）和拟穴青蟹（*Scylla paramamosain*）4 种。这几种经济虾蟹的自然捕获量数据由东海水产研究所在 14 个观测站位所监测的数据计算获得，利用底拖网调查采集，这 14 个观测站位的具体位置见表 5-1。

表 5-1　观测位点具体位置

站位	东经	北纬	站位	东经	北纬	站位	东经	北纬
Z1	121°03.000′	31°46.000′	Z6	121°45.000′	31°27.500′	Z11	122°11.000′	31°38.000′
Z2	121°08.000′	31°46.000′	Z7	121°45.000′	31°18.000′	Z12	122°11.000′	31°25.000′
Z3	121°36.000′	31°44.500′	Z8	122°00.000′	31°36.000′	Z13	122°11.000′	31°15.000′
Z4	121°29.000′	31°30.000′	Z9	122°00.000′	31°22.000′	Z14	122°11.000′	31°00.000′
Z5	121°45.000′	31°38.000′	Z10	122°00.000′	31°05.000′			

注：本表数据由东海水产研究所提供。

2012—2016 年对长江口区安氏白虾、脊尾白虾、日本沼虾、中华绒螯蟹、三疣梭子蟹和日本蟳的捕获量数据显示（图 5-3、图 5-4）：3 种主要经济虾类中，安氏白虾的捕获量相对较高，且在 2015 年达到最高，每 10^5 m^2 高达 3 487 只。而日本沼虾的捕获量相对较少，每 10^5 m^2 仅有 3～25 只。在经济蟹类中，三疣梭子蟹的捕获量相对较高，其捕获量呈先下降后上升趋势。中华绒螯蟹和日本蟳的累积捕获量不及三疣梭子蟹的 50%，其中，中华绒螯蟹捕获量的年际变化不明显，而日本蟳的捕获量则呈先上升后下降趋势，且在 2013 年达到最高，每 10^5 m^2 为 25 只。由于拟穴青蟹仅在个别少数几个站点有分布，且数量十分有限，所以没有列入统计范畴。

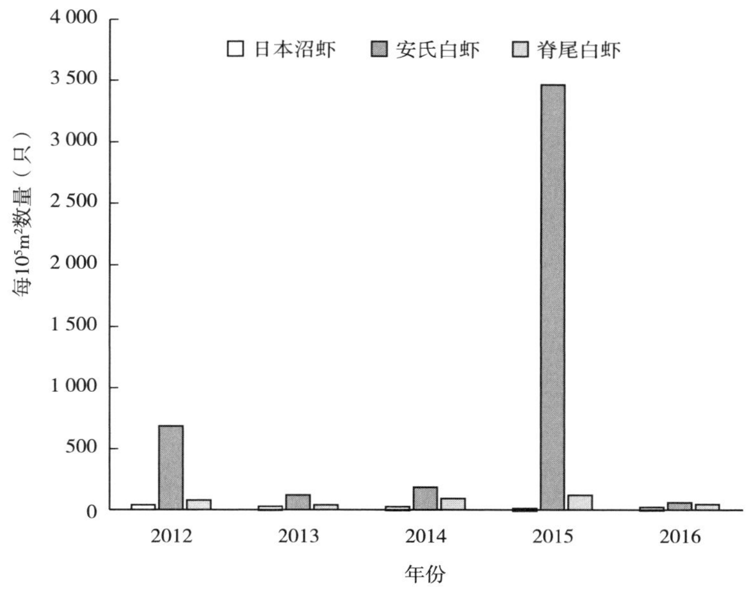

图 5-3　2012—2016 年长江口地区安氏白虾、脊尾白虾和日本沼虾捕获量的年际变化

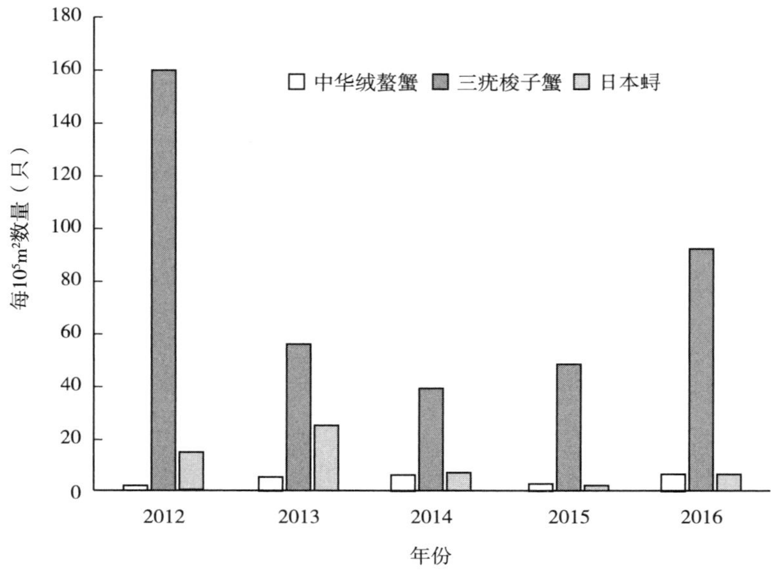

图 5-4　2012—2016 年长江口地区中华绒螯蟹、三疣梭子蟹和中华蟳捕获量的年际变化

二、长江口主要经济甲壳动物种类组成变化

（一）种类组成变化

长江口渔业资源丰富，但近年来过度捕捞情况频现，导致经济类甲壳动物种类组成出现明显的变化。金显仕等（2009）于 2006 年 6 月、8 月和 10 月对长江口及其邻近海域进行底拖网调查，共采集到渔业生物约 207 种。其中，甲壳动物 34 种，占长江口渔业生物的 16.4%，主要包括三疣梭子蟹、双斑蟳（*Charybdis bimaculata*）、细点圆趾蟹（*Ovalipes punctatus*）、哈氏仿对虾（*Parapenaeopsis hardwickii*）、鹰爪虾（*Trachypenaeus curvirostris*）、口虾姑（*Oratosquilla oratoria*）、中华管鞭虾（*Solenocera crassicornis*）、中国毛虾（*Acetes chinensis*）等，而在 1985—1986 年 6 月、8 月和 10 月共捕获渔业生物 147 种，其中甲壳动物 38 种，占 25.9%。可见，虽然长江口渔业生物种类组成在 20 年间有所增加，但甲壳动物种类变化并不明显。从优势种变化来看，1985—1986 年长江口优势种主要包括凤鲚（*Coilia mystus*）、刀鲚（*Coilia macrognathos*）、银鲳（*Pampus argenteus*）、燕尾鲳（*Pampus nozawae*）、大黄鱼（*Larimichthys crocea*）、小黄鱼（*Larimichthys polyactis*）、带鱼（*Trichiurus lepturus*）、海鳗（*Muraenesox cinereus*）、鳓（*Ilisha elongata*）和白姑鱼（*Argyrosomus argentatus*）等鱼类，以及三疣梭子蟹、安氏白虾和脊尾白虾等甲壳动物。相反，在 2006 年的调查中，仅有三疣梭子蟹仍

然保持较高的优势度水平，而其他经济种甲壳动物在本次调查中均已不再占优势。

尽管2006年长江口渔业生物种类数总体上高于1985—1986年的调查结果，但其重量渔获率和尾数渔获率却显著低于1985—1986年，为1985—1986年调查中的8%左右。这体现了长江口渔业生物低龄化的发展趋势。此外，在2006年调查中，凤鲚、海鳗、带鱼、大黄鱼和小黄鱼、曼氏无针乌贼（*Sepiella maindroni*）和三疣梭子蟹的渔获率均急剧低于1985—1986年的调查结果，而龙头鱼（*Harpadon nehereus*）、鳀（*Engraulis japonicus*）、发光鲷（*Acropoma japonicum*）、中华管鞭虾等的渔获率却逐渐升高，占据优势。

（二）种类组成变化的可能原因

大量调查数据表明，长江口海域渔业资源正在迅速衰退，这主要表现为水生动物种类由经济价值高、个体大、年龄结构复杂和生态系统中营养层次高的种类向经济价值低、个体小、年龄结构简单和营养层次低的类群演替，并且种类的更替加快，稳定性差。上述情况可能是以下4个方面原因所致：

第一，以底拖网为主的捕捞渔业生产结构导致生活在底层的大型经济鱼类更容易被捕捞到，从而使小型鱼类被捕食的机会减少，小型鱼类数量增加。

第二，长江流域一些工程改变了长江径流原有的季节分配格局，而长江径流量的大小对河口的环境条件，特别是水文物理条件有显著的影响，并且制约着生物群体的变迁和渔业生物的行动，进而影响着产卵场、渔场的位置及渔业资源的产量（金显仕 等，2009）。例如，栖息于河口低盐水域内的安氏白虾和脊尾白虾等，分布范围和资源量随径流的大小和冲淡水的范围而变，而三峡工程蓄水后，主要的河口经济种类与1985—1986年相应月份的资源量相比迅速下降。

第三，过度捕捞也是其重要原因。近年来，长江口人为捕捞量已经远远超过渔业资源的再生能力，渔场面积缩小，一些主要经济种类甚至消失，种类更替加快，优势种的优势度和重要性不断下降，渔业资源种群结构发生明显变化，很难维持渔业资源的可持续发展。

第四，近海环境污染和赤潮频发也给渔业生物带来了很大的负面影响，造成了渔获率的下降。

三、长江口渔业资源养护措施

面对长江口渔业资源逐渐枯竭的境地，近年来在国家大力支持下，渔业资源增殖放流工作抓紧实施。增殖放流活动始于20世纪50年代末，2000年以后增殖放流工作发展较快（罗刚和张振东，2014）。2010年印发《全国水生生物增殖放流总体规划（2011—

2015 年)》规划放流种类达到 167 种。而截至 2013 年，据已有资料统计，全国共放流水生生物种类（不包括水生植物）达 245 种。其中，经济物种主要包括鱼类 138 种，虾蟹类 15 种，贝类 27 种，其他类 19 种。长江口增殖放流的生物种类包括中华鲟、胭脂鱼、松江鲈、刀鱼、暗纹东方鲀等鱼类，也有中华绒螯蟹和三疣梭子蟹等经济类甲壳动物。中华绒螯蟹增殖放流始于 20 世纪 60 年代，并于 2004 年在长江口进行了两次大规模中华绒螯蟹增殖放流行动（4 月 1 日放流 40 万只蟹苗，12 月 20 日放流 2.5 万只亲蟹）。中国水产科学研究院东海水产研究所针对长江口地区中华绒螯蟹的资源恢复，开展了亲蟹增殖放流、放流效果评估、产卵场调查监测等系列研究工作，建立了增殖放流技术体系并进行了示范。在 2004 年至 2011 年期间，长江口中华绒螯蟹捕捞量从 1.8 t 增加至 26.0 t，年均捕捞量恢复到了 14.2 t，每年资源量总体呈上升趋势。总体看来，近年来增殖放流取得了良好效果。

增殖放流活动主要取得两方面的效果：一是促进了渔业种群资源恢复，增加水域中生物资源量和种群数量。根据科研监测和渔民反映，近年来长江口水域中华绒螯蟹苗产量由原来每年不足 1.0 t 恢复到历史最高水平。另外，渤海和黄海北部部分海域多年不见的中国对虾、海蜇、梭子蟹等鱼汛又逐步形成，浙闽部分近海海域也重新出现一定规模的大黄鱼野生群体。二是改善了水域生态环境。长江口地区通过巨牡蛎的增殖放流，在河口形成 106.5 万 t 生物量，每年可去除营养盐和重金属所产生的环境效益等同于净化河流污水 731 万 t，这相当于一个日处理能力约为 2 万 t 的大型城市污水处理厂，既经济又环保。

四、人工养殖情况

由于野生水产品资源量无法满足市场的需求，因此，人工养殖业逐渐兴起。据中国渔业统计年鉴（2016）记载，2015 年全国的青虾养殖产量为 257 641 t，上海和江苏共计 120 054 t，约占全国总产量的 46.60%；中华绒螯蟹的养殖产量为 796 535 t，上海和江苏共计 372 674 t，约占全国总产量的 46.79%。可见，长江口地区经济虾蟹类的养殖量在全国占据着举足轻重的地位。

崇明岛地处长江入海口，三面环江，一面临海，具有独特的生态岛域的地理优势和良好的长江水质环境，是中华绒螯蟹的发源地，适合于进行河蟹的种苗培育和成蟹养殖。近年来，崇明河蟹产业进行了养殖结构调整，将以往的单一养殖模式转变为生态养殖、立体种养、种养结合等多种模式，使得河蟹产业取得了长足发展。如今，崇明岛已经发展成为上海市河蟹产业的主产区，它也是中国河蟹苗种的主要供应区，每年全国都有 10 多个省市的养殖户前来采购蟹苗种，为中国河蟹产业的稳定、快速发展做出了重要贡献。

第二节　长江口重要虾类

据资料记载，长江口虾类甲壳动物种类数约为15种，包括鹰爪虾（*Trachypenaeus curvirostris*）、刀额仿对虾（*Parapenaeopsis cultrirostris*）、哈氏仿对虾（*Parapenaeopsis hardwickii*）、葛氏长臂虾（*Palaemon gravieri*）、脊尾白虾（*Exopalaemon carinicauda*）、脊尾褐虾（*Crangon affinirde*）、安氏白虾（*Exopalaemon annandalei*）、日本沼虾（*Macrobrachium nipponense*）等（金显仕 等，2009）。其中脊尾白虾、安氏白虾和日本沼虾作为优势种，具有很高的经济价值。

一、脊尾白虾（*Exopalaemon carinicauda*）

（一）概述

脊尾白虾又名白虾、小白虾、五须虾、青虾、绒虾、迎春虾等，隶属甲壳纲、十足目、游泳亚目、长臂虾科、长臂虾属、白虾亚属，是热温带海区底栖虾类，生活于浅海的沙底或河口附近，广泛分布于我国南北沿海。脊尾白虾是我国特有的三种经济虾类之一，产量仅次于中国对虾（*Fenneropenaeus chinensis*）和中国毛虾（*Acetes chinensis*），是重要的小型经济虾类（梁俊平 等，2012）。脊尾白虾因具有对温度、盐度适应范围大，食性广，繁殖力强，生长速度快等优点，近年来，养殖面积迅速扩大，已成为池塘单养，或与鱼蟹贝类等混养的重要经济虾类，产量可观（王兴强 等，2005b）。

作为长江口潮下带连续3年（2012—2014年）的优势种，脊尾白虾肉质细嫩，味道鲜美，不仅可以鲜食，还可以加工成海米，因其呈金黄色，故也有“金钩虾米”之称，其受精卵可制成虾子，是上乘的海味干品。经检测鉴定，脊尾白虾为富含高蛋白、矿物质、低脂肪的营养健康食品。野生脊尾白虾的蛋白质含量高达19.02%，蛋白质占干物质的含量达到90%左右；其肌肉灰分及矿物质含量也较高，在7.0%左右，其中含有丰富的钙、镁等矿物质元素；脊尾白虾肌肉组织中的脂肪含量非常低，约为0.5%，在对其肌肉中的脂肪酸的研究中发现，其肌肉中的不饱和脂肪酸的含量要远远高于饱和脂肪酸的含量。单不饱和脂肪酸主要由棕榈油酸、油酸和花生烯酸组成；高不饱和脂肪酸主要包括十六碳三烯酸、亚油酸、亚麻酸、花生四烯酸、二十碳五烯酸（EPA）、二十二碳五烯酸和二十二碳五烯酸（DHA），长链不饱和脂肪酸中以EPA和DHA为主，EPA和DHA的总量约占总脂的30.30%，高营养价值及高产量使脊尾白虾养殖成为长江口地区的一种重要的产业（邵银文 等，2008）。

（二）物种形态特征

脊尾白虾生物学体长 4～9 cm，体重 1～9 g，体色透明，背部淡白色，微带蓝色或红色小斑点，腹部各节后缘颜色较深，死后体色呈白色。但是受不同地区及自然环境的影响，脊尾白虾的体型和体色仍有一定的差异（梁俊平 等，2012）。额角侧扁细长呈 S 形，长度约为头胸甲长度的 1.5 倍，基部 1/3 具鸡冠状隆起，上下缘均具锯齿，上缘具6～9 齿，下缘具 3～6 齿。第一触角柄延伸至第二触角鳞片的 2/3 处，其角状突起背面无刺。第二触角长约为体长的 1.7 倍，具触角刺、鳃甲刺，无肝刺。第一、第二步足末端呈钳状，其他 3 对末端呈爪状，第二步足最强大，腕节和指节长度约相等，但略长于掌节。腹部第三至第六节背面具明显的纵脊，尾节后部有 2 对活动刺，尖端两侧具 2 对小刺（图 5－5）。

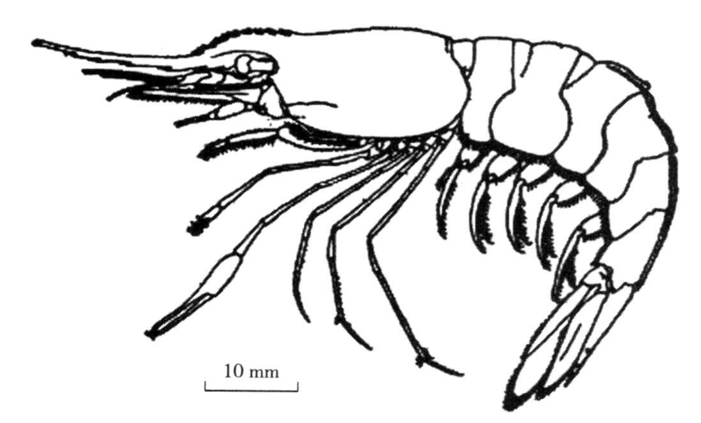

图 5－5　脊尾白虾形态特征

（浙江动物志编辑委员会，1993）

雌性第四、第五步足基部之间的腹甲上没有像对虾那样特殊的纳精囊，间距较宽，呈“八”字形，生殖孔开口于第三步足基部；腹部除尾节外，每节具腹肢 1 对，共 6 对，前 5 对为游泳足，除具有游泳功能外，还具有抱卵功能，最后 1 对为尾节。雄性的第 1 对游泳足不构成交接器，第 2 对游泳足的内侧，除具一内附肢外，还有一棒状的雄性附肢；第四、第五步足基部的间距较窄，生殖孔开口于第五步足基部，肉眼观察为一尖小突起。脊尾白虾与其他对虾的区别在于，第二腹节侧面的甲壳盖在第一腹节侧面甲壳的上方。

（三）生态习性

脊尾白虾喜泥沙底质，对环境的适应性强，在水温 2～35 ℃的范围内均能成活，在冬天低温时，有钻洞冬眠的习性，但当温度升至 38 ℃时，呼吸频率明显加快，游动缓慢，几乎不摄食，39 ℃时呈昏迷状态，40 ℃时死亡。脊尾白虾胚胎孵化率在 25 ℃下最高，胚胎发育的生物学零度为 11.05 ℃，28 ℃的幼虾的变态存活率最高，长江口水温常年在 5～30 ℃，适宜脊尾白虾的生长和繁殖。

脊尾白虾对盐度的适应性较广，但盐度的变化会影响脊尾白虾的蜕壳频率，也会影响亲虾胚胎的发育速率（梁俊平 等，2014）。脊尾白虾可在盐度为 4～35 范围内的水体中生存，最适盐度为 22～28。脊尾白虾的窒息点随着水温的升高而增大，水温在 20 ℃以下，池塘中的溶解氧低于 1 mg/L 时，出现大批脊尾白虾浮头现象；水温在 20 ℃以上，池中溶解氧低于 1.2 mg/L 时，便会有虾缺氧浮头；随着脊尾白虾体长的增加，窒息点也呈增大的趋势；其耗氧率和耗氧量均随水温上升而增大，同时也随着个体的增大而增大，且上升幅度较大。脊尾白虾能够生存的水环境的 pH 为 4.8～10.5，最适 pH 为 7.9～8.6。

脊尾白虾食性为杂食性，且不同的发育、生长阶段，对食物的选择不同。自然环境中的脊尾白虾溞状幼体Ⅰ期后期主要滤食单胞藻类，但已开始捕食小型且易于消化的浮游动物，饵料种类对脊尾白虾溞状幼体Ⅰ期至Ⅱ期的变态率和变态所需要的时间没有明显的影响。溞状幼体Ⅱ期至Ⅲ期从滤食性转变为捕食性，以动物食性为主。人工养殖的脊尾白虾的溞状幼体的适宜饵料是卤虫无节幼体，且溞状幼体对卤虫无节幼体的捕食率和日粮随幼体的发育而明显增加，同一发育时期则随饵料密度的增大而增加，但达到一定密度后，捕食率增幅明显下降。成体从植物性饵料至动物性饵料，以至于有机碎屑、人工饲料等均可摄食。

脊尾白虾生长速度快（一年内可多茬养殖），生长季节长（生长期最长达 11 个月），其无节幼体和溞状幼体阶段在卵膜内度过，一经孵化便像对虾的糠虾幼体。因水温、盐度的不同，孵化时间 10～21 d 不等。经过 48～54 h 进行第 1 次蜕壳，变为第Ⅱ期幼体，再经过 2～3 d，再次蜕壳，变为第Ⅲ期幼体，约经过 15 d 时间，经过 6 次蜕壳变成仔虾。当饵料充足时，在 50～70 d 内即可长到 4～6 cm 的成体，而大部分的个体可达到性成熟，出现抱卵虾。脊尾白虾的快速生长使其养殖面积迅速扩大，产量逐年增加。

（四）繁殖习性及发育过程

长江口脊尾白虾周年雌雄性比接近 1.11∶1。其繁殖期较长，一年中可多次抱卵繁殖，北方沿海的繁殖期在 4—10 月，南方沿海一般在 3—11 月，繁殖盛期在 5—8 月。交尾一般在雌虾蜕壳后 5～30 min 进行，雌虾一般在交尾后 30 min 左右开始产卵，产卵时间一般维持几分钟至半小时，也有持续半天以上的，雌虾在产卵期间一般不游动，脊尾白虾的绝对抱卵量因个体大小而相差很大，最少只有 100 粒左右，最高可达 6 000 粒左右，绝大多数抱卵量为 800～2 000 粒。在孵化时，抱卵虾在水中静伏，步足撑底，抬高身体，腹部伸直并且一刻不停地快速有节律扇动，给腹足间的所有受精卵以充分的氧气，并排出异物和死亡的受精卵，保证胚胎发育的顺利进行。抱卵的雌虾经孵化后，在水环境稳定、饵料丰富的情况下，最快 2～3 d 便可再次蜕壳交尾产卵，连续不断地进行繁殖。

根据脊尾白虾胚胎发育过程中胚胎外部形态特征将其划分为 12 期：受精卵、二细胞期、四细胞期、八细胞期、十六细胞期、三十二细胞期、囊胚期、原肠期、无节幼体期、后无节幼体期、前溞状幼体期和后溞状幼体期。初孵化的脊尾白虾为溞状幼体，经数次蜕壳变态为仔虾（图 5－6）。

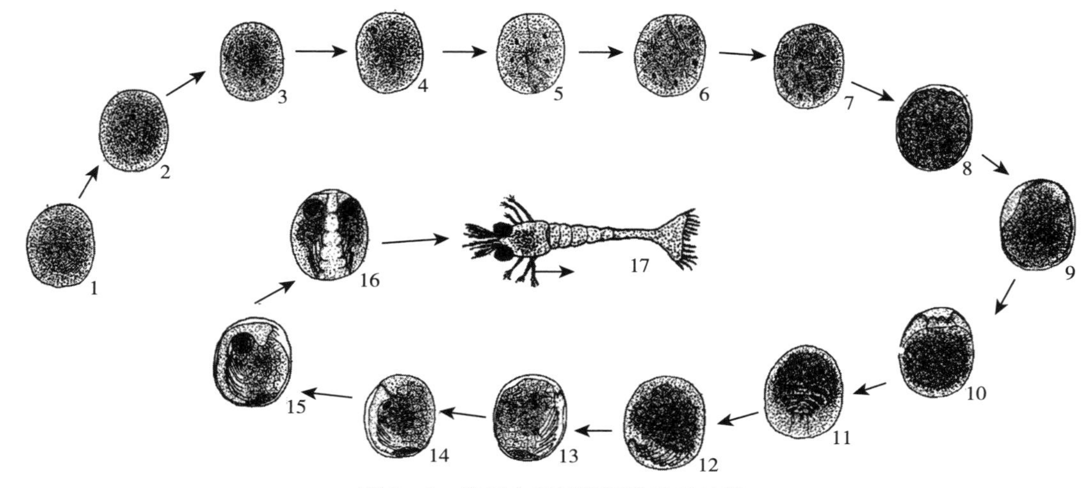

图 5－6　脊尾白虾早期胚胎发育过程

1. 受精卵　2. 二细胞期　3. 四细胞期　4、5. 八细胞期　6. 十六细胞期　7. 三十二细胞期　8. 囊胚期　9. 原肠期　10. 无节幼体期　11、12. 后无节幼体期　13、14. 前溞状幼体期　15、16. 后溞状幼体期　17. 第Ⅰ期幼体

（王绪峨，1989）

（五）人工养殖

由于脊尾白虾具有食性杂，养殖成本低，易于管理，产品销路好，投资回收快，效益高等优点，已经成为抗病力强的优良池塘单养、鱼虾蟹贝混养和虾池冬季养殖的重要品种，并且越来越受到水产养殖者的重视。若要进行大面积的养殖，必须要突破苗种制约这一关。然而，由于脊尾白虾个体相对较小，相对抱卵量少，且对其繁殖和人工育种的研究也相对较少，养殖者主要依靠自然纳苗、捕捞天然苗或者投放亲虾自行繁殖苗种，因此大面积的人工养殖受到了一定的制约（徐加涛 等，2007）。脊尾白虾常常进行鱼塭养殖和港养，随着养殖业的不断发展，脊尾白虾逐渐成为混养池塘中的最主要的副产品，产量极大（夏得庆，1999）。随着池塘养殖的缺点不断暴露，对虾的养殖风险和难度也不断增大，池塘的养殖模式正在逐渐向生态养殖模式转变。生态养殖就是指模拟自然中对虾生长繁育等生态条件的一种养殖模式，进行以脊尾白虾为主的“一次放养、多次补放、多次轮捕、自繁自衍”，同时进行贝类及蟹类等种类的混养（林吉才 等，2009）。混养时，脊尾白虾易暴发一些流行性疾病，如白斑病毒综合征、白节病和黑鳃病等，因此，在混

养过程中要以预防为主，一旦疾病暴发，损失惨重，科学的管理和投喂是预防疾病暴发的有效手段之一（张年国 等，2015）。

（六）增殖放流与资源利用

为了缓解目前海洋渔业资源衰退的现状，世界各国政府已经相应实施了一系列渔业的管理措施，归类为3种类型：控制捕捞力度、实施增殖放流和设立自然保护区。海洋生物资源的增殖与放流是通过向特定的水域投放鱼、蟹、虾和贝类的亲体、人工繁育的种苗或暂养的野生种苗资源来恢复海洋的渔业资源，从而实现渔业的可持续发展，是最直接、最根本的渔业资源恢复措施（程家骅 等，2010）。采用底拖网的方式对长江口水域的脊尾白虾的资源状况进行数据调查发现，35～50 mm 的个体占绝对优势。当前长江口近岸水域脊尾白虾的资源开发率为0.254，小于 F_{opt}（0.5）（指资源的最佳开发率是维持在0.5的水平），通过对单位补充量产量、资源量、渔获产量和产值分析表明，单就脊尾白虾在该水域的群体利用情况来看，该群体并未达到充分利用的水平，可以再适当地提高捕捞量（裴倩倩 等，2015）。因此，就目前该种群的数量特点来看，长江口水域的脊尾白虾不需要增殖放流来维持可持续发展。

二、安氏白虾（*Exopalaemon annandalei*）

（一）概述

安氏白虾是我国的特有水产物种，在长江口附近有较多分布，生长快且世代更新迅速。根据2014年5月至2015年11月的调查结果，安氏白虾在所调查的14个站位中优势度比较明显，在数量上远超过脊尾白虾和日本沼虾，是沿岸渔业的重要捕捞对象，也是肉食性鱼类的主要饵料生物。长江口安氏白虾是中华鲟幼鱼的天然饵料生物，已有的研究表明，安氏白虾有较高的蛋白质和脂肪含量，其体内EPA和DHA的含量也较高，具有较高的营养价值（庄平 等，2008）。

（二）物种形态特征

安氏白虾甲壳较薄，体色透明，外部形态近似脊尾白虾，个体较脊尾白虾小。体长3～5 cm。额角细长，末端向上翘，基部具有一短鸡冠状隆起，上具4～6齿，末端常具1附加齿；下缘具4～6齿，触角刺小，鳃甲刺甚大。体表面有淡淡的色斑，腹部每体节后缘侧有较淡的红色横斑，尾肢上有红色的纵斑（吴常文 等，1993）。腹部各节圆滑，无纵脊，尾节后端中央呈尖刺状，后侧角具2对刺，外侧刺甚短小，两内侧刺的中央具一对羽状刚毛。

第一触角基节外缘稍凸，柄刺细尖，从基节的外侧中部附近伸出，前侧刺约伸至第二节的中部，第二节短于第三节。第二触角鳞片约有一小半超出第一触角柄，末端狭窄，第三颚足约伸至鳞片 2/3 处。第一对步足约伸至超出鳞片的末端，指节稍短于掌部，第二对步足强于第一对，指节甚细长，两指的切缘光滑无齿突，腕节极短；第三对步足约伸至靠近鳞片的末端，指节细长，掌节与指节近等长；第四对步足的掌节稍长于指节。第三、第四对步足的腕节、长节及座节边缘皆具长刚毛；第五对步足约有一大半超出鳞片的末缘（图 5－7）。

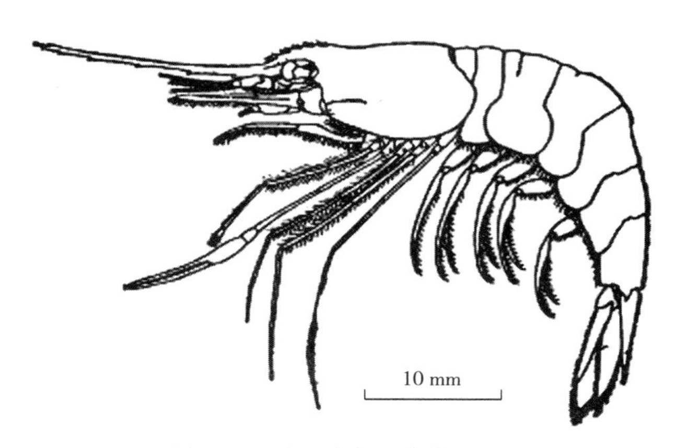

图 5－7　安氏白虾形态特征

（浙江动物志编辑委员会，1993）

（三）生态习性

安氏白虾属于广温性、低盐性小型虾。与脊尾白虾的广盐性不同，安氏白虾主要生活在河口地区的半咸水或淡水环境中，一般栖息深度为 0～25 m。安氏白虾活动能力较弱，且无爬行的附肢，在水层中营游泳生活，而不能在水底爬行。但其对环境的适应能力很强，食性杂，以水体中小型的动植物为主要食物源，有时也吃有机碎屑等。

（四）繁殖习性及发育过程

安氏白虾属于抱卵孵化型，每年 4—8 月的张网捕获物中都能发现抱卵的亲虾。通常情况，自 4 月中旬起，抱卵亲虾便会出现，在 5 月中旬开始旺盛，8 月中旬时，抱卵亲虾会大幅度减少，至 8 月底已很少发现。安氏白虾抱卵的数量较少，随个体大小会略有差异，一般为 50～150 粒，呈姜黄色。卵直径较脊尾白虾的卵大。4—5 月雌雄性比接近 1∶1，6 月以后雄虾数量会明显减少。

安氏白虾性腺的发育不同步，具有多次抱卵的习性。越冬后的亲虾随着水温的升高，其性腺迅速发育、成熟、抱卵。卵孵化之后，性腺会基本发育完全，很快又会再次抱卵孵化。但是亲虾第二次抱卵的数量显著少于第一次。因体力消耗程度和环境等情况不同，有些亲体在第一次排卵后即死亡，部分亲虾虽能再次抱卵，在排卵后不久也死亡（吴常文 等，1993）。安氏白虾的卵大而数量少，逐粒孵化，每尾亲虾须持续一整天才能孵化完毕。由于卵黄丰富，所以孵出后的幼体不吃食，靠卵内的卵黄供应营养，完成变态。共经历 3 次蜕壳即变态为仔虾，然后开始取食。

（五）资源利用与增殖放流

对安氏白虾的增殖放流可增加水体中安氏白虾的密度和生物量，维持物种多样性。同时，可使水体中主要以安氏白虾为食的物种有较丰富的食物资源，丰富营养结构。长江口水域的安氏白虾密度较大，其自身具有可持续发展的潜能。因此，该水域暂时不需要安氏白虾的增殖放流，可适当加大开发力度。

三、日本沼虾（*Macrobrachium nipponense*）

（一）概述

日本沼虾隶属节肢动物门、甲壳纲、十足目、长臂虾科、沼虾属，俗称青虾、河虾、草虾，在日本、中国、朝鲜、越南、缅甸以及俄罗斯远东等地区有记载（叶进云 等，2012；冯建彬 等，2008）。在我国，日本沼虾广泛分布于各淡水水域，其野生资源量尤以长江流域及华南地区为多。

日本沼虾营养丰富、肉质鲜美，是我国淡水名特优养殖优良种之一，深受广大消费者欢迎，在江浙沪一带是百姓餐桌上常见的菜肴，因此市场需求量很大。近几年全国日本沼虾养殖产量约为每年 2×10^5 t，年产值近 100 亿元（乔慧，2010）。由于日本沼虾具有繁殖力高、适应性强、食性广、可常年上市等优点，适于人工养殖，其已成为中国农业增效、农民增收的重要途径之一。

日本沼虾的必需氨基酸含量较丰富，微量元素含量也较丰富，尤其是其中的铁、铜、锌和硒的含量较高。丰富的矿物质能够很好地保护心血管系统，减少血液中胆固醇的含量，防止动脉硬化，同时还能够扩张冠状动脉，有利于预防高血压及心肌梗死。日本沼虾体内还含有虾青素，是一种较强的抗氧化剂。但不同种群的日本沼虾之间的营养成分会有所差异。

（二）物种形态特征

日本沼虾体型较为粗短，由头到尾逐渐变得细小，体色一般为青绿色并伴有棕色斑纹，由于生态环境的不同，日本沼虾的体色和形态特征会根据周围环境的不同而略有差异。日本沼虾的身体分为两部分：头胸部和腹部，头胸部被头胸甲覆盖，头胸甲的前端中部有一剑状突起，称为额剑。额剑的齿式和形状是日本沼虾区别于其他虾类的主要形态特征之一（吕丁 等，2012）。日本沼虾的额剑尖锐且平直，上缘具 12～15 个齿，下缘具 2～4 个齿。通过 20 个体节构成了日本沼虾的整个身体，其中前 13 节构成头胸部，后 7 节构成腹部，除最后 1 个体节外，每个体节都具有 1 对附肢，头部各节的附肢均特化为第1、第2对触角，是触觉和嗅觉器官，第1、第2小颚和大颚组成日本沼虾的口器。在额角基部的两侧有1对复眼，横接于眼柄的末端，能自由活动。胸部前3对附肢为颚足，后5对附肢为步足。第6腹节的附肢演化为尾扇，起着维持平衡、后退以及升降的作用。腹部被腹甲所覆盖，腹甲保持着分节状态，在各节腹甲之间有柔软的几丁质膜连接，用于弯曲身体。日本沼虾的第2腹甲的前后缘覆盖在第1和第3腹甲上，用以将日本沼虾与其他对虾进行区分（图5-8）。

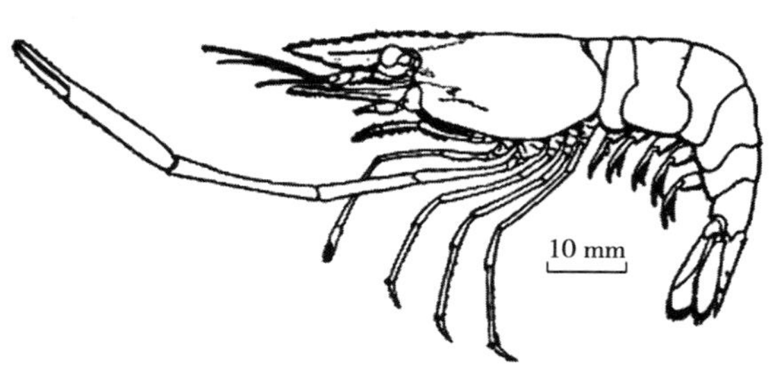

图5-8 日本沼虾形态特征（雄）
（浙江动物志编辑委员会，1993）

日本沼虾雌雄的区分主要通过观察步足，表现在雄性第2对步足特别强大，其长度约为体长的1.5倍，雄性的生殖孔位于第5对步足基部的内侧，雌性的生殖孔则位于第3对步足基部内侧。雄性在第2对腹肢的内肢侧具有雄性附肢，雌性无。在进化上，不同地理群体的日本沼虾会由于长时间的隔离，在形态上呈现一定的差异，这些差异主要表现在头胸甲部的性状上，但所有的差异均未达到新亚种形成的水平（熊贻伟，2010）。

（三）生态习性

日本沼虾是一种杂食性底栖甲壳动物，其主要食物包括有机碎屑、植物碎片、水生昆虫、寡毛类、小鱼虾、小型浮游动物、浮游植物等。在自然环境中，日本沼虾的食物组成会明显随季节的变化而变化，大小规格不同的日本沼虾之间存在着明显的食性分化，摄食强度也存在明显的周年变化（叶金云 等，2012）。在日本沼虾生长旺盛的季节，群体对食物的需求也非常旺盛，当饵料不充足时，日本沼虾会互相攻击（朱团结，2011）。

日本沼虾正常生长的水温范围是10～30℃，在25℃时，其对能量利用的效率最高，25℃是其生长的最适温度。在水温为15～30℃时，日本沼虾的瞬时耗氧率会随着温度的升高而增加；随着水温的升高，日本沼虾摄入的能量中用于生长的比例逐渐减少。在一定范围内，水体温度的升高还会提高日本沼虾的摄食量，但水温超过一定的限制后会干扰虾的正常摄食（施正峰 等，1991）。日本沼虾胚胎发育最适水温范围是26～30℃，其温度的上限是34℃，高温会导致囊胚期和原肠期的死亡。在水温低于12℃时，日本沼虾的耗氧率和排氨率均显著低于25℃时的值（王维娜 等，2004）。日本沼虾对碱性水体的适应性要高于酸性水体，在适宜的pH范围内，碱性水体更有利于日本沼虾的蜕壳（付监贵 等，2016）。随着水体溶氧量的降低，日本沼虾的瞬时耗氧率呈现线性降低。

环境因子（地理环境和饵料生物等）的差异会导致日本沼虾生长模式出现明显分异。日本沼虾喜欢栖息在水岸具有软泥底质的水域中，水草丛生的地区尤其适合日本沼虾的生长，在天气转冷时，日本沼虾便开始向水体深处游动，在越冬时达到水域最深处，栖息于水草丛、石砾间、腐殖质中越冬，此期间很少有摄食和活动（朱团结，2011）。

（四）繁殖习性及发育过程

日本沼虾生长迅速，养殖生产中易性早熟，虾苗一个半月即可达到性成熟，雌虾会出现抱卵现象，造成了商品虾规格的下降，繁殖性能下降。日本沼虾的繁殖期在4月中旬到10月上旬，6月和8月是日本沼虾亲虾繁殖的高峰期，期间雌虾的抱卵率均在70%以上，6月的繁殖高峰是由上年的日本沼虾个体产生，而8月的繁殖高峰则是由当年的日本沼虾个体产生。越冬虾的主要繁殖期为每年的春季和夏季（4月中旬到7月中旬），当年虾的繁殖期为秋季（7月中旬到9月中旬），7月中下旬为两年日本沼虾世代的交替期，在非繁殖季节，雄虾的数量多于雌虾，在繁殖季节时，雌虾的数量多于雄虾。绝对繁殖力与亲虾的体长呈幂函数关系，与体重呈直线关系，越冬虾的绝对繁殖力要明显大于当年虾（吕丁 等，2012）。

根据日本沼虾胚胎发育过程中的形态变化特征，将其胚胎发育的过程分为8个时期：受精卵、卵裂期、囊胚期、原肠期、前无节幼体期、后无节幼体期、前溞状幼体期和溞状幼体期（图5-9）。日本沼虾胚胎在溞状幼体时期从卵内孵化出膜，在前溞状幼体期，

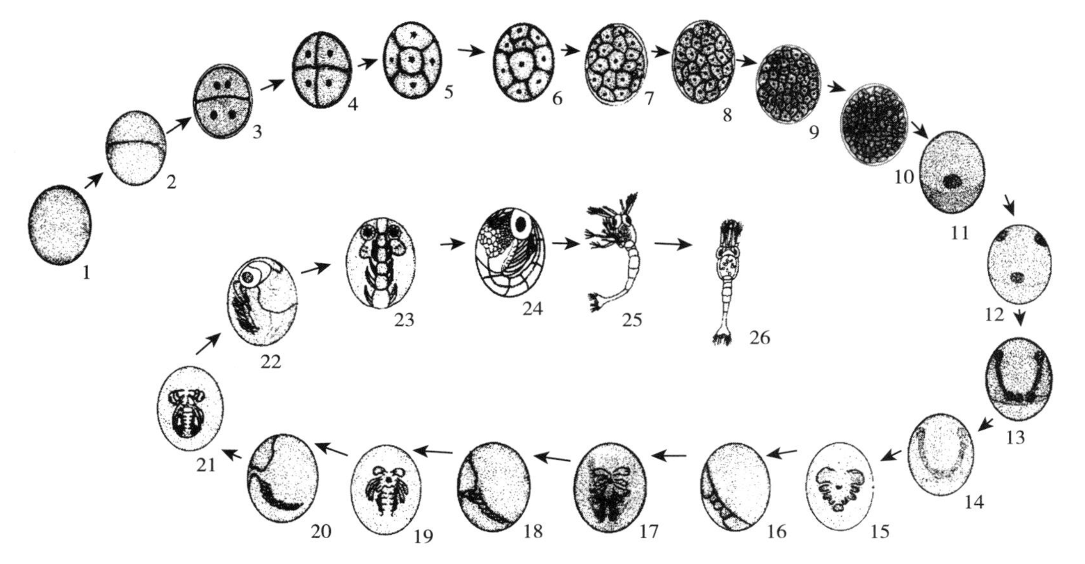

图5-9 日本沼虾早期胚胎发育过程

1. 受精卵 2～9. 卵裂期 10. 囊胚期 11～14. 原肠期 15～16. 前无节幼体期

17～20. 后无节幼体期 21～22. 前溞状幼体期 23～26. 溞状幼体期

（赵艳民，2005）

脂质含量迅速下降，这与胚胎发育过程中能量物质的大量消耗以及组织、器官的不断形成有关。日本沼虾胚胎形态学的研究表明，该时期是胚胎器官形成的关键时期，此期间复眼的色素开始出现，形成心脏，消化系统和神经系统也在不断地完善。胚胎发育后期，大量能量的提供已经由脂质转向了蛋白质，这为复眼色素的形成及完善提供了有力的能量保障。随着日本沼虾胚胎发育的不断进行，水分的含量也逐渐增多，尤其是出膜前的溞状幼体时期的水分含量比受精卵期间要高出20%以上（李红 等，2003）。

（五）人工养殖

近十年来，由于自然栖息环境的破坏和野生资源过度采捕，以及缺乏有效的良种选育技术，使得日本沼虾出现种质退化现象。20 世纪 50 年代以前对其利用主要是采捕野生资源，50 年代后期逐渐开始了人工养殖，70 年代之后的养殖形成了一定的规模，但养殖技术水平较低，且大多采用套养方式，直到 80—90 年代随着海水对虾类流行疾病的暴发和养殖产量的骤减，日本沼虾凭借其较强的适应性、抗逆性等优势，其养殖产业得以迅速发展起来。

日本沼虾人工养殖的苗种主要有 3 个来源：一是通过日本沼虾的人工繁殖获得苗种；二是收集稻田和池塘等养殖水体中的稚虾；三是采捕河道、水库及湖泊等自然水体中的稚虾（邹叶茂，2005）。如今，随着日本沼虾生产规模的不断扩大，采用通过养殖水体和自然水体两种方法获得虾苗的途径已经完全不能满足生产需要，因此，生产上仍要通过大力发展日本沼虾的人工繁殖以便获得充足的苗种满足生产。日本沼虾养殖过程中，由于集约化养殖的高密度条件、水质环境的易变和饲料管理不科学等影响，容易引起日本沼虾染病，疾病一旦大规模暴发，便很可能面临绝产的危险，因此，在养殖过程中应以预防为主。首先，应选择优质的种苗进行放养；其次，不断地改善养殖水体的生态环境，保持水体的健康；最后，采用科学的手段饲养管理和投喂，预防日本沼虾疾病的发生，最终达到健康养殖的目的。

（六）增殖放流与利用

由于对日本沼虾的捕捞力度不断加大，其资源量日趋减少，人工育苗规模有限，因此进行人工放流可在一定程度上缓解自然水体中日本沼虾资源短缺问题。日本沼虾孵化后，幼体可直接放流，也可将幼体人工育成幼虾后放流。若直接放流幼体，应让幼体充分扩散到整个水体中，保证一定的生长空间，以保证幼体的成活率（何绪刚 等，2002）。

我国北方首次进行日本沼虾增殖放流行动于 2011 年 6 月在河北省保定市白洋淀进行，共放流虾苗 1 800 万尾。继而，于 2014 年 7 月，投放日本沼虾苗 2 次，共计 4 600 多万尾。而在长江口地区增殖放流的物种主要是一些珍贵鱼类，如松江鲈、胭脂鱼、中华鲟等，甲壳类主要为中华绒螯蟹和三疣梭子蟹等，关于日本沼虾的增殖放流活动尚未开展。

第三节　长江口重要蟹类

目前，在长江口发现已报道的蟹类约有20种，但多数是经济价值和食用价值不高的蟹类，其中具有重大经济价值的有4种，它们分别是中华绒螯蟹（*Eriocheir sinensis*）、三疣梭子蟹（*Portunus trituberculatus*）、日本蟳（*Charybdis japonica*）和拟穴青蟹（*Scylla paramamosain*）。

一、中华绒螯蟹（*Eriocheir sinensis*）

（一）概述

中华绒螯蟹又称河蟹，因其两只大螯上有绒毛，故而得名。中华绒螯蟹属于名贵淡水产品，产于中国渤海、黄海、东海等海区，尤以长江口的崇明至湖北东部沿江各地盛产，口感极其鲜美。目前，在中国30个省份均有养殖，是著名的可食用蟹（周刚 等，2011）。长江口以阳澄湖大闸蟹最为出名。从世界范围来看，该种目前已广布于欧洲和北美洲西海岸等地。中华绒螯蟹常穴居于江河湖荡泥岸带，昼伏夜出，以鱼、虾、螺、蚌、蠕虫、蚯蚓、昆虫及其幼虫或谷物为食，秋季蟹体丰满，洄游至近海繁殖，幼体经多次变态发育为幼蟹，再溯河而上在淡水中继续生长。

关于中华绒螯蟹的鲜美，在中国自古以来就有“一蟹上桌百味淡”的说法，深受广大百姓的欢迎。它不但味美，且营养丰富，是高蛋白补品。此外，中华绒螯蟹还含有丰富的钙、铁、铜、锰、锌和镁等矿物质元素，对于人体的骨骼发育，神经系统乃至生命体的正常运转都发挥着重要作用（黄春红 等，2013）。但是此蟹只可食活蟹，因为死蟹体内的蛋白质分解后，会产生蟹毒碱。

（二）物种形态特征

中华绒螯蟹隶属节肢动物门，甲壳纲，十足目，方蟹科，绒螯蟹属，是一种大型的甲壳动物。其全身分为头胸部和腹部两部分，并附有1对螯足和4对步足，头胸甲近方形，额宽，额缘有4齿，额区及肝区凹陷，胃区前方有6个对称的突起，前侧缘左右各具4锐齿，末齿最小。螯足雄蟹较雌蟹大，掌节与指节基部的内外面均密生绒毛，步足以最后3对较为扁平，腕节与前节的背缘各具刚毛，腹部雌圆雄尖（图5-10）。

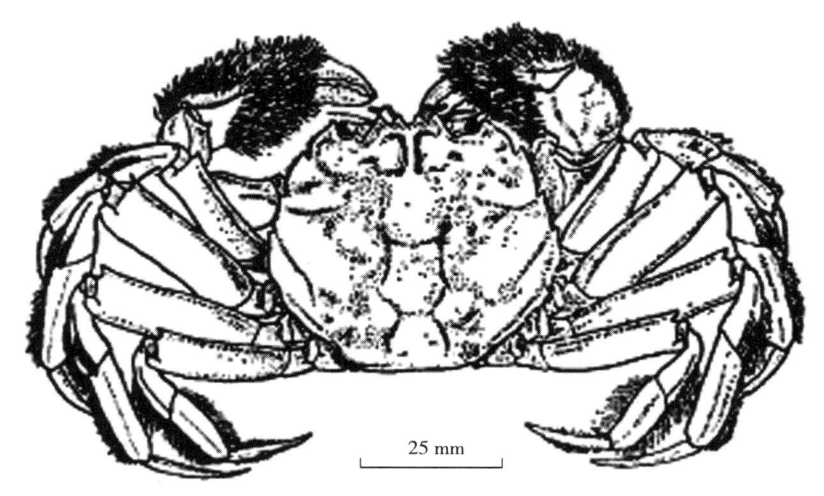

图 5-10　中华绒螯蟹形态特征

（浙江动物志编辑委员会，1993）

（三）生态习性

中华绒螯蟹偏爱掘穴而居，或者隐藏在石砾、水草丛中。掘穴时主要靠 1 对螯足，步足起辅助作用。其营穴能力很强，洞穴一般呈管状，底端不与外界相通。中华绒螯蟹喜弱光，不喜强光，属昼伏夜出型生物。它以水生植物、底栖动物、有机碎屑及动物尸体为食，取食时靠螯足捕捉，然后将食物送至口边。中华绒螯蟹对温度的适应范围较大，最适宜温度 5～35 ℃。水温在 5 ℃以下基本不摄食；水温在 35 ℃以上，穴居比例大大提高，且容易产生性早熟，成蟹个体也相对较小。水的盐度差不应超过 3，pH 为 7～8（丁德明，2015）。营养条件好时，当年幼蟹体重可达 50～70 g，最大可达 150 g，且性腺成熟，可与 2 龄蟹一起参加生殖洄游。若生长慢，则 2 龄时性腺也难以成熟，不能参加生殖洄游。母体所带的卵在翌年 3—5 月孵化，幼体经过多次变态，发育成为幼蟹，再溯江、河而上，在淡水中继续生长。

中华绒螯蟹是一种洄游性蟹类，有着较为特殊的生活史。中华绒螯蟹一生有两次洄游，包括索饵洄游和生殖洄游。这两次洄游的目的不同，且方向相反（图 5-11）。索饵洄游个体为幼体以及尚未性成熟的幼蟹，个体较小，根据堵南山（2004）叙述，中华绒螯蟹索饵洄游时间一般从 3 月开始，主要在 4 月，可一直持续到 5—6 月。生殖洄游的个体为性成熟且体积较大的个体，该活动在秋、冬两季的较短时间内完成，前后长 1 个月左右。长江流域蟹群的下迁至长江口地区的高峰在 10 月上旬的“寒露”至下旬的“霜降”，前后持续约半个月（陈校辉 等，2007）。

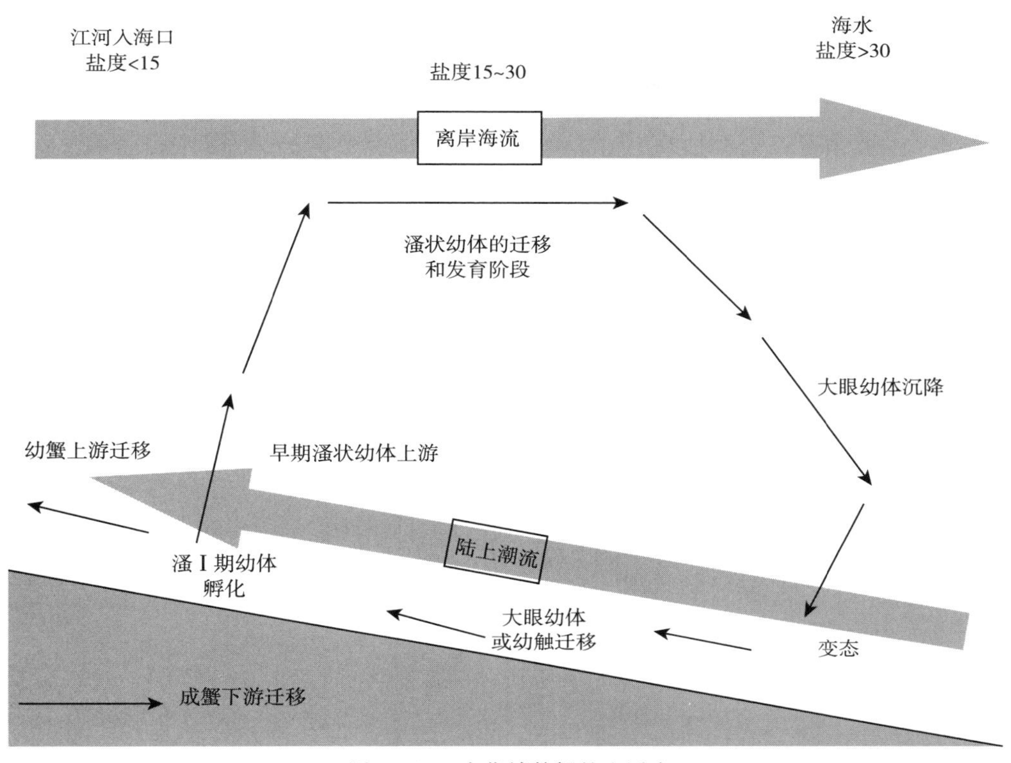

图 5－11　中华绒螯蟹的生活史

（根据 Anger K，1991 绘制）

（四）繁殖习性及发育过程

中华绒螯蟹一般在江河湖泊生长至 2 龄，自 9 月下旬（秋分前后）蜕壳为绿蟹，性腺即开始迅速发育，特别是雌蟹，其生殖指数在 30～40 d 内由 0.36％骤增至 10％～15％。10 月（寒露、霜降时节），大部分性腺已发育，河蟹遂离开江河湖泊向河口浅海做生殖洄游。随后在 11 月上旬（立冬后）群集于河口浅海交汇处的半咸水域，开始交配繁殖。在长江流域，中华绒螯蟹繁殖区的盐度为 18～26，水温为 5～10 ℃，时间为当年 12 月至翌年 3 月。雌雄蟹整个交配过程历时数分钟至 1 h：雄蟹将精荚注入雌蟹体内，暂储于雌蟹的纳精荚中，不久，雌蟹卵巢即排出成熟卵，经输卵管到达纳精荚，这时，存储于纳精荚内的精荚在酶的作用下破裂，释放出精子，形成受精卵。雌蟹一般在交配后 7～16 h 内产卵，受精卵附着在雌蟹腹肢的刚毛上。在水温 10～17 ℃时，受精卵经 30～60 d 孵化出溞状幼体。在孵化过程中，雌蟹蛰伏在河口浅滩的沙丘上，经过长时间的蛰伏，其头胸甲及四肢有苔藓虫、薮枝虫等附着，腹部常有蟹奴寄生，因此雌蟹一般在 6 月底、7 月初相继死亡。从溞状幼体算起，雌蟹的寿命为 2 足龄，多数雄蟹则交配后即死亡，寿命较雌蟹短 2 个月。当年成熟的中华绒螯蟹寿命仅 1 年，且雌性占绝对优势。性腺成熟缓慢的个体，寿命较长，甚至可达 3～4 年。溞状幼体在河口浅海浮游 30～40 d，经 5 次蜕壳，然后进入大眼幼体期，此时兼营浮游及底栖生活，并能逆流上溯至湖沼，即索饵洄游。大眼幼体经 6～10 d 蜕壳而成幼蟹，开始营底栖爬行生活。随后，在性腺发育成熟后是又一轮的生殖洄游（堵南山，2004）。中华绒螯蟹的发育过程如图 5－12 所示。

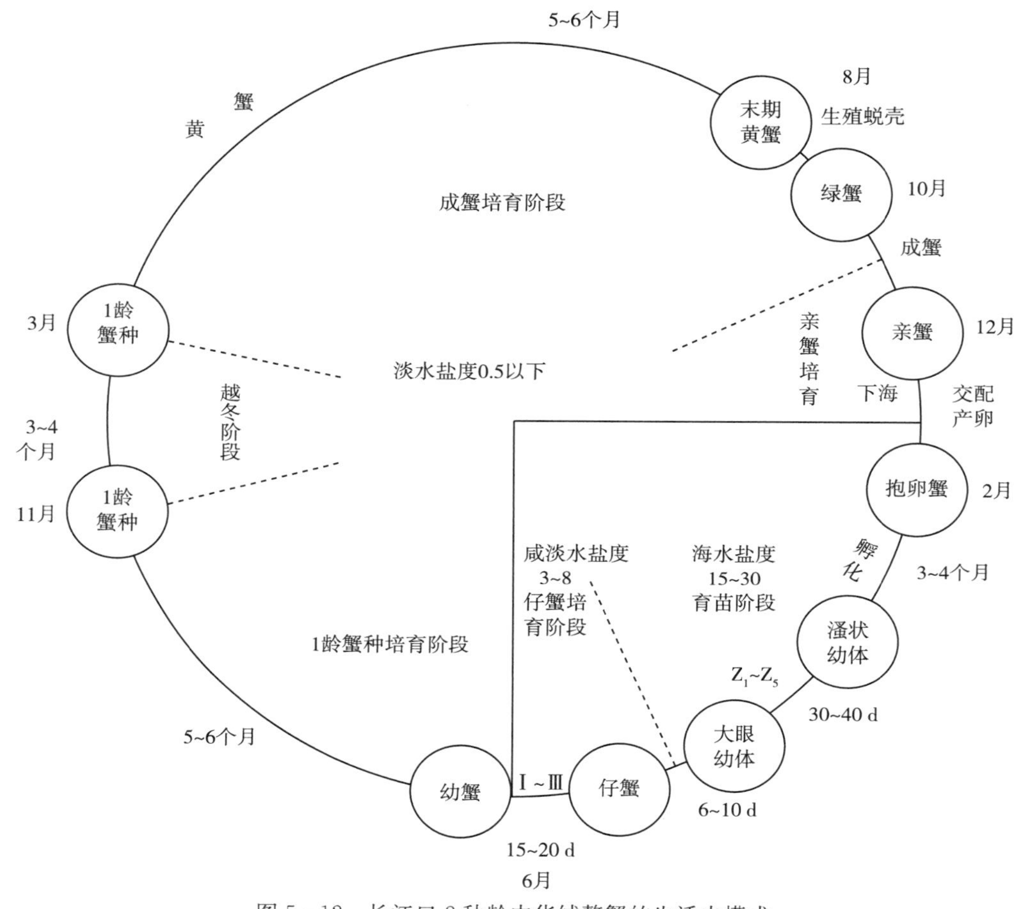

图 5－12　长江口 2 秋龄中华绒螯蟹的生活史模式

（王武 等，2007）

据历史资料记载，长江口的河蟹产卵场主要分布在横沙岛以东至东经 122°20′E 的广大浅海区域内（张列士 等，1988）。每年冬季，亲蟹主要由 3 条洄游线路到达产卵场：其一，从长江南支的北港抵达崇明浅滩和铜沙北滩；其二，由长江南支的南港经北槽抵达铜沙南滩和九段沙北滩；其三，由长江南支的南港经南槽抵达九段沙南滩和中浚附近。以前这里每年都聚集着大量亲蟹，并随着长江口盐度和温度等的周期性变化，形成一年一度的河蟹交配繁殖期。但后来，由于大量排污而导致的水质污染，直接影响亲蟹的洄游、栖息、繁殖，以至幼体的发育变态（宋卫红，1987）。从 20 世纪 80 年代中开始亲蟹的产卵活动场所出现了变化，大部分亲蟹趋向九段沙北滩一带，而中浚附近的产卵场亲蟹明显减少，部分消失。

（五）河蟹养殖

自20世纪60年代后期，长江口天然蟹苗场的开发使我国河蟹养殖事业蓬勃兴起。人们开始利用天然蟹苗投放湖泊生产商品蟹，扭转了完全依赖天然产量的被动局面。河蟹养殖业已成为我国渔业生产中发展最为迅速、最具特色、最具潜力的支柱产业。据统计资料显示，2009年河蟹养殖涉及全国30个省、直辖市、自治区，面积达66.7万hm^2，产量53万t，产值280亿元，已成为淡水渔业单品种产值最大的产业（周刚 等，2011）。

江苏省是中国河蟹养殖大省，占全国河蟹产量的一半以上。2004年江苏河蟹养殖面积达到21.3万hm^2，年产河蟹22.56万t（朱清顺 等，2008）。而近几年，江苏省河蟹产量连年超过20万t，产值超100亿元，是该省农副产品中的第一产业。2014年湖北省河蟹年产量达17.2万t，河蟹产业发展水平居全国第二位。作为长江口地区的上海，主要有崇明、金山和松江等地饲养大闸蟹，并且已赶上全国河蟹养殖水平（马云家 等，2015）。目前，崇明有466.67 hm^2蟹田，平均单产1.8～2.25 kg/hm^2，蟹的平均规格在190 g，其中雄蟹200 g以上的比例为70%，雌蟹150 g以上的超过35%（林颖颖，2014）。

近年来，随着我国人民物质生活水平的不断提高，对养殖水产品的品质要求也不断提高。养殖河蟹从过去的大养蟹、以追求产量为目的，向养大蟹、养优质无公害河蟹，以追求高品质为目标的方向发展（朱清顺 等，2008）。这样一来，对于河蟹养殖环境、养殖方式以及养殖饲料的要求也不断提高。

中华绒螯蟹人工养殖方式主要有湖泊放养、湖泊围网、池塘精养和稻田养殖4种（黄春红 等，2013）。在投喂饲料方面，我国河蟹养殖长期处于传统模式，即投喂单一饲料，如玉米、南瓜、野生杂鱼等，这样不仅产量不高，造成污染环境，并且影响河蟹产品的质量和食用安全。优质饲料是培养优质河蟹十分关键的因素。因此，河蟹人工配合饲料的开发和研制显得越来越重要。近年来，众多专家学者对河蟹饲料中的蛋白质、脂类、糖类、维生素和无机盐等五大营养物质分门别类进行了深入研究（陈立侨 等，2009）。甚至陈立侨和李二超（2010）运用分子营养学手段，在分子水平上研究各种营养素对河蟹机体营养代谢的调控，以期更精准地开发优质河蟹人工配合饲料。这些研究工作为河蟹养殖业的科学发展奠定了坚实的基础。

（六）河蟹资源的保护

20世纪末，由于长江流域水体污染、过度捕捞、涉水工程、航运等影响，中华绒螯蟹生物资源量急剧衰败，从70年代年捕捞量300～500 t下降至目前的不足1 t，保护河蟹资源迫在眉睫（刘凯 等，2007）。整体上看，中华绒螯蟹的保护应从以下4个方面进行。

首先，加强长江口区渔政管理，严厉打击偷捕船只，规范长江口亲蟹捕捞作业，严

格控制捕捞期和捕捞区，保障资源合理有序利用。

其次，进行深入调查，确切掌握当前长江口生态环境下亲蟹繁殖群体的产卵时间和产卵场位置，随后在相应区域建立中华绒螯蟹繁育保护区，并根据其生态习性在保护区内实行禁渔区和禁渔期制度。

再次，加快建设中华绒螯蟹原良种场，建立中华绒螯蟹种质评价标准，加强育苗业的种质监控力度，严格控制增殖放流亲蟹和蟹种的质量，防止种质混杂和退化。从 20 世纪 70 年代起，中国开始利用天然海水或人工海水进行中华绒螯蟹人工育苗，均获成功，并已在一些内陆地区推广应用。

最后，要科学地进行人工增殖放流。通过科学的实地调查，对长江中下游中华绒螯蟹资源进行综合评估，以及对进行增殖放流适宜地及生态容量评估，科学确定适宜放流量，建立中华绒螯蟹增殖放流技术规范，逐年评估增殖放流效果并相应调整增殖放流措施。

为恢复长江中华绒螯蟹天然资源，长江沿岸省市进行了人工放流蟹苗和亲蟹等工作，特别是长江口地区的亲蟹增殖放流发挥了重要作用。上海市相关部门于 2004 年 4 月 1 日组织了首次长江口中华绒螯蟹放流活动，共放流 40 万只河蟹苗种，这次活动是上海市配合落实长江禁渔期制度的重要举措之一（车斌 等，2005）。后来，随着春季禁渔措施的落实，以及大规模增殖放流活动的持续开展，中华绒螯蟹资源得到了一定的恢复。特别是自 2010 年农业部印发《全国水生生物增殖放流总体规划（2011—2015 年）》，推动增殖放流工作科学有序开展以来，长江口水域中华绒螯蟹蟹苗产量已由原来每年不足 1 t 恢复到历史最高水平（罗刚 等，2014）。中国水产科学研究院东海水产研究所对中华绒螯蟹放流亲蟹的培育、放流的环境条件、放流苗种的标记，以及放流效果的评估等方面进行了细致研究，建立了增殖放流技术体系并进行了示范，取得了良好效果。据中国水产科学研究院东海水产研究所统计（图 5 - 13），1986—2016 年中华绒螯蟹亲蟹和蟹

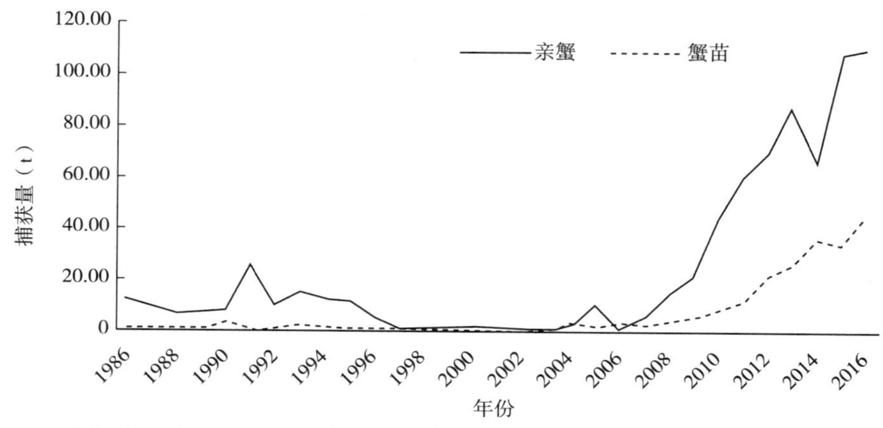

图 5 - 13　1986—2016 年长江口中华绒螯蟹亲蟹和蟹苗的渔获量年际变化

苗的年捕获量经历了先下降后上升的趋势。1986—2002 年亲蟹和蟹苗的捕获量均呈下降趋势，其中亲蟹的捕获量下降最为明显。而在 2004—2016 年，亲蟹和蟹苗的年捕获量呈快速上升趋势。由此可见，近年来的中华绒螯蟹增殖放流活动取得了显著成效（兰欣等，2017）。

二、三疣梭子蟹（*Portunus trituberculatus*）

（一）概述

三疣梭子蟹，隶属于甲壳纲，十足目，梭子蟹科，梭子蟹属，俗称梭子蟹、枪蟹、海螃蟹、蓝蟹，英文名 swimming crab。因其背面有 3 个疣状突起，1 个在中胃区，2 个在心区，故称“三疣梭子蟹”。三疣梭子蟹主要分布于中国沿海、日本、朝鲜、马来西亚群岛和红海等海域，是一种大型海产经济蟹类，因其生长迅速，市场价格高，已经成为中国沿海地区重要的经济蟹类。

三疣梭子蟹体大肉多，肉质洁白细嫩。卵巢发育良好的雌性三疣梭子蟹俗称膏蟹，其蟹膏似凝脂，味道鲜美，风味独特，可食比例高，并且富含蛋白质、脂肪及多种矿物质，为人们所喜爱（吴旭干 等，2014），三疣梭子蟹极具药用价值，其肉和内脏在医药上有清热、散血、滋阴等作用，蟹壳有清热解毒、止痛等用途（王红勇等，2007）。

（二）物种形态特征

三疣梭子蟹全身分为头胸部、腹部和附肢，背面覆盖梭形头胸甲，甲宽约为甲长的 2 倍，表面稍隆起，呈茶绿色。表面具分散的颗粒，在鳃区的较粗而集中，此外又有横行的颗粒隆线 3 条，胃区、鳃区各一条。疣状突起共 3 个，胃区 1 个，心区 2 个。前侧缘连外眼窝齿在内共有 9 锐齿，末齿长刺状，向两侧刺出，额部两侧有 1 对能转动的带柄复眼。头部附肢包括 2 对触角、1 对大颚、2 对小颚，胸部附肢包括 3 对颚足、1 对螯足和4 对步足。螯足发达，长节呈棱柱形，前缘具 4 锐刺，雄性掌节较长（董志国，2012）。第 4 对步足指节扁平，宽薄如桨，适合游泳。腹部位于头胸甲腹面后方，呈灰白色，覆盖在头胸甲的腹甲中央沟表面，俗称蟹脐。雄性腹部呈三角形，腹部附肢均退化，只有第一和第二腹节的附肢特化的生殖器，第一腹肢特化为雄性交接刺，第二腹肢特化为雄附肢。雌性腹部性成熟后由钝三角形变成圆形，共 7 节，临近产卵期腹内充满卵子，呈紫红色条斑。雌蟹腹部具附肢 4 对，位于第二至第五节腹面两侧（图 5 - 14）。三疣梭子蟹的体色随周围环境而变异（程国宝，2012）。

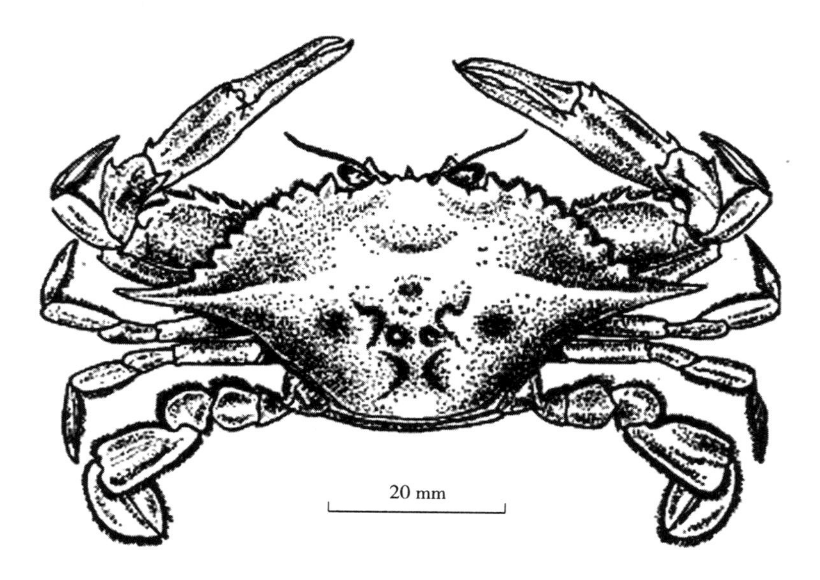

图 5-14　三疣梭子蟹形态特征

（浙江动物志编辑委员会，1993）

（三）生态习性

三疣梭子蟹属暖温性多年生大型蟹类动物，寿命一般为 2 年，极少数为 3 年。它们白天常潜伏在海底或河口附近，夜晚出来觅食。游动时，身体倾斜倒垂于水中，第 5 步足频频摆动，作横向或不定向的水平游动。潜入泥沙时，常与池底成 15°～45°角，仅露出眼及触角。三疣梭子蟹在幼蟹阶段偏杂食性，后来越来越趋向肉食性，喜欢摄食贝类、鲜杂鱼、小杂虾，以及水藻嫩芽等水生植物。活动地区随个体大小和季节变化而有所不同，具有生殖洄游和越冬洄游习性（袁伟，2016）。

三疣梭子蟹对水温、盐度和水质等环境要求较高。其最适生长水温为 15～26 ℃，最适生长盐度为 20～35，pH 适应范围为 7.5～8.0，溶解氧不能低于 2 mg/L（程国宝 等，2012）。当环境不适应或脱壳不遂时，有自切步足现象，步足可再生。

东海地区三疣梭子蟹的洄游范围很广，北可达黄海南部的吕泗、大沙渔场，南可至福建的平潭、惠安、晋江和厦门。越冬期为 1—2 月，通常在浙江中南部渔场水深 40～60 m 海域，或闽北、闽中沿岸水深 25～50 m 海域进行越冬。春季随水温回升，性成熟个体自南向北，从越冬场向近岸浅海、河口做生殖洄游。每年 3—4 月福建沿岸水深 10～20 m 海域，4—5 月浙江中、南部沿岸海域以及 5—6 月的舟山和长江口 30 m 以内浅海域都是三疣梭子蟹的产卵期和相应的产卵场。而后在 8—9 月，随着外海高盐水向北推进，三疣梭子蟹向北游至吕泗、大沙渔场索饵，10 月后，随水温下降，外海高盐水向南退却，三疣梭子蟹自北向南洄游，但也有部分群体在浙北近海由内侧浅水区向外侧深水区洄游越冬，11 月至翌年 2 月，向南洄游的三疣梭子蟹进入鱼山、温台等浙南渔场较深海区越冬，另有一部分则进入福建的平潭、惠安、晋江和厦门等近海越冬（薛俊增 等，1997；董志国，2012）。

（四）繁殖习性及发育过程

三疣梭子蟹产卵繁殖的群体主要由 1～2 年生的亲蟹组成，雄性交配后 2～3 d 死亡，雌性产卵孵化结束后即死亡，交配时间因地区以及个体年龄而有不同。在渤海，三疣梭子蟹的产卵期为 4 月下旬至 7 月上旬，在 4 月底 5 月初出现一次高峰，7—8 月为越年蟹交配的盛期，9—10 月为当年蟹交配的盛期；在浙江，浙北近海三疣梭子蟹主要产卵期在 4—7 月，高峰期在 4 月下旬至 6 月底，7—11 月为交配期，其中以 9—10 月为盛期。长江口地区三疣梭子蟹在 4—6 月进入沿海浅海产卵，主要有性腺成熟的雌蟹组成，大约占群体的 71.1%。

三疣梭子蟹的发育从卵开始。三疣梭子蟹属多次排卵类型，一个产卵期内可排卵 1～3 次，抱卵量与个体大小以及时间等因素都有关系。刚产出的卵为浅黄色，随胚胎发育逐渐变成橘黄色、褐色，最后变成灰黑色、黑色，共经约 20 d 的发育，形成卵内最后一期溞状幼体，然后孵化散仔。孵化为溞状幼体，营浮游生活，共 5 期，第Ⅴ期蜕壳后进入大眼幼体期，再经 1 次蜕壳即成为幼蟹，从小到大经过 20 多次蜕壳。一般寿命约 3 年。三疣梭子蟹成长很快，最大体重可达 0.5 kg。

（五）人工养殖

在我国，三疣梭子蟹的养殖研究开始于 20 世纪 80 年代，最初开展了人工育苗、土池肥育和蓄养实验，并获得了成果。由于梭子蟹具有肉质鲜美、生长快、市场价格高且较稳定，养殖利润丰厚等特点，因此梭子蟹的养殖不断增多，成为继对虾、青蟹后又一重要养殖品种，并且取得了良好的社会效益和经济效益。

随着梭子蟹养殖规模的扩大，苗种需求量也日益增大。靠捕捞自然海区的仔蟹和幼蟹已无法满足需求，目前梭子蟹的苗种来源基本完全依靠人工繁育。三疣梭子蟹养殖的苗种来源主要有工厂化人工育苗和土池生态育苗（史会来 等，2014）。

梭子蟹苗种的工厂化人工繁育尚处于摸索阶段，蟹苗入池后死亡率较高。分析其原因，除了天然海水水质较差外，工厂化人工繁育的三疣梭子蟹苗种适应外界自然环境的能力差是其主要原因。另外，三疣梭子蟹工厂化人工繁育的梭子蟹苗生产成本高、耗能高、苗种质量较差，不符合现代渔业发展规划的要求。土池生态育苗是一种新的模式，既具有节约资源的特点，同时具有环境友好的优势。土池生态育苗与工厂化育苗相比，具有以下优点：多样性的饵料种类与个体大小；营养全面，能满足仔蟹不同发育阶段的需求；投资少、操作简单、方便管理等；可以批量生产。但是其缺点也比较明显，如理化条件难以人为调控，提早培育困难，只能根据自然水温条件并适时进行育苗等。

目前，三疣梭子蟹人工养殖方式主要有2种：一种是单养，另一种是与虾、贝等混养的综合养殖（周演根 等，2010）。梭子蟹的养殖模式以土池养殖的单养为主，但单一梭子蟹养殖容易造成梭子蟹凶猛地自相残杀，还易产生暴发性流行病，并且对池塘的利用过低，不利于可持续发展（程国宝 等，2012）。最近也有许多研究高效养殖三疣梭子蟹的方法被提出，比如养殖模式的优化、池塘标准化改造、隐蔽物的设置、放养优质健康蟹苗、投喂优质新鲜饲料、勤开增氧机、适时起捕雄蟹、加强病害防治等方面。

（六）增殖放流与利用

自20世纪90年代以来，随着东海蟹类资源不断地开发利用，蟹类产量逐年上升，东海海域及长江口地区蟹类资源潜力和合理利用问题日益突出。为此，相关政府部门一方面开展三疣梭子蟹的增殖放流工作，促进自然资源的恢复；另一方面，积极改善渔业和海洋生态环境。2005年，浙江省科技厅专门下达有关渔业资源增殖放流技术的研究专项，并制定了三疣梭子蟹的增殖放流地方标准，增殖放流成果在全国具有示范作用。增殖放流措施的实施，在一定程度上保证了三疣梭子蟹资源的恢复（袁伟，2016）。

然而，由于目前梭子蟹人工育苗技术的限制，其繁育所需的亲蟹仍过分依赖于自然海区。并且自然海区的梭子蟹由于捕捞强度增大和海水污染等原因，资源量已经遭到破坏。因此，相关渔业管理部门应进一步合理规划梭子蟹人工增殖放流工程，建立三疣梭子蟹原良种场，保护其种质遗传多样性（程国宝 等，2012）。

另外，国内对三疣梭子蟹的研究主要集中在养殖技术、育苗繁殖、生殖习性、毒性生理、分子生物学等方面，较少研究涉及三疣梭子蟹的增殖放流、洄游分布及群体组成，而针对长江口海域三疣梭子蟹分布与环境的研究尤为少见。因此，加大对长江口地区三疣梭子蟹的观测和保护，显得尤为必要（袁伟，2016）。

三、日本蟳（*Charybdis japonica*）

（一）概述

日本蟳，为梭子蟹科、蟳属的动物，俗称石蟹、沙蟹和赤甲红等，广泛分布于日本、朝鲜、马来西亚、红海以及中国的广东、福建、浙江、山东半岛、台湾岛等海区，并已入侵新西兰等地。日本蟳属于广温广盐性广布种，一般生活于低潮线、有水草或泥沙的水底或潜伏于石块下。

日本蟳为长江口及东海区一种重要的经济蟹类，其营养价值高，富含18种氨基酸，肉质鲜美，并具有清热、滋补、消肿等功效。尤其是性腺成熟的雌蟹（俗称红蟳），有

“海上人参”之誉，是产妇和身体虚弱者的高级补品，可治体虚、胃病、奶汁不足及跌打损伤等多种疾病（许星鸿 等，2010）。

（二）物种形态特征

日本蟳背面灰绿色或棕红色，头胸部宽大，甲壳略呈扇状，长约 6 cm，宽约 9 cm；前方额缘有明显的尖齿 6 个；前侧缘亦有 6 个宽锯齿，额两侧长有具短柄的眼 1 对，能活动。口器由 3 对颚足组成，前端有大小触角 2 对。胸肢 5 对，第 1 对为强大的螯足，第 2～4 对长而扁，末端爪状，适于爬行，最后 1 对扁平而宽，末节片状，适于游泳。腹部退化，折伏于头胸部下方，无尾节及尾肢（王兴强 等，2005a）。

雄性日本蟳腹部呈三角形，腹肢藏于腹的内侧，仅存 2 对附肢，着生于第 1～2 腹节上，并特化为生殖肢。第一腹肢基部宽大，末端细长且有刚毛，弯曲向外方。第二腹肢小，末端常有一簇细毛，伸入第一腹肢卷折而成的细管内，交配时具有推动精荚的作用。雌性日本蟳腹部呈圆形，第 2～5 腹节各具一对双肢型附肢，各附肢形态相似，大小相近，内外肢上密生刚毛，具有抱卵作用，其余附肢退化（王春琳 等，1996）。雌性第六胸节腹面中部有一对生殖孔，在其上方各有 1 个三角形的突起，交配时雄性生殖肢就钩住这个突起，完成交配（许星鸿 等，2010），日本蟳的形态特征见图 5 - 15。

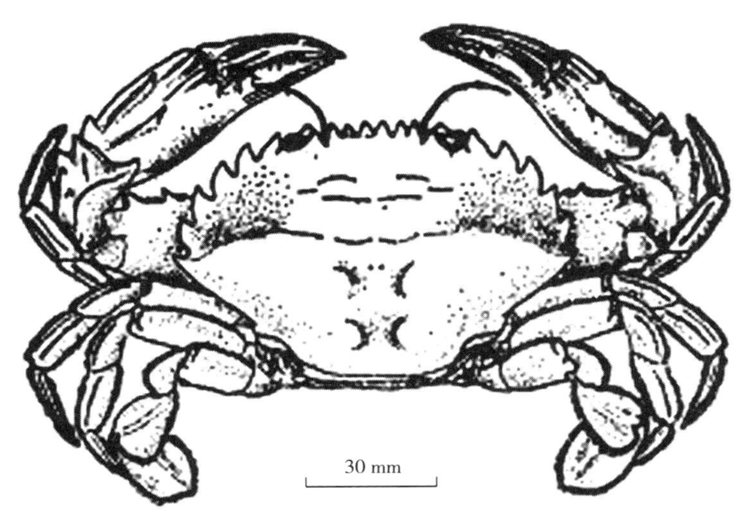

图 5 - 15 日本蟳的形态特征

（浙江动物志编辑委员会，1993）

（三）生态习性及繁殖发育

在我国，日本蟳早期在黄渤海水域、山东半岛分布较多，目前在东海及长江口地区也大量分布。日本蟳对环境的适应能力较强，其适温范围为 5～30 ℃，其中最适温度为

20～27 ℃；适盐范围 10～35，其中最适盐度为 15～27；适宜 pH 范围为 5～10，其中最适 pH 为 8～9（徐国成 等，2007）。日本蟳生活于浅海中低潮区域，喜栖息于海边沙滩的碎石块下或石隙间，有水草或泥沙的水底。

与大多数甲壳类幼体类似，日本蟳幼蟹营浮游生活，是所有摄食浮游动物的鱼虾类饵料，自卫能力很差。而日本蟳成蟹体型威武，性情凶猛，是海洋中的捕猎者，常以小鱼、小虾及小型贝类动物为捕食对象，有时也食动物的尸体和水藻等。

日本蟳繁殖习性与三疣梭子蟹相近，因各地的水温不同，各地繁殖季节有所不同。在长江口地区，一年有两个繁殖季节，分别为 4—5 月和 8—9 月。但并不是所有的日本蟳在两个季节里都产卵，很多个体仅 4—5 月繁殖。

日本蟳的发育与其他蟹类类似。首先胚胎发育从受精卵开始，经卵裂、囊胚、原肠胚、第一期膜内无节幼虫、第二期膜内无节幼虫、第一期膜内溞状幼虫、第二期膜内溞状幼虫等 8 个阶段（闫愚 等，1998）。胚胎发育阶段一般在水温 23.4～26.3 ℃的条件下进行，历时约 13 d（王兴强 等，2005a）。随后，再经过溞状幼体Ⅰ、Ⅱ、Ⅲ、Ⅳ、Ⅴ期以及大眼幼体，最后进入幼蟹期。

（四）资源利用

自 20 世纪 80 年代中期以来，由于我国近海传统经济鱼类资源的不断衰退，在东海开始发展桁杆拖虾作业，特别是 90 年代以后广泛推广的蟹笼作业，日本蟳资源逐渐被开发利用，至今已有 20 多年的历史。日本蟳肉味鲜美、营养丰富、生长快、成活率高，并且笼捕日本蟳可以暂养活销，经济价值较高，所以对其捕捞强度不断增大。特别是浙江沿海的一些小型蟹笼作业船只多以笼捕日本蟳为主，且不分季节，不分大小，全部捕捞销售，这大大降低了日本蟳的经济价值，也很不利于日本蟳资源的可持续开发利用（俞存根 等，2005）。

目前，日本蟳养殖中放养的苗种大多采捕于自然海区，随着养殖规模的日益扩大，苗种的需求量越来越大，急需通过人工繁育来加以解决。但是目前，仅有少数报道对日本蟳的人工育苗技术进行了初探，工厂化繁育尚未实现（许星鸿 等，2009）。

长江口的增殖放流活动已持续多年，但主要是针对鱼类，甲壳动物主要有中华绒螯蟹和三疣梭子蟹，到目前为止，针对日本蟳的增殖放流还未见报道。而日本蟳在长江口地区的数量与其他经济甲壳动物相比相对较少，因此，日本蟳在长江口地区的资源保护和合理利用值得相关部门引起重视。

四、拟穴青蟹（*Scylla paramamosain*）

（一）概述

拟穴青蟹隶属于梭子蟹科（Portunidae）、青蟹属（*Scylla*），是青蟹属 4 个种中数量最多的。拟穴青蟹属于暖水广盐性海洋蟹类，广泛分布于印度-西太平洋地区，在我国东部沿海广泛分布。多栖息于河口、内湾、红树林等盐度稍低的泥沼、泥滩中。除越冬产卵在较深海区外，其余时间栖息于河口、内湾的潮间带（严芳，2011）。

拟穴青蟹具有生长快、个体巨大、适应性强等特点，最大个体可达 2 kg。其肉质鲜美，营养价值高，是传统的名贵海产品。同时，拟穴青蟹也是许多国家人工养殖的主要海洋蟹类品种（余惠琳，2011）。雄蟹或未交配过的雌蟹均称为“菜蟳”或“肉蟹”，价格不高。交配多次的雄蟹肉质松垮，食用价值较低；未交配的雌蟹称为“幼母”，即“处女蟳”，其肉质厚实、甘甜细嫩。而交配后的雌蟹称为“空母”，经过一个月后，因其卵巢成熟饱满，呈橘红色，即所谓的“红蟳”或“膏蟹”，此时其经济价值最高，售价也最高。

（二）物种形态特征

由于拟穴青蟹外形与锯缘青蟹十分相似，因而易互相混淆。拟穴青蟹的头胸甲呈横椭圆形，两侧较尖。甲面平滑，无小突起及白色斑点，颜色随环境变化呈黄绿色或橄榄色。头胸甲前额缘长有 4 个长度较长的齿，呈三角形，是 4 种青蟹中最尖锐的（林琪 等，2007）。前侧缘含眼窝外齿共有 9 个等大的齿。螯足粗壮，不对称，右螯大于左螯。腕节外缘的两个刺通常大小不等，腕节外刺较发达，腕节内刺在多数个体退化为一个圆形突起。但也有少数个体仍较发达。未成年蟹则有较多的个体两刺均发达。第 4 步足扁平特化成桨状的游泳足，适于游泳。螯足及步足上的网格状斑纹较少，斑纹颜色也较淡，这点可与锯缘青蟹明显区分（图 5－16）。

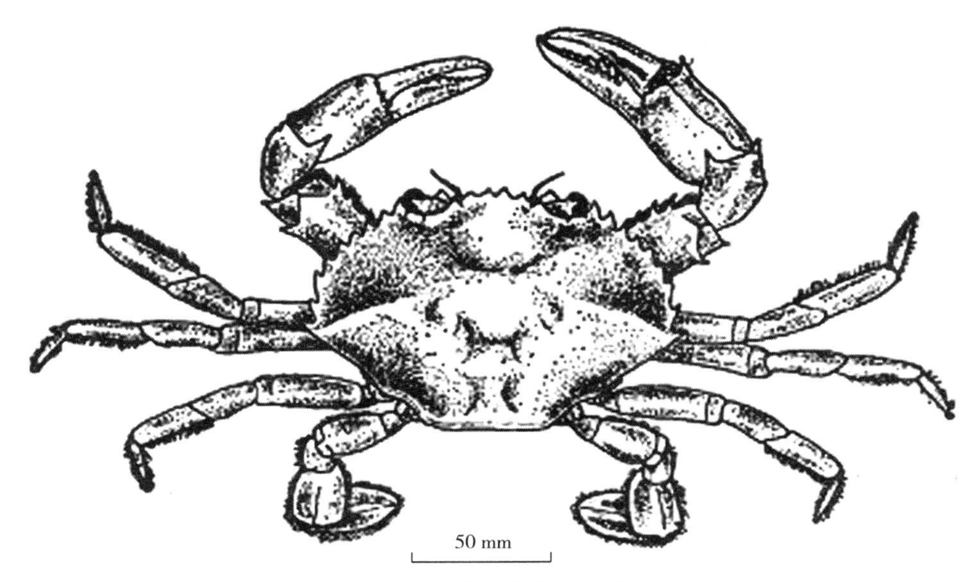

图 5－16　拟穴青蟹外部形态特征

（浙江动物志编辑委员会，1993）

另外，相对于锯缘青蟹，拟穴青蟹体型较小，更善于挖穴，其种名“*paramamosian*”意指会挖掘深洞的螃蟹，固称之为“拟穴青蟹”。拟穴青蟹的觅食方式属于守株待兔型，即守在洞口，等待潮水带来猎物；而锯缘青蟹性情凶猛，觅食则更多采取主动出击的方式。

（三）生态习性

拟穴青蟹属于暖海区沿岸生活的蟹类，广泛分布于印度-西太平洋地区。作为穴居性水生甲壳动物，拟穴青蟹多栖息于河口、内湾、红树林等盐度稍低的泥沼中，多夜间活动，白天则穴居于洞穴内（严芳，2011）。拟穴青蟹属肉食性蟹类，在自然生存环境中，以软体动物（如缢蛏、泥蚶、牡蛎、花蛤等）、小虾蟹、藤壶等为主食，并兼食动物尸体和少量藻类，如江篱等，在饥饿时，同类间也会互相蚕食，尤其在蜕壳时表现最为明显。

拟穴青蟹为广盐广温性的海产蟹类，能在盐度5～33和水温15～31℃的海水中生存，适宜生长盐度为14～27，最适生长温度为18～25℃（归从时，2012）。然而，青蟹对海水盐度的突然升高或下降较难以适应，通常情况下盐度差别超过10以上会引起死亡，故在每年5—7月雨水过多时，人工养殖的青蟹死亡率较高。

（四）繁殖习性及发育过程

青蟹的繁殖与水温密切相关，一年可以有2季繁殖期。长江口地区青蟹的繁殖季节在5—8月，交配时间集中在9—11月。在雄蟹性成熟，雌蟹完成最后一次蜕壳，而新壳还没有完全硬化之前进行交配，交配时间为几小时至2～3 d。交配后的雌蟹性腺开始发育并产卵，这受到水温、盐度、潮汐以及底质等条件的影响。

青蟹幼体的发育也是从受精卵开始，经10 d以上孵化破膜而出，成为溞状幼体（zoea），一般用字母“Z”表示。经5期溞状幼体Z_1至Z_5（4～5 d）后，变态发育为大眼幼体（megalopae），一般用字母“M”表示，此阶段一般为15 d。大眼幼体经1次蜕壳变态发育成仔蟹，用字母“C”表示，用时8 d左右。C_1至C_4阶段为仔蟹，在C_4以后的苗期即为幼蟹。从溞状幼体Z_1发育至幼蟹C_5一般需要30～35 d（归从时，2012）。

（五）人工养殖与资源保护

拟穴青蟹作为我国东南沿海地区重要的海水养殖蟹类之一，近年来其养殖面积和产量均有较大发展和提高。但在苗种生产能力方面，尽管已基本解决工厂化育苗的关键技术问题。但由于苗种生产规模受生产条件等因素所限，难以普及推广，人工生产青蟹苗种的市场占有率仅为10%～15%，养殖用苗种仍主要依靠海区自然苗，在一定程度上限制了青蟹的产量，这就使自然海区内的青蟹承受着较大压力。目前拟穴青蟹已列入我国相关沿海省市增殖放流名单中，如浙江省在 2004—2009 年，放流拟穴青蟹 20.24 万只。有关政府对于拟穴青蟹的资源监控和保护给予了足够重视。

拟穴青蟹具有体积大，生长快，适应性强等特点，是我国人工养殖的常见海水蟹类。目前，拟穴青蟹的养殖模式主要有池塘式、围栏式、瓦瓮式和网箱式等。近年来，也有研究者对其健康养殖模式进行探索，例如，将拟穴青蟹与斑节对虾和鲻（*Mugil cephalus*）混养，并在养殖后期加入细基江篱的半封闭式养殖模式等（韩耀龙，2011）。广西沿海地区则利用南美白对虾池塘饲养青蟹，这样能有效利用池塘生产力，充分发挥南方一年养殖两茬的经济效益（彭银辉 等，2009）。

参 考 文 献

安传光，赵云龙，林凌，2007. 长江口九段沙潮间带大型底栖动物季节分布特征的初步研究 [J]. 水产学报（增刊 1）：52 - 58.

边海燕，2010. 河口近海环境中烷基酚的分布特征与潜在生态风险评估 [D]. 青岛：中国海洋大学.

蔡萌，徐兆礼，朱德弟，2008. 长江口及邻近海域浮游端足类分布特征 [J]. 海洋学报（中文版）（5）：81 - 87.

车斌，张相国，2005. 中华绒螯蟹增殖放流的渔业生物经济学分析 [J]. 渔业经济研究（2）：24 - 25.

陈非洲，2008. 中国中剑水蚤属种类记述 [J]. 四川动物（1）：55 - 62.

陈光程，2009. 九龙江口秋茄红树植被与主要大型底栖动物某些生态关系的研究 [D]. 厦门：厦门大学.

陈洪举，2007. 长江口及其邻近海域浮游动物群落生态学研究 [D]. 青岛：中国海洋大学.

陈洪举，刘光兴，2009. 2006 年夏季长江口及其邻近水域浮游动物的群落结构 [J]. 北京师范大学学报（自然科学版），45（4）：393 - 398.

陈华，徐兆礼，2009. 长江口及邻近海域浮游介形类的分布与季节变化 [J]. 应用与环境生物学报（1）：72 - 77.

陈吉余，1996. 上海市海岛资源调查报告 [M]. 上海：上海科学技术出版社.

陈佳杰，徐兆礼，陈雪忠，2008a. 长江口及邻近海域枝角类和涟虫类生态学 [J]. 动物学杂志（5）：1 - 6.

陈佳杰，徐兆礼，朱德弟，2008b. 长江口及邻近海域浮游磷虾类数量和分布的季节特征 [J]. 生态学报（11）：5279 - 5285.

陈家宽，2003. 上海九段沙湿地自然保护区科学考察集 [M]. 北京：科学出版社：94 - 115.

陈立侨，李二超，2009. 中华绒螯蟹营养需求的研究现状和进展 [J]. 饲料工业，30（10）：1 - 6.

陈立侨，李二超，2010. 水产动物分子营养学的研究进展 [J]. 饲料工业（S1）：21 - 26.

陈立侨，堵南山，2017. 中华绒螯蟹生物学 [M]. 北京：科学出版社.

陈楠生，孙海宝，1992. 甲壳动物化学感觉研究进展 [J]. 海洋与湖沼，23（3）：334 - 342.

陈启明，仇玉芹，陈邦林，等，2001. 长江口悬浮物和沉积物的物相分析 [J]. 华东师范大学学报（自然科学版）（1）：77 - 83.

陈强，郭行磐，周轩，2015. 长江口潮下带大型底栖动物群落特征 [J]. 水产学报（8）：1122 - 1133.

陈强，郭行磐，周轩，等，2016. 长江口及其邻近水域滩涂底栖动物多样性的研究 [J]. 大连海洋大学学报，31（1）：103 - 108.

陈瑞祥，林景宏，1995. 中国海洋浮游介形类 [M]. 北京：海洋出版社.

陈石林，2006. 三疣梭子蟹雌蟹性腺、胚胎及初孵幼体发育过程中主要生化组成的变化 [D]. 上海：上海海洋大学.

陈水土，郑瑞芝，张钒，等，1993. 九龙江口、厦门西海域无机氮的分布与转化 [J]. 海洋湖沼通报（4）：28 - 35.

陈卫平，2005. 不同温度、盐度下脊尾白虾 *Exopalaemon carinicauda*（Holthuis）早期胚胎和幼体发育的观察研究［J］. 渔业信息与战略，20（5）：23－26.

陈校辉，朱清顺，严维辉，等，2007. 长江江苏段中华绒螯蟹资源现状及保护对策初探［J］. 水产养殖，28（2）：8－10.

陈亚瞿，徐兆礼，王云龙，等，1995a. 长江口河口锋区浮游动物生态研究Ⅰ：生物量及优势种的平面分布［J］. 中国水产科学（1）：49－58.

陈亚瞿，徐兆礼，王云龙，等，1995b. 长江口河口锋区浮游动物生态研究Ⅱ：种类组成、群落结构、水系指示种［J］. 中国水产科学（1）：59－63.

陈亚瞿，郑国兴，朱启琴，1985. 长江口区浮游动物初步研究［J］. 东海海洋（3）：53－61.

陈月，王风贺，陆建刚，等，2016. 长江流域药品和个人护理用品污染状况的研究进展［J］. 工业水处理，36（7）：11－15.

陈中义，付萃长，王海毅，等，2005. 互花米草入侵东滩盐沼对大型底栖无脊椎动物群落的影响［J］. 湿地科学，3（1）：1－7.

成永旭，李少菁，王桂忠，等，2001. 锯缘青蟹卵黄发生期卵巢和肝胰腺脂类的变化［J］. 海洋学报，23（3）：66－77.

程国宝，史会来，楼宝，等，2012. 三疣梭子蟹生物学特性及繁养殖现状［J］. 河北渔业（4）：59－61.

程家骅，姜亚洲，2010. 海洋生物资源增值放流回顾与展望［J］. 中国水产科学，17（3）：610－617.

程书波，刘敏，刘华林，等，2006. 长江口滨岸水体悬浮颗粒物中 PCBs 分布特征［J］. 环境科学，27（1）：110－114.

戴国梁，1991. 长江口及其邻近水域底栖动物生态特点［J］. 水产学报，15（2）：104－116.

丁德明，2015. 中华绒螯蟹［J］. 湖南农业（11）：30.

丁森，王芳，郭彪，等，2008. 盐度波动对中国对虾稚虾蜕皮、生长和能量收支的影响［J］. 应用生态学报，19（2）：419－423.

东海海洋编辑部，1995. 长江河口及其邻近海区概况［J］. 东海海洋，13（3－4）：8－14.

董志国，2012. 中国沿海三疣梭子蟹群体形态、生化与分子遗传多样性研究［D］. 上海：上海海洋大学.

堵南山，1987. 甲壳动物学：上册［M］. 北京：科学出版社.

堵南山，1993. 甲壳动物学［M］. 北京：科学出版社.

堵南山，2004. 中华绒螯蟹的洄游［J］. 水产科技情报，31（2）：56－57.

堵南山，薛鲁征，赖伟，1988. 中华绒螯蟹精子的研究Ⅱ：精子发生［J］. 海洋与湖沼，19（1）：71－75.

方明，吴友军，刘红，等，2013. 长江口沉积物重金属的分布、来源及潜在生态风险评价［J］. 环境科学学报，33（2）：563－569.

方涛，李道季，李茂田，等，2006. 长江口崇明东滩底栖动物在不同类型沉积物的分布及季节性变化［J］. 海洋环境科学，25（1）：24－26.

冯建彬，李家乐，程熙，等，2008. 日本沼虾种质资源挖掘和保护研究进展［J］. 上海海洋大学学报，17（3）：371－376.

冯利华，2004. 滩涂围垦的负面影响与可持续发展策略［J］. 海洋科学，28（4）：76－77.

冯盘，2011. 食品接触材料中全氟辛酸和全氟辛烷磺酰基化合物的检测和溶出迁移规律研究［D］. 杭州：

浙江大学.

付佳露，杨毅，彭欢，等，2011. 长江口水环境中纳米颗粒物初探［J］. 环境科学，32（7）：1924－1931.

付监贵，张磊磊，徐乐，等，2016. pH对日本沼虾存活及肝功能相关酶活性的影响［J］. 淡水渔业，46（5）：100－104.

傅明珠，李正炎，王波，2008. 夏季长江口及其邻近海域不同环境介质中壬基酚的分布特征［J］. 海洋环境科学，27（6）：561－565.

傅瑞标，沈焕庭，2002. 长江河口淡水端溶解态无机氮磷的通量［J］. 海洋学报，24（4）：34－43.

高倩，徐兆礼，庄平，2008. 长江口北港和北支浮游动物群落比较［J］. 应用生态学报（9）：2049－2055.

高祥刚，刘红，徐佳念，等，2006. 日本沼虾卵黄蛋白原合成部位的初步研究［J］. 生物技术通报（S1）：438－444.

顾宏堪，1991. 长江口无机氮和磷酸盐的分布及转移［C］//渤黄东海海洋化学. 北京：科学出版社.

顾孝连，徐兆礼，2008. 长江口海域浮游糠虾类生态特征［J］. 应用生态学报（9）：2042－2048.

归从时，2012. 海水蟹类高效生态养殖新技术——青蟹、梭子蟹［M］. 北京：海洋出版社.

郭超硕，朱建荣，2015. 青草沙水库工程对附近水域河床冲淤的影响［J］. 海洋学研究，33（3）：34－41.

郭沛涌，沈焕庭，刘阿成，等，2003. 长江河口浮游动物的种类组成、群落结构及多样性［J］. 生态学报（5）：892－900.

郭沛涌，沈焕庭，刘阿成，等，2008a. 长江河口中小型浮游动物数量分布、变动及主要影响因素［J］. 生态学报，28（8）：3517－3526.

郭沛涌，沈焕庭，刘阿成，等，2008b. 长江口桡足类数量分布与变动［J］. 生态学报（9）：4259－4267.

韩洁，张志南，于子山，2004. 渤海中、南部大型底栖动物的群落结构［J］. 生态学报，24（3）：531－537.

韩耀龙，2011. 拟穴青蟹健康养殖模式研究［D］. 汕头：汕头大学.

韩永望，李健，陈平，等，2012. 强壮藻钩虾食性分析及其对温度、盐度变化的响应［J］. 渔业科学进展（6）：53－58.

何绪刚，龚世园，刘军，等，2002. 大水面日本沼虾（*Macrobrachium nipponensis*）资源人工增殖［J］. 湖泊科学，14（4）：377－380.

何绪刚，龚世园，张训蒲，等，2003. 武湖日本沼虾繁殖生物学研究［J］. 应用生态学报，14（9）：1538－1542.

洪美玲，2007. 水中亚硝酸盐和氨氮对中华绒螯蟹幼体的毒性效应及维生素E的营养调节［D］. 上海：华东师范大学.

黄春发，1988. 脊椎动物和无脊椎动物的光感受器结构［J］. 中国细胞生物学学报（1）：12－17.

黄春红，杨品红，韩庆，等，2013. 池塘精养中华绒螯蟹营养成分分析与评价［J］. 食品与机械，29（1）：61－65.

黄宏，尹方，吴莹，等，2011. 长江口表层沉积物中多氯联苯残留和风险评价［J］. 同济大学学报（自然科学版），39（10）：1500－1505.

黄辉洋，2001. 锯缘青蟹 *Scylla serrata*（Forskal）神经系统和消化系统内分泌细胞的研究［D］. 厦门：

厦门大学．
黄俊，衣俊，程金平，2014. 长江口及近海水环境中新型污染物研究进展［J］．环境化学，33（9）：1484－1494.
黄美珍，2004. 台湾海峡及邻近海域6种对虾食性特征及其营养级研究［J］．台湾海峡（4）：481－488.
吉芳英，王图锦，胡学斌，等，2009. 三峡库区消落区水体—沉积物重金属迁移转化特征［J］．环境科学，30（12）：3481－3487.
纪焕红，叶属峰，2006. 长江口浮游动物生态分布特征及其与环境的关系［J］．海洋科学，30（6）：23－30.
江洪波，2003. 中华绒螯蟹蛋白质营养生理研究［D］．上海：华东师范大学．
姜乃澄，周双林，2001. 日本沼虾触角腺形态学的初步研究［J］．浙江大学学报（理学版），28（3）：309.
姜永华，颜素芬，陈政强，2003. 南美白对虾消化系统的组织学和组织化学研究［J］．海洋科学，27（4）：58－62.
姜永华，颜素芬，王重刚，等，2005. 凡纳滨对虾卵子发生的超微结构［J］．水产学报，29（4）：454－460.
姜作发，唐富江，董崇智，等，2006. 黑龙江水系主要江河浮游动物种群结构特征［J］．东北林业大学学报，34（4）：64－66.
蒋闰兰，2015. 菲对中华绒螯蟹（*Eriocheir sinensis*）毒性效应的研究［D］．上海：华东师范大学．
蒋维，刘惠莲，刘瑞玉，2007. 中国海倒颚蟹属（甲壳动物亚门：十足目：豆蟹科）两新记录种［J］．海洋与湖沼（1）：77－83.
蒋燮治，堵南山，1979. 中国动物志：节肢动物门　甲壳纲　淡水枝角类［M］．北京：科学出版社．
蒋增辉，2012. 青草沙水库浮游藻类的调查及控制［J］．净水技术，31（5）：9－14，54.
金显仕，单秀娟，郭学武，等，2009. 长江口及其邻近海域渔业生物的群落结构特征［J］．生态学报，29（9）：4767－4769.
康现江，刘志民，周可新，等，1998. 外源类固醇激素对中华绒螯蟹幼蟹精巢发育影响的初步研究［J］．海洋学研究，16（1）：39－44.
兰欣，徐承旭，2017. 长江口中华绒螯蟹天然资源恢复效果突显［J］．水产科技情报（5）：282－283.
李宝泉，李新正，王洪法，等，2007. 长江口附近海域大型底栖动物群落特征［J］．动物学报，53（1）：76－82.
李长玲，曹伏君，黄翔鹄，等，2008. 波纹龙虾消化系统光镜和扫描电镜的观察［J］．热带海洋学报，27（3）：72－78.
李二超，2008. 盐度对凡纳滨对虾的生理影响及其营养调节［D］．上海：华东师范大学．
李红，赵云龙，王群，等，2003. 日本沼虾胚胎发育不同阶段主要生化成分的变化［J］．水产学报，27（6）：545－549.
李康，2005. 阿特拉津和毒死蜱对中华绒螯蟹（*Eriocheir sinensis*）的毒性效应研究［D］．上海：华东师范大学．
李林春，扶庆，2002. 南湾水库青虾生物学研究［J］．水生态学杂志，22（3）：12－14.
李美玲，2009. 关于长江口渔业资源管理的探讨［J］．安徽农业科学，37（13）：6196－6198.
李明云，1994. 池养脊尾白虾的繁殖、生长及其最大持续轮捕量的初步探讨［J］．水产学报，18（2）：85－92.

李新正，刘瑞玉，梁象秋，2003. 中国长臂虾总科的动物地理学特点［J］. 生物多样性，11（5）：393－406.

李秀丽，赖子尼，穆三妞，等，2013. 珠江入海口表层沉积物中多氯联苯残留与风险评价［J］. 生态环境学报，22（1）：135－140.

李亚力，沈志良，线薇微，等，2015. 长江口营养盐结构特征及其对浮游植物的限制［J］. 海洋科学，39（4）：125－134.

李媛媛，蔡生力，刘红，2012. 实时荧光定量 PCR 检测凡纳滨对虾和罗氏沼虾卵黄蛋白原 mRNA 在卵巢和肝胰腺中的表达［J］. 水产学报，36（11）：1667－1674.

梁俊平，李健，李吉涛，等，2014. 盐度对脊尾白虾亲虾抱卵及其子代生长发育的影响［J］. 应用生态学报，25（7）：2105－2113.

梁俊平，李健，刘萍，等，2012. 脊尾白虾生物学特性与人工繁育的研究进展［J］. 中国农学通报，28（17）：109－116.

林吉才，徐军超，2009. 脊尾白虾仿生态规模养殖试验［J］. 现代农业科技（17）：313－314.

林琪，李少菁，黎中宝，等，2007. 中国东南沿海青蟹属（*Scylla*）的种类组成［J］. 水产学报，31（2）：213－217.

林霞，李春月，陆开宏，2001. 温度和盐度对细巧华哲水蚤存活率的影响［J］. 宁波大学学报（理工版）（1）：43－46.

林颖颖，2014. 河蟹“大年”蟹价同比至少降 2 成，大规格蟹数量上升［J/OL］.［2014－11－05］. http://sh.eastday.com/m/20141105/u1a8427819.html.

刘芳，谈奇坤，1997. 长江华溪蟹精子超微结构的研究［J］. 动物学杂志，32（1）：51－53.

刘婧，2012. 长江河口大型底栖动物生态学研究［D］. 上海：上海海洋大学.

刘静，崔兆杰，许宏宇，2006. 土壤和沉积物中多氯联苯（PCBs）的环境行为研究进展［J］. 山东大学学报（工学版），36（5）：94－98.

刘凯，段金荣，徐东坡，等，2007. 长江口中华绒螯蟹亲体捕捞量现状及波动原因［J］. 湖泊科学，19（2）：212－217.

刘凯，徐东坡，段金荣，等，2009. 太湖秀丽白虾抱卵群体生物学特征及肌肉营养成分［J］. 上海海洋大学学报，18（6）：695－701.

刘立鹤，陈立侨，李康，等，2007. 不同脂肪源饲料对中华绒螯蟹卵巢发育与繁殖性能的影响［J］. 中国水产科学，14（5）：786－793.

刘凌云，郑光美，2009. 普通动物学［M］. 4 版. 北京：高等教育出版社.

刘录三，李新正，2002. 东海春秋季大型底栖动物分布现状. 生物多样性，10（4）：351－358.

刘录三，孟伟，田自强，等，2008. 长江口及毗邻海域大型底栖动物的空间分布与历史演变［J］. 生态学报，28（7）：3027－3034.

刘录三，郑丙辉，李宝泉，等，2012. 长江口大型底栖动物群落的演变过程及原因探讨［J］. 海洋学报，34（3）：134－145.

刘其根，李应森，陈蓝荪，2008. 克氏原螯虾的生物学［J］. 水产科技情报，35（1）：21－23.

刘瑞玉，2003.《现生甲壳动物（Crustacea）最新分类系统》简介［C］//中国甲壳动物学会. 甲壳动物学论文集：第四辑：庆祝中国甲壳动物学会成立 20 周年暨刘瑞玉院士从事海洋科教工作 55 周年学术报告会论文集．北京：科学出版社：76－86.
刘守海，项凌云，刘材材，等，2013.2007—2008 年春夏季长江口水域浮游动物生态分布特征研究［J］. 海洋通报，32（2）：184－190.
刘文亮，何文珊，2007. 长江口大型底栖无脊椎动物［M］. 上海：上海科学技术出版社．
刘歆璞，王丽卿，张宁，等，2013. 青草沙水库后生浮游动物群落结构及其与环境因子的关系［J］. 生态学杂志，32（5）：1238－1248.
刘勇，2009. 长江口大型底栖动物生态学研究及日本刺沙蚕生物能量学研究［D］. 青岛：中国海洋大学．
刘镇盛，2012. 长江口及其邻近海域浮游动物群落结构和多样性研究［D］. 青岛：中国海洋大学．
刘征涛，姜福欣，王婉华，2006. 长江河口区域有机污染物的特征分析［J］. 环境科学研究，19（2）：1－5.
楼丹，1990. 浙江象山港中国对虾怀卵量及相对生殖力研究［J］. 海洋渔业（6）：260－262.
卢敬让，戴玉蓉，李辉权，1994. 长江口脊尾白虾渔业资源特征和生殖习性［J］. 海洋科学进展，12（4）：21－27.
吕炳全，孙志国，1996. 海洋环境与地质［M］. 上海：同济大学出版社．
吕丁，傅洪拓，乔慧，等，2012. 青虾种质资源研究与保护进展［J］. 中国农学通报，28（11）：97－102.
吕巍巍，2013. 围垦对横沙东滩大型底栖动物影响的初步研究［D］. 上海：华东师范大学．
吕巍巍，2017. 围垦及盐度淡化对长江口潮间带大型底栖动物影响的研究［D］. 上海：华东师范大学．
吕巍巍，马长安，余骥，等，2012. 围垦对长江口横沙东滩大型底栖动物群落的影响［J］. 海洋与湖沼，43（2）：340－347.
罗刚，张振东，2014. 全国水生生物增殖放流发展现状［J］. 中国水产（12）：37－39.
罗民波，庄平，沈新强，等，2008. 长江口中华鲟保护区及临近水域大型底栖动物研究［J］. 海洋环境科学，27（6）：618－623.
罗民波，庄平，沈新强，等，2010. 长江口中华鲟保护区及临近水域大型底栖动物群落变迁及其与环境因子的相关性研究［J］. 农业环境科学学报（S1）：230－235.
罗宇良，吴志新，1999. 红螯螯虾精巢发育的组织学研究［J］. 华中农业大学学报，18（1）：78－79.
马长安，徐霖林，田伟，等，2011. 南汇东滩围垦湿地大型底栖动物的种类组成、数量分布和季节变动［J］. 复旦学报（自然科学版）（3）：274－281.
马长安，徐霖林，田伟，等，2012. 围垦对南汇东滩湿地大型底栖动物的影响［J］. 生态学报，32（4）：1007－1015.
马云家，高岩，2015. 崇明县河蟹产业发展现状、问题及对策［J］. 水产科技情报，42（4）：179－180.
孟伟，秦延文，郑丙辉，等，2004. 长江口水体中氮、磷含量及其化学耗氧量的分析［J］. 环境科学，25（6）：65－68.
穆迎春，王芳，董双林，等，2005. 不同盐度波动幅度对中国明对虾稚虾蜕皮和生长的影响［J］. 海洋学报，27（2）：122－126.
南天佐，2005. 中华绒螯蟹二次发育中卵巢超微结构、脂类组成及生殖性状的研究［D］. 上海：上海海洋大学．
宁修仁，史君贤，蔡昱明，等，2004. 长江口和杭州湾海域生物生产力锋面及其生态学效应［J］. 海洋学报，26（6）：96－106.

农业部渔业渔政管理局，2016. 2015 年中国渔业统计年鉴［M］. 北京：中国农业出版社.
欧冬妮，2007. 长江口滨岸多环芳烃（PAHs）多相分布特征与源解析研究［D］. 上海：华东师范大学.
欧冬妮，刘敏，许世远，等，2008. 长江口近岸水体悬浮颗粒物多环芳烃分布与来源辨析［J］. 环境科学（29）：2392 - 2398.
欧阳珊，吴小平，颜显辉，等，2002. 克氏螯虾消化系统的组织学研究［J］. 南昌大学学报（理科版），26（1）：92 - 95.
潘鲁青，刘泓宇，2005. 甲壳动物渗透调节生理学研究进展［J］. 水产学报，29（1）：109 - 114.
裴倩倩，张涛，赵峰，等，2015. 长江口脊尾白虾资源现状的初步评估［C］//中国水产学会. 2015 年中国水产学会学术年会论文摘要集.［出版地不详］：中国水产学会.
裴倩倩，张涛，杨刚，等，2017. 长江口脊尾白虾繁殖生物学［J］. 生态学杂志，36（3）：702 - 706.
彭建华，郑金秀，马沛明，等，2008. 长江口南北支浮游甲壳动物的比较及南水北调工程影响预测［J］. 生态学杂志，27（11）：1948 - 1954.
彭银辉，蔡德健，阎冰，等，2009. 虾池养殖拟穴青蟹技术［J］. 中国水产（6）：41 - 42.
杞桑，1977. 青虾产卵周期的观察［J］. 水生生物学报，1（2）：191 - 196.
乔慧，2010. 青虾分子标记的开发应用及遗传连锁图谱的构建［D］. 南京，南京农业大学.
秦海明，2011. 长江口盐沼潮沟大型浮游动物群落生态学研究［D］. 上海：复旦大学.
邱高峰，堵南山，赖伟，1995. 日本沼虾雄性生殖系统的研究—雄性生殖系统的结构及发育［J］. 上海海洋大学学报，4（2）：107 - 111.
邱志群，舒为群，曹佳，2007. 我国水中有机物及部分持久性有机物污染现状［J］. 癌变·畸变·突变，19（3）：188 - 193.
任玲，杨军，2000. 海洋中氮营养盐循环及其模型研究［J］. 地球科学进展，15（1）：58 - 64.
任先秋，2006. 中国动物志：无脊椎动物　第四十一卷　端足目　钩虾亚目（一）［M］. 北京：科学出版社.
邵倩文，刘镇盛，章菁，等，2017. 长江口及邻近海域浮游动物群落结构及季节变化［J］. 生态学报，37（2）：683 - 691.
邵银文，王春琳，励迪平，等，2008. 脊尾白虾自然群体与养殖群体的营养差异［J］. 水利渔业，28（4）：34 - 37.
沈嘉瑞，戴爱云，宋大祥，等，1979. 中国动物志：节肢动物门　甲壳纲　淡水桡足类［M］. 北京：科学出版社.
沈志良，2006. 长江磷和硅的输送通量［J］. 地理学报，61（7）：741 - 751.
盛春，罗永婷，张慧琦，等，2003. 克氏原螯虾复眼的扫描电镜观察［J］. 上海师范大学学报（自然科学版），32（4）：97 - 99.
施炜纲，周昕，杜晓燕，2002. 长江中下游中华绒螯蟹亲体资源动态研究［J］. 水生生物学报，26（6）：641 - 647.
施文彧，2007. 九段沙湿地植物群落演替与可持续管理的生态学研究［D］. 上海：华东师范大学.
施正峰，梅志平，孙敬，等，1991. 水温对日本沼虾摄食的影响［J］. 水产学报，15（4）：338 - 343.
史会来，余方平，邢雪金，等，2014. 三疣梭子蟹土池生态育苗技术探讨［J］. 水产养殖，35（2）：41 - 43.
寿鹿，2013. 长江口及邻近等海域大型底栖生物群落生态学研究［D］. 南京：南京师范大学.

宋慈玉，储忝江，盛强，等，2011. 长江口盐沼分级潮沟系统中大型底栖动物群落结构特征［J］. 复旦学报（自然科学版）（3）：253－259.

宋海棠，丁跃平，许源剑，1988. 浙江北部近海三疣梭子蟹生殖习性的研究［J］. 浙江海洋学院学报（自然科学版），7（1）：39－46.

宋卫红，1987. 长江口水质环境对河蟹苗资源的影响［J］. 水产科技情报（4）：21－23.

孙道元，徐凤山，崔玉衍，1992. 长江口区枯、丰水期后底栖生物分布特点［J］. 海洋科学集刊（33）：217－235.

孙亚伟，曹恋，秦玉涛，等，2007. 长江口邻近海域大型底栖生物群落结构分析［J］. 海洋通报，26（2）：66－70.

汤新武，蔡德所，陈求稳，等，2015. 三峡工程三期蓄水初期长江口水域春季浮游动物群落特征及其与环境的关系［J］. 环境科学学报，35（4）：1082－1088.

陶振铖，李超伦，孙松，2013. 黄海海域中华假磷虾的种群特征和分布及其与环境因子的关系［J］. 水产学报（12）：3.

汪品先，章纪军，赵泉鸿，等，1988. 东海底质中的有孔虫和介形虫［M］. 北京：海洋出版社.

王保栋，战闰，臧家业，等，2002. 长江口及其邻近海域营养盐的分布特征和输送途径［J］. 海洋学报，24（1）：53－58.

王波，张锡烈，孙杯喜，1998. 口虾蛄的生物学特征及其人工苗种生产技术［J］. 黄渤海海洋学报（2）：65－74.

王春琳，薛良义，刘凤燕等. 1996. 日本蟳繁殖生物学的初步研究［J］. 浙江水产学院学报（4）：261－266.

王春琳，蒋霞敏，陈惠群，等，2000. 日本蟳繁殖生物学的初步研究Ⅱ. 雄性繁殖习性及胚胎发育［J］. 海洋学研究，18（1）：44－50.

王春生，2010. 长江口季节性低氧及生物效应［D］. 杭州：浙江大学.

王福刚，陈碧霞，刘伟斌，等，1995. 红螯螯虾人工繁殖技术研究Ⅰ：红螯螯虾生物学特性的观察［J］. 渔业研究（4）：12－15.

王红勇，姚雪梅，2007. 虾蟹生物学［M］. 北京：中国农业出版社.

王金辉，徐韧，秦玉涛，等，2006. 长江口基础生物资源现状及年际变化趋势分析［J］. 中国海洋大学学报（自然科学版），36（5）：821－828.

王金秋，徐兆礼，陈亚瞿，等，1999. 长江口枝角类群落物种多样性的初步研究［J］. 中国水产科学（5）：65－68.

王丽，王保栋，陈求稳，等，2016. 三峡三期蓄水后长江口海域浮游动物群落特征及影响因子［J］. 生态学报，36（9）：2505－2512.

王丽莎，石晓勇，祝陈坚，2008. 春季长江口邻近海域营养盐分析特征及污染状况研究［J］. 海洋环境科学，27（5）：467－469.

王利民，胡慧建，王丁，2005. 江湖阻隔对涨渡湖区鱼类资源的生态影响［J］. 长江流域资源与环境，14（3）：287－292.

王清印，李杰人，杨宁生，2010. 中国水产生物种质资源与利用：第2卷［M］. 北京：海洋出版社.

王群，马强，李恺，等，2005. 饲料中添加不同含量的微量元素锌对河蟹雄性生殖腺的影响［J］. 水生生物学报，29（4）：417－423.

王绍祥，高春霞，田思泉，等，2014. 青草沙水库中上层鱼类群落组成及多样性分析［J］. 上海海洋大学学报，23（4）：594－601.

王维娜，牛东红，商利新，等，2004. 低温对日本沼虾耗氧率、排氨率和 Na^{+}/K^{+} ATPase 比活力的影响［J］. 应用与环境生物学报，10（5）：602－604.

王武，成永旭，李应森，2007. 河蟹的生物学［J］. 水产科技情报（1）：26－27.

王小刚，2015. 虾蟹肝胰腺组织学研究进展［J］. 广西水产科技（1）：9－15.

王兴强，阎斌伦，曹梅，2005a. 日本蟳生物学及其养殖研究进展［J］. 河北渔业（6）：16－18.

王兴强，阎斌伦，马甡，等，2005b. 脊尾白虾生物学及养殖生态学研究进展［J］. 齐鲁渔业，22（8）：21－23.

王绪峨，1987. 脊尾白虾繁殖生物学的初步观察［J］. 动物学杂志，22（1）：10－13.

王绪峨，1989. 脊尾白虾早期胚胎发育以及温、盐度与其孵化的关系［J］. 水产学报（1）：59－64.

王延明，2008. 长江口底栖动物分布与沉积物和低氧区的关系研究［D］. 上海：华东师范大学.

王延明，李道季，方涛，等，2008. 长江口及邻近海域底栖生物分布及与低氧区的关系研究［J］. 海洋环境科学，27（2）：41－66.

王永忠，2009. 长江口演变趋势研究与长远整治方向探讨［J］. 人民长江，40（8）：21－24.

王幼槐，倪勇，1984. 上海市长江口区渔业资源及其利用［J］. 水产学报，8（2）：153－155.

魏超群，2015. 长江中下游地区湖泊现生介形类生态信息定量研究［D］. 上海：华东师范大学.

吴常文，王伟洪，1993. 杭州湾海域安氏白虾生物学与生态分布的研究［J］. 浙江海洋学院学报（自然科学版），12（1）：21－31.

吴江立，2011. 切除单侧、双侧眼柄对中华绒螯蟹生理生化代谢影响的初步研究［D］. 河北：河北大学.

吴萍，楼允东，邱高峰，2003. 中华绒螯蟹性腺发育的形态学、组织学和组织化学变化［J］. 上海海洋大学学报，12（2）：106－112.

吴萍，邱高峰，楼允东，2002. 中华绒螯蟹促雄腺结构变化对精子发生的影响［J］. 水产学杂志，15（1）：88－92.

吴琴瑟，2002. 锯缘青蟹繁殖生物学的研究［J］. 广东海洋大学学报，22（1）：13－17.

吴旭干，龙晓文，何杰，等，2014. 育肥时间对中华绒螯蟹精巢发育和营养品质的影响［C］. 世界华人虾蟹养殖研讨会.

吴旭干，汪倩，楼宝，等，2014. 育肥时间对三疣梭子蟹卵巢发育和营养品质的影响［J］. 水产学报，38（2）：170－182.

吴耀泉，2007. 三峡库区蓄水期长江口底栖生物数量动态分析［J］. 海洋环境科学（2）：138－141.

吴耀泉，李新正，2003. 长江口底栖生物群落多样性特征［C］//中国甲壳动物学会. 甲壳动物学论文集：第四辑：庆祝中国甲壳动物学会成立20周年暨刘瑞玉院士从事海洋科教工作55周年学术报告会论文集. 北京：科学出版社.

吴耀泉，相建海，张宝琳，1991. 长江口及其邻近海区主要经济虾类的生态研究［J］. 海洋湖沼通报（2）：49－56.

夏荣霜，张海燕，徐亚岩，等，2014. 春、夏季长江口及其邻近海域无机营养盐的分布特征分析［J］. 湖北农业科学，53（23）：5688－5693.
线薇薇，刘瑞玉，罗秉征，2004. 三峡水库蓄水前长江口生态与环境［J］. 长江流域资源与环境，13（2）：119－123.
肖佰财，2014. 河蚬对菲的累积特征及毒性响应［D］. 上海：华东师范大学.
熊李虎，2005. 过境候鸟及其栖息地需求研究［D］. 上海：华东师范大学.
熊贻伟，2010. 杂交青虾“太湖1号”生物学特性及养殖技术的研究［D］. 南京：南京农业大学.
徐国成，顾云场，2007. 日本蟳养殖技术研究［J］. 科学养鱼（7）：37.
徐国成，2007. 中华绒螯蟹幼体消化系统的形态学及组织学研究［D］. 青岛：中国海洋大学.
徐加涛，徐国成，于斌，等，2007. 脊尾白虾繁殖生物学及人工育苗生产技术［J］. 中国水产（4）：52－55.
徐韧，李亿红，李志恩，等，2009. 长江口不同水域浮游动物数量特征比较［J］. 生态学报，29（4）：1688－1696.
徐勇，李新正，王洪法，等，2016. 长江口邻近海域丰水季大型底栖动物群落特征［J］. 生物多样性，24（7）：811－819.
徐兆礼，2005. 长江口北支水域浮游动物的研究［J］. 应用生态学报，16（7）：1341－1345.
徐兆礼，2006a. 东海浮游介形类（Ostracods）分布特征［J］. 海洋学报（中文版）（2）：101－108.
徐兆礼，2006b. 东海亚强真哲水蚤种群生态特征［J］. 生态学报（4）：1151－1158.
徐兆礼，2007. 东海浮游介形类生态适应分析［J］. 海洋学报（中文版）（5）：123－131.
徐兆礼，晁敏，崔学森，2006. 东海糠虾类数量分布［J］. 水产学报，30（3）：341－346.
徐兆礼，蒋玫，白雪梅，等，1999. 长江口底栖动物生态研究［J］. 中国水产科学（S1）：59－62.
徐兆礼，沈新强，2005. 长江口水域浮游动物生物量及其年间变化［J］. 长江流域资源与环境，14（3）：282－286.
徐兆礼，王云龙，陈亚瞿，等，1995a. 长江口河口锋区浮游动物生态研究Ⅲ：优势种的垂直分布［J］. 中国水产科学（1）：64－70.
徐兆礼，王云龙，陈亚瞿，等，1995b. 长江口最大浑浊带区浮游动物的生态研究［J］. 中国水产科学（1）：16－27，39－48.
许秋寒，钱佳欢，陈钊英，等，2015. 长江口及毗邻海域水环境现状与污染防治对策［J］. 中国发展，15（3）：10－14.
许世远，陶静，陈振楼，等，1997. 上海潮滩沉积物重金属的动力学累积特征［J］. 海洋与湖沼，28（5）：509－515.
许星鸿，徐家涛，阎斌伦，等，2009. 日本蟳人工育苗技术［J］. 中国水产（2）：48.
许星鸿，阎斌伦，郑家声，等，2010. 日本蟳的性腺发育和生殖周期［J］. 海洋湖沼通报（2）：29－36.
许燕，袁维佳，赵云龙，等，2003. 红螯螯虾感光器中Gq蛋白的鉴定及光波长对其含量的影响［J］. 动物学研究，24（6）：429－434.
宣富君，管卫兵，戴小杰，等，2009. 东海三疣梭子蟹纳精囊形态结构与内含物的变化［J］. 动物学杂志，44（2）：1－11.
薛俊增，2009. 甲壳动物学［M］. 上海：上海教育出版社.

薛俊增，堵南山，赖伟，等，1997. 中国三疣梭子蟹 *Portunus trituberculatus* Miers 的研究［J］. 海洋学研究，15（4）：60－65.

薛鲁征，堵南山，赖伟，1987. 中华绒螯蟹（*Eriocheir sinensis*）雌性生殖系统的组织学研究［J］. 华东师范大学学报（自然科学版）（3）：88－97.

薛素燕，赵法箴，方建光，等，2012. 温度和盐度对中华原钩虾幼体孵化、存活及生长的影响［J］. 水产学报，36（7）：1094－1101.

闫愚，孙颖民，段钰，1998. 日本蟳胚胎发育的初步观察［J］. 齐鲁渔业，15（1）：18－20.

严芳，2011. 甲壳动物血蓝蛋白免疫学活性及其作用机制研究［D］. 汕头：汕头大学.

严娟，2012. 长江口潮间带大型底栖动物生态学研究［D］. 上海：上海海洋大学.

颜慧，丛宁，黄仁国，等，2011. 杂交青虾“太湖 1 号”和日本沼虾抱卵量的比较［J］. 水产养殖，32（1）：43－46.

杨光复，1994. 沉积与地球化学［M］//罗秉征，沈焕庭，等. 三峡工程与河口生态环境. 北京：科学出版社：78－98.

杨吉强，王琼，刘艳，等，2014. 长江口浮游甲壳动物空间分布特征［J］. 生物学杂志（3）：11－14.

杨金龙，周轩，郭行馨，等，2014. 长江口潮下带大型底栖动物的群落结构特征［J］. 水产科技情报，41（4）：192－198.

杨世伦，谢文辉，朱骏，等，2001. 大河口潮滩地貌动力雪过程的研究——以长江口为例［J］. 地理学与国土研究，17（3）：44－48.

杨万喜，1998. 日本沼虾三种细胞器在精子发生过程中变化的研究［J］. 应用与环境生物学报，4（1）：49－54.

杨筱珍，王金峰，杨丽娜，等，2009. 日本新糠虾（*Neomysis japonica*）卵巢发育与卵子发生［J］. 海洋与湖沼，40（3）：338－346.

杨毅，刘敏，许世远，等，2003. 长江口潮滩表层沉积物中 PCBs 和 OCPs 的分布［J］. 中国环境科学，23（2）：215－219.

杨颖，黄国兰，孙红文，2005. 7－烷基酚和烷基酚聚氧乙烯醚的环境行为［J］. 安全与环境学报（5）：38－43.

杨宇峰，王庆，陈菊芳，等，2006. 河口浮游动物生态学研究进展［J］. 生态学报，26（2）：576－585.

杨志彪，2005. 水体中 Cu^{2+} 对中华绒螯蟹（*Eriocheir sinensis*）毒性作用机制研究［D］. 上海：华东师范大学.

姚东明，吴超，黄晶晶，等，2012. 日本囊对虾精巢发育过程中组织器官生化组分含量的变化［J］. 渔业研究，34（2）：99－104.

姚建刚，2018. 东海近岸带现生介形类生态信息定量研究［D］. 上海：华东师范大学.

姚野梅，1995. 长江口石油类污染状况调查［J］. 上海水产大学学报，4（3）：225－230.

叶海辉，黄辉洋，李少菁，等，2006. 生物胺对锯缘青蟹精巢发育的调控作用［J］. 海洋学报，28（2）：109－113.

叶海辉，李少菁，李祺福，等，2003. 生物胺对雌性锯缘青蟹生殖神经内分泌的调控作用［J］. 海洋与湖沼，34（3）：329－333.

叶建生，王兴强，阎斌伦，2007. 周氏新对虾的生物学特性及养殖技术 [J]. 渔业现代化 (3)：26－27.
叶金云，张易祥，吴成龙，等，2012. 我国淡水青虾营养及配合饲料研究的现状与展望 [J]. 饲料与畜牧：新饲料 (1)：23－26.
叶仙森，张勇，项有堂，2000. 长江口海域营养盐的分布特征及其成因 [J]. 海洋通报，19 (1)：89－92.
叶属峰，纪焕红，曹恋，等，2004a. 河口大型工程对长江河口底栖动物种类组成及生物量的影响研究 [J]. 海洋通报，23 (4)：32－37.
叶属峰，吕吉斌，丁德文，等，2004b. 长江口大型工程对河口生境破碎化影响的初步研究 [J]. 海洋工程，22 (3)：41－47.
殷晓龙，2015. 长江口不同水域浮游动物数量特征及群落特征相似性比较 [D]. 上海：上海海洋大学.
殷晓龙，徐兆礼，2015. 长江口不同水域浮游动物群落结构比较 [J]. 应用与环境生物学报 (1)：88－95.
尹文英，2003. 从泛甲壳动物新假说评述节肢动物系统进化的研究进展 [J]. 动物学研究，24 (1)：11－16.
于丰军，2005. 铅和镉两种重金属对中华绒螯蟹的毒性效应研究 [D]. 上海：华东师范大学.
于泉洲，梁春玲，刘煜杰，2014. 近 30 年长江口崇明东滩植被对于气候变化的响应特征 [J]. 生态科学，33 (6)：1169－1176.
余惠琳，2011. 拟穴青蟹过敏原的性质研究 [D]. 厦门：集美大学.
俞存根，宋海棠，姚光展，2005. 东海日本蟳的数量分布和生物学特性 [J]. 上海海洋大学学报，14 (1)：40－45.
俞衍升，2006. 中国水利百科全书 [M]. 北京：中国水利水电出版社.
禹娜，2014. 中国非海水介形类 [M]. 上海：上海教育出版社.
禹娜，赵泉鸿，SCHORNIKOV E L，等，2005. 太湖现生介形虫 [J]. 微体古生物学报，22 (2)：143－151.
袁伟，2016. 长江口及毗邻海域三疣梭子蟹种群生物学特征及与环境的关系 [J]. 水产科学，35 (2)：105－110.
袁兴中，2001. 河口潮滩湿地底栖动物群落的生态学研究 [D]. 上海：华东师范大学.
袁兴中，陆健健，2002. 长江口潮滩湿地大型底栖动物群落的生态学特征 [J]. 长江流域资源与环境，11 (5)：414－420.
恽才兴，2004a. 长江河口近期演变基本规律 [M]. 北京：海洋出版社：1－20.
恽才兴，2004b. 从水沙条件及河床地形变化规律谈长江河口综合治理开发战略问题 [J]. 海洋地质动态，20 (7)：8－14.
曾端，杨春贵，2002. 水产动物的摄食化学感受器及水产诱食剂的开发应用 [J]. 中国饲料 (23)：15－17.
曾强，1993. 长江口南、北支水域的浮游甲壳动物调查 [J]. 淡水渔业 (1)：33－35.
张宝琳，相建海，吴耀泉，1991. 长江口海区三疣梭子蟹和细点圆趾蟹食性生态学的研究 [J]. 海洋科学，15 (5)：64－67.
张成锋，刘红，高祥刚，等，2006. 中国对虾卵黄蛋白原合成部位的研究 [J]. 渔业科学进展，27 (6)：7－13.
张达娟，闫启仑，王真良，2008. 典型河口浮游动物种类数及生物量变化趋势的研究 [J]. 海洋与湖沼，39 (5)：536－540.
张丹，王淼，孙振中，等，2014. 长江河口区浮游动物生态特征研究 [J]. 水产科技情报 (2)：91－94.

张恩仁，高磊，张经，2003. 长江口主要阳离子随盐度变化的研究［J］. 水科学进展，14（4）：442－446.
张锦平，徐兆礼，汪琴，等，2005. 长江口九段沙附近水域浮游动物生态特征［J］. 上海水产大学学报（4）：4383－4389.
张列士，朱传龙，杨杰，等，1988. 长江口河蟹繁殖场环境调查［J］. 水产科技情报（1）：3－4.
张列士，朱选才，袁善卿，等，2002. 长江口中华绒螯蟹（*Eriocheir sinensis*）蟹苗汛期预报的研究［J］. 水产科技情报，29（2）：56－60.
张年国，潘桂平，周文玉，2015. 脊尾白虾在套养池塘中的病害及其防控对策［J］. 科学养鱼（7）：59－60.
张伟权，1990. 世界重要养殖品种—南美白对虾生物学简介［J］. 海洋科学，14（3）：69－72.
张先勇，王轶，杨宝，等，2012. 海口湾水体中多环芳烃（PAHs）浓度及来源研究［J］. 环境科学与技术（35）：102－105.
张学政，李帷，李艳霞，等，2008. 抗生素环境行为及特征研究进展［C］//持久性有机污染物论坛 2008 暨第三届持久性有机污染物全国学术研讨会论文集：107－109.
张宇，钟俊生，蒋日进，等，2011. 长江口沿岸碎波带浮游动物种类组成及季节性变化［J］. 上海海洋大学学报，20（2）：252－259.
张玉平，由文辉，焦俊鹏，2006. 长江口九段沙湿地底栖动物群落研究［J］. 上海海洋大学学报，15（2）：169－172.
章飞军，童春富，张衡，等，2007. 长江口潮下带春季大型底栖动物的群落结构［J］. 动物学研究，28（1）：47－52.
章飞燕，唐静亮，李道季，等，2009. 夏、秋季长江口及毗邻海域浮游动物的分布与变化［J］. 水生生物学报，33（6）：1219－1225.
章军，杨军，朱心强，2006. 纳米材料的环境和生态毒理学研究进展［J］. 生态毒理学报，1（4）：350－356.
赵开彬，刘婧，吴惠仙，等，2015. 长江口北支大型底栖动物群落周年变化特征［J］. 生物学杂志，31（3）：1－6.
赵泉鸿，1985. 东海、黄海海岸带现代介形虫分布的研究［J］. 海洋学报（中文版）（2）：553－561.
赵卫红，王江涛，2007. 大气湿沉降对营养盐向长江口输入及水域富营养化的影响［J］. 海洋环境科学，26（3）：208－216.
赵文，余博识，王婷，等，2006. 近亲裸腹溞对海水盐度的适应性［J］. 应用生态学报（8）：1521－1525.
赵艳民，2005. 日本沼虾（*Macrobrachium nipponense*）胚胎发育的研究［D］. 上海：华东师范大学.
赵云龙，堵南山，1994. 日本沼虾雌性生殖系统超微结构的研究［A］. 中国动物学会成立 60 周年学术讨论会.
赵云龙，彭欣夏，李祥，1998. 罗氏沼虾雌性生殖系统的组织学研究［J］. 华东师范大学学报（自然科学版）（3）：81－85.
浙江动物志编辑委员会，1993. 浙江动物志（甲壳类）［M］. 杭州：浙江科学技术出版社.
郑金秀，胡菊香，彭建华，等，2011. 长江口南北支浮游动物群落生态学研究［J］. 生态环境学报，20（Z1）：1102－1106.
郑重，李少菁，许振祖，1984. 海洋浮游生物学［M］. 北京：海洋出版社.

周刚，周军，2011. 我国河蟹产业现状及可持续发展对策［J］. 中国水产（2）：11-12.

周进，徐兆礼，马增岭，2009. 长江口拟长脚蛾数量变化和对环境变暖的响应［J］. 生态学报，29（11）：5758-5765.

周俊丽，刘征涛，孟伟，等，2006. 长江口营养盐浓度变化及分布［J］. 环境科学研究，19（6）：139-144.

周念清，王燕，夏明亮，2007. 长江口的演化与发展趋势［J］. 水土保持通报，27（3）：132-137.

周双林，姜乃澄，2004. 甲壳动物渗透压调节的研究进展Ⅱ. 排泄器官的结构与功能［J］. 海洋学研究，22（4）：32-38.

周双林，姜乃澄，卢建平，等，2001. 甲壳动物渗透压调节的研究进展Ⅰ：鳃的结构与功能及其影响因子［J］. 海洋学研究，19（1）：45-52.

周晓，葛振鸣，施文彧，等，2007. 长江口新生湿地大型底栖动物群落时空变化格局［J］. 生态学杂志（3）：372-377.

周晓，王天厚，葛振鸣，等，2006. 长江口九段沙湿地不同生境中大型底栖动物群落结构特征分析［J］. 生物多样性（11）：2079-2083.

周晓英，2005. 长江口海域表层水温变化的气候特征［D］. 青岛：中国海洋大学.

周演根，马甡，苏跃朋，等，2010. 三疣梭子蟹与凡纳滨对虾混养实验研究［J］. 中国海洋大学学报，40（3）：11-16.

朱启琴，1988. 长江口、杭州湾浮游动物生态调查报告［J］. 水产学报，12（2）：111-123.

朱清顺，柏如发，2008. 养殖中华绒螯蟹风味品质比较研究［J］. 中国农学通报，24（3）：464.

朱团结，2011. 青虾生态高效养殖技术［J］. 安徽农学通报，17（13）：175.

朱晓君，陆健健，2003. 长江口九段沙潮间带底栖动物的功能群［J］. 动物学研究，24（5）：355-361.

朱云娟，丁永华，胡超华，等，2015. 长江口围填海土壤中 PBDEs 的浓度组成及来源分析［J］. 安全与环境学报，15（2）：303-307.

庄平，宋超，章龙珍，2008. 长江口安氏白虾与日本沼虾营养成分比较［J］. 动物学报，54（5）：822-829.

庄平，张涛，侯俊利，等，2013. 长江口独特生境与水生动物资源［M］. 北京：科学出版社.

椎野季雄，1965. トウヨウニセエラジラミ *Ergasilus orientalis* Yamaguti［J］. 新日本動物図鑑（491）.

邹世春，朱春敬，贺竹梅，等，2009. 北江河水中抗生素抗性基因污染初步研究［J］. 生态毒理学报（4）：655-660.

邹叶茂，2005. 青虾人工养殖技术［J］. 养殖与饲料（2）：31-34.

Abramowitz A，Hisaw F，Papandrea D，1944. The occurrence of a diabetogenic factor in the eyestalks of crustaceans［J］. Biological bulletin，86（1）：1-5.

Altindag A，Yigit S，2005. Assessment of heavy metal concentrations in the food web of Lake Beysehir，Turkey［J］. Chemosphere，60（4）：552-556.

Anger K，1991. Effects of temperature and salinity on the larval development of the Chinese mitten crab *Eriocheir sinensis*（Decapoda：Grapsidae）［J］. Marine ecology progress series（72）：103-110.

Bao J，Liu W，Liu L，et al，2010. Perfluorinated compounds in urban river sediments from Guangzhou and Shanghai of China［J］. Chemosphere，80（2）：123-130.

Barnes R, Hyman L, 1980. Invertebrate zoology [J]. Quarterly review of biology, 38 (4): 399 - 400.

Brusca R, Brusca G, 2002. Invertebrates [M]. Zed ed. Sunderland, MA: Sinauer Associates Inc.

Bullock T, Horridge G, 1965. Nervous systems and how they work. (Book reviews: structure and function in the nervous systems of invertebrates) [J]. Science (149): 410 - 411.

Buss D F, Baptista D F, Nessimian J L, et al, 2004. Substrate specificity, environmental degradation and disturbance structuring macroinvertebrate assemblages in neotropical streams [J]. Hydrobiologia, 518 (1 - 3): 179 - 188.

Calman W, 1909. Crustacea [J]. Journal of zoology, 19 (1): 51 - 56.

Cameron J, Batterton C, 1978. Antennal gland function in the freshwater blue crab, *Callinectes sapidus*: Water, electrolyte, acid-base and ammonia excretion [J]. Journal of Comparative Physiology, 123 (2): 143 - 148.

Celia Y C, Richard S S, Bjom K, et al, 2000. Accumulation of heavy metals in food web components across a gradient of lakes [J]. Limnology and Oceanography, 45 (7): 1525 - 1536.

Chace F, Haig J, 1962. Comments on the proposed designation of a type-species for Lepidopa Stimpson, 1858 [J]. Bulletin of zoological nomenclature (19): 344

Chen S, Gao X, Mai B, et al, 2006. Polybrominated diphenyl ethers in surface sediments of the Yangtze River Delta: Levels, distribution and potential hydrodynamic influence [J]. Environmental pollution, 144 (3): 951 - 957.

De Wit CA, 2002. An overview of brominated flame retardants in the environment [J]. Chemosphere, 46 (5): 583 - 624.

Dhou L, Tang Y, ZENG J, et al, 2017. Macrobenthic assemblages of the Changjiang River estuary (Yangtze River, China) and adjacent continental shelf relative to mild summer hypoxia [J]. Chinese journal of oceanology and limnology, 35 (3): 481 - 488.

Dittel A I, Epifanio C E, 2009. Invasion biology of the Chinese mitten crab *Eriochier sinensis*: A brief review [J]. Journal of experimental marine biology and ecology, 374 (2): 79 - 92.

Edmond J M, Spivack A, Grant B C, et al, 1985. Chemical dynamics of the Changjiang Estuary [J]. Continental shelf research, 4 (1/2): 17 - 36.

Fan A, 1992. Temporal and special variabilities of nutrients in the East China Sea and theirimplicationsas tracers for the related physical processes [A]. Dalian, China: Second Sino-Rassia symposium of oceanography.

Fehsenfeld S, Weihrauch D, 2016. The role of an ancestral hyperpolarization activated cyclic nucleotide-gated K^+ channel in branchial acid-base regulation in the green crab, *Carcinus maenas* (L.) [J]. Journal of experimental biology, 219 (6): 887 - 920.

Freire C, Onken H, Mcnamara J, 2008. A structure-function analysis of ion transport in crustacean gills and excretory organs [J]. Comparative biochemistry & physiology part A molecular & integrative physiology, 151 (3): 272 - 304.

Gardiner M, Hechtel G, 1973. The biology of invertebrates [J]. Quarterly review of biology, 48 (3):

511 - 512.

Hale R C, La Guardia M J, Harvey E, et al, 2002. Potential role of fire retardtant-treated polyurethane foam as a source of brominated diphenyl ethers to the US environment [J]. Chemosphere, 46 (5): 729 - 735.

Henry R, Čedomil L, Onken H, et al, 2012. Multiple functions of the crustacean gill: osmotic/ionic regulation, acid-base balance, ammonia excretion, and bioaccumulation of toxic metals [J]. Frontiers in physiology, 3 (431): 431 - 464.

Homola E, Chang E, 1997. Methyl farnesoate: crustacean juvenile hormone in search of functions [J]. Comparative biochemistry & physiology part B biochemistry & molecular biology, 117 (3): 347 - 356.

Jamieson B, Ausio J, Justine J, 1995. Advances in spermatozoal phylogeny and taxonomy [M]. [s. l. : s. n.].

Junera H, Croisille Y, 1980. Site of vitellogenin synthesis in *Orchestia gammarella* Pallas (Crustacea, Amphipoda) . Correlation between an activation of protein synthesis in the sub-epidermal adipose tissue and vitellogenin production [J]. Comptes rendus des seances de l'Academie des sciences-series III (290): 703 - 706.

Junéra H, Zerbib C, Martin M, et al, 1977. Evidence for control of vitellogenin synthesis by an ovarian hormone in *Orchestia gammarella* (Pallas), Crustacea, Amphipoda [J]. General & comparative endocrinology, 31 (4): 457 - 462.

Kubo M, Ishikawa M, Numakunai T, 1979. Ultrastructural studies on early events in fertilization of the bivalve *Laternula limicola* [J]. Protoplasma, 100 (1): 73 - 83.

Larsen B, Assentoft M, Cotrina M, et al, 2014. Contributions of the Na^+/K^+ - ATPase, NKCC1, and Kir 4. 1 to hippocampal K^+ clearance and volume responses [J]. Glia, 62 (4): 608 - 622.

Laufer H, Borst D, Baker F, et al, 1985. Juvenile hormone-like compounds in *Libinia emarginata* [J]. American zoologist (25): 103.

Le Roux A, 1969. Histological and histochemical aspects of mandibular organs in decapod Crustacea [J]. Bulletin de la societe zoologique de France, 94 (2): 299 - 300.

Li M, Xu K, Watanabe M, et al, 2007. Long-term variations in dissolved silicate, nitrogen, and phosphorus flux from the Yangtze River into the East China Sea and impacts on estuarine ecosystem [J]. Estuarine, coastal and shelf science, 71 (1): 3 - 12.

Lopez G R, Levinton J S, 1987. Ecology of deposit-feeding animals in marine sediments [J]. The quarterly review of biology, 62 (3): 235 - 260.

Martin J, 1984. Notes and bibliography on the Larvae of Xanthid Crabs, with a key to the known Xanthid Zoeas of the Western Atlantic and Gulf of Mexico [J]. Bulletin of marine science, 34 (2): 220 - 239.

Martin J, Davis G, 2001. An updated classification of the recent crustacea. Los Angeles, CA: Natural history museum of Los Angeles county [J]. Journal of crustacean biology (23): 495 - 497.

Martinez J L, 2008. Antibiotics and antibiotic resistance genes in natural environments [J]. Science, 321 (5887): 365 - 367.

Meadows P S, Reid A, 1966. The behaviour of *Corophium volutator* (Crustacea: Amphipoda) [J]. Journal of zoology，150（4）：387－399.

Meeratana P，Sobhon P，2007. Classification of differentiating oocytes during ovarian cycle in the giant freshwater prawn，*Macrobrachium rosenbergii*，de Man [J]. Aquaculture，270（1）：249－258.

Meeratana P，Withyachumnarnkul B，Damrongphol P，et al，2006. Serotonin induces ovarian maturation in giant freshwater prawn broodstock，*Macrobrachium rosenbergii*，de Man [J]. Aquaculture，260（1）：315－325.

Meng W，Liu L，Zheng B，et al，2007. Macrobenthic community structure in the Changjiang Estuary and its adjacent waters in summer [J]. Acta oceanologica sinica，26（6）：62－71.

Meusy J，1980. Vitellogenin，the extraovarian precursor of the protein yolk in Crustacea：a review [J]. Reproduction nutrition development，20（1）：1－21.

Monod T，Laubier L，1996. Les Crustacés dans la biosphère [J]. Traité de zoologie：anatomie，systématique，biologie：VII. Crustacés：2. Généralités（suite）et systématique：91－166.

Mrema E J，Rubino F M，Brambilla G，et al，2013. Persistent organochlorinated and mechanisms of their toxicity [J]. Toxicology（307）：74－88.

Nel A，Xia T，M dler L，et al，2006. Toxic potential of materials at the nanolevel [J]. Science，311（5761）：622－627.

Pan G，You C，2013. Sediment-water distribution of perfluorooctane sulfonate（PFOS）in Yangtze River Estuary [J]. Environmental pollution，158（5）：1363－1367.

Reger J，Fain-Maurel M，Cassier P，1977. The origin，distribution，and fate of the chromatoid body（germ plasm）during spermatogenesis and spermiogenesis in two peracaridae [J]. Journal of ultrastructure research，60（1）：84－94.

Ren Q，Pan L，Zhao Q，et al，2015. Ammonia and urea excretion in the swimming crab *Portunus trituberculatus* exposed to elevated ambient ammonia-N [J]. Comparative biochemistry & physiology part a molecular & integrative physiology（187）：48－54.

Renner R，2000. Increasing levels of flame retardants in North American environment [J]. Environment science & technology，34（21）：452A－453A.

Rico C M，Majumdar S，Duarte-Gardea M，et al，2011. Interaction of nanoparticles with edible plants and their possible implications in the food chain [J]. Journal of agricultural and food chemistry，59（8）：3485－3498.

Rosenberg R，Nilsson H C，Diaz R J，2001. Response of benthic fauna and changing sediment redox profiles over a hypoxic gradient [J]. Estuarine，coastal and shelf science，53（3）：343－350.

Su H，Wu F，Zhang R，et al，2014. Toxicity reference values for protecting aquatic birds in China from the effects of polychlorinated biphenyls [M] // Reviews of environmental contamination and toxicology volume. Switzerland：Springer international publishing：59－82.

Teshima S，Kanazawa A，Koshio S，et al，1988. Lipid metabolism in destalked prawn *Penaeus japonicus*：Induced maturation and accumulation of lipids in the ovaries [J]. Nsugaf，54（7）：1115－1122.

Weihrauch D，Becker W，Postel U，et al，1999. Potential of active excretion of ammonia in three different haline species of crabs [J]. Journal of comparative physiology B, 169 (1): 25 - 37.

Weihrauch D, Morris S, 2004. Ammonia excretion in aquatic and terrestrial crabs [J]. Journal of experimental biology, 207 (26): 4491 - 4504.

Wilder M, Aida K, 1995. Crustacean ecdysteroids and juvenoids: Chemistry and physiological roles in two species of prawn, *Macrobrachium rosenbergii* and *Penaeus japonicus* [J]. Israeli journal of aquaculture (47): 129 - 136.

Wu X, Cheng Y, Sui L, et al, 2007. Effect of dietary supplementation of phospholipids and highly unsaturated fatty acids on reproductive performance and offspring quality of Chinese mitten crab, *Eriocheir sinensis*, (H. Milne-Edwards), female broodstock [J]. Aquaculture, 273 (4): 602 - 613.

Xu Q, Liu R, Liu Y. 2009, Genetic population structure of the swimming crab, *Portunus trituberculatus* in the East China Sea based on mtDNA 16S rRNA sequences [J]. Journal of experimental marine biology and ecology (371): 121 - 129.

Yan J, Xu Y, Sui J, et al, 2017. Long-term variation of the macrobenthic community and its relationship with environmental factors in the Yangtze River estuary and its adjacent area [J]. Marine pollution bulletin, 123 (1): 339 - 348.

Zhang X, Gao Y, Yan C, 2009a. Advance in researches on the transport and transformation of polybrominated diphenyl ethers in environment [J]. Ecology and environmental science, 18 (2): 761 - 770.

Zhang X, Zhang T, Fang H, 2009b. Antibiotic resistance genes in water environment [J]. Applied microbiology and biotechnology, 82 (3): 397 - 414.

Åse Jespersen, 1979. Spermiogenesis in two species of *Nebalia*, leach (Crustacea, Malacostraca, Phyllocarida) [J]. Zoomorphologie, 93 (1): 87 - 97.

作者简介

陈立侨　华东师范大学终身教授、博士生导师，主要从事水生动物营养学和水生生物学的教学与研究。先后主持承担了国家重点基础研究发展计划（"973计划"）、公益性行业（农业）科研专项和国家自然科学基金等60余项课题或项目，曾荣获2010年国家科学技术进步奖二等奖1项（排名第1）、上海市科学技术进步一等奖3项（排名分别为第1、第2和第8）。在国内外学术刊物上发表论文350余篇（其中SCI收录近150篇），出版专著4部。兼任农业农村部东海与远洋渔业资源利用和淡水渔业健康养殖等重点实验室学术委员，任《水产学报》和*Aquaculture Nutrition*期刊副主编，以及*Aquaculture Research*等期刊编委。入选首批国家级"百千万人才工程"，1998年享受国务院政府特殊津贴。

禹娜　华东师范大学教授、博士研究生导师，主要从事甲壳动物系统发生及其适应性进化的教学与研究，兼任上海市"立德树人"人文社科重点研究基地生物学基地副主任。迄今已主持国家自然科学基金面上项目等课题近20项，参与包括国家重点基础研究发展计划（"973计划"）项目、国家科技支撑计划项目、上海市科学技术委员会重大项目等在内的课题近40项；出版专著2部，公开发表学术论文100余篇（其中SCI收录40余篇）。